U0200211

第三辑
（2016年）

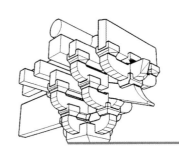

北京古代建筑博物馆 编

北京古代建筑博物馆文丛

学苑出版社

图书在版编目（CIP）数据

北京古代建筑博物馆文丛.第三辑/北京古代建筑博
物馆编.—北京：学苑出版社，2017.1
ISBN 978-7-5077-5152-9

Ⅰ.①北… Ⅱ.①北… Ⅲ.①古建筑—博物馆—
北京—文集 Ⅳ.① TU-092.2

中国版本图书馆 CIP 数据核字（2016）第 309311 号

责任编辑：周　鼎
出版发行：学苑出版社
社　　　址：北京市丰台区南方庄2号院1号楼
邮政编码：100079
网　　　址：www.book001.com
电子信箱：xueyuanpress@163.com
联系电话：010-67601101（营销部）、010-67603091（总编室）
经　　　销：全国新华书店
印　刷　厂：三河市灵山红旗印刷厂
开本尺寸：787×1092　1/16
印　　　张：18.5
字　　　数：350千字
版　　　次：2017年2月第1版
印　　　次：2017年2月第1次印刷
定　　　价：298.00元

市文物局领导来馆验收工作

市文物局领导参观《中华古亭展》

徐明馆长主持任内最后一次学术委员会例会

与北京古代钱币展览馆进行文创产品交流

举行规模宏大的"敬农文化"展演

天桥街道在馆内举办"祭先农　植五谷"主题活动

《中华古亭展》内景

文物局领导出席在古建馆召开的局工会建设座谈会

在北京古代建筑博物馆举办的"5.18 国际博物馆日"文物鉴定活动 一

在北京古代建筑博物馆举办的"5.18 国际博物馆日"文物鉴定活动 二

聘请清华大学楼庆西教授进行专题讲座

聘请专家给博物馆志愿者讲课

接待市文物局青年学术论坛成员参观

接待博物馆参访团参观

接待北京育才学校教师参观

志愿者讲解

上党课

在灵山抗日根据地开展党员主题活动

参观东城区检察院反腐倡廉展

"两学一做"学习教育工作动员大会

对博物馆安防特勤人员进行培训

参加文物局广播操比赛

紧急处理枯树，保障坛区安全

新建成的职工之家

一款

二款

三款

文创产品：仿清代琉璃花芯图案鼠标垫

文创产品：瓦当便签本

北京古代建筑博物馆文丛
第三辑(2016 年)

编委会

主　任　　徐　明

副主任　　李永泉　张　敏

成　员　　闫　涛　李　莹　苏　振　陈晓艺

　　　　　林永刚　周海荣　周晶晶　郭　爽

　　　　　凌　琳　黄　潇　董绍鹏　董燕江

　　　　　温思琦

（按姓氏笔画排序）

目　录

史地、古建与文物研究

博物馆学研究

北京古代建筑博物馆文丛 第三辑 2016年

［史地、古建与文物］

四合院中的花园

——隐逸文化的载体

◎ 高 巍

史地、古建与文物研究

　　以往北京的四合院中，很多都附有花园。王其明老师的《北京四合院》中所列的清代北京之宅园，就达114个。

　　不过，比起"大胡同无其数，小胡同赛鹅毛"中的大量小四合院，甚至四合房、三合房来，带花园的四合院所占的比例，确是微乎其微了。毕竟，这种作为人生处世最高境界的闲适，必须以有钱和有情趣作为前提。正如白居易所说："人生处一世，其道难两全，贱即苦冻馁，贵则多忧患。惟此中隐士，致身吉且安。穷通与丰约，正在四者间。"在京为官，最好是闲职，这样，便可利兼出处，避劳负饥，更重要的是，可以随心所欲，优游卒岁。

　　另外，"帝京夜阑闻雁声，何人不起故园情"，长期客居北京，必然令人渐生思乡之情。加上往昔来京赶考、做官者，南方人居多，所以才把江南园林移到自家的后院，仿家乡老宅的曲廊、幽径、亭台和小桥，聊慰对故地的怀念，当然，这也成为主人炫耀自己家世和根基的机会。

　　居京不易，空间限制尤大，因此，北京的四合院花园形式中纵然有阔达十余亩的大花园，但大多数四合院中的花园仍为咫尺小院，尽管如此，主人仍可以精心营造，从而产生无限空间的感觉。其采取的手法，有叠石、树丛、水池、花篱、曲廊、月亮门等"换景"手法，以求达到三步一景、景随步移的效果。

　　"借景"是创造花园"画意"的重要手法，走廊上的墙窗，借来窗外景物，一窗一世界，步步有天地，空间随心理活动而移动。颐和园借景玉泉山和西山，使园的容量陡然倍增。花园中的一泓池水，面积虽然不大，但犹如"嵌"在花园中的一面小镜，昼夜的景象都是变动的了，林语堂的《瞬息京华》中的某花园，就极有此特色："从后门而不是从南面的正门进园，主要的起居室都靠南面的大门里面，逐渐向北分布，开凿一条小溪和一个池塘，溪流穿越走廊、

小桥，流经各座楼阁平台而进入一座大果园。几处园门中，西北角上的那座可以一眼看到桃园，一行行菜畦和一口水井，一座座屋顶掩映在树丛里，不时可以瞥见红色的阳台和彩绘的梁柱同翠绿的树丛相映成趣。从这座后门入园，就像进入乡村里的农家，可以信步蹒向南面的住室，这座门名为'桃云小憩'。此时正是桃花盛开的春季，只见一片白色和粉红色的桃云。桃花的品种繁多，有野桃、青桃、蜜桃等，夹杂在桃树中间的梅、杏、山楂等也吐出了绿色的蓓蕾。

"过了果园，有一座伴农亭。这座八角形的亭子位于曲折蜿蜒的溪流的末端，由溪畔的一道长廊同房屋相连。亭前泊有一只小船，在此悠闲漫步，细看长廊一边镶石屏上的《红楼梦》二十四景图。再过去20来步，是一座朱红色的小桥，这里是全园布局的锁钥之地，站在桥上，可以望见溪流开阔为一个小池塘，其南侧约50尺长，一座带顶盖的小榭突出在地上，周围是座位，上面木匾上3个绿色大字'漪澜轩'。几个老婆子在小榭上来回走动，水塘左右两侧树木遮荫，长廊不时隐没在树荫里又复出现，通到水榭。"

在这一大段关于花园的描写当中，几乎包括了绝大部分的花园中的建筑、景物，但有如此之多景观的园林，其面积却十分有限，表现空间距离的一般有"20来步""50尺长"等说法。

与之相比，《红楼梦》中关于花园的描写，来得更加集中、典型："绕过翠峰，峰回路转，柳暗花明，流水从花木深处曲折泻于石隙之下，落花愈多水愈清，曲折萦纡，或如晶帘般奔入桥下，或潺潺出于石洞，似闻水声琮琮作响，如见飞瀑白练倒悬。其为山石，或如鬼怪，或如猛兽，纵横拱卫。怪石峻嶒之外，山岩迎面突出直插天宇，其下水中山石横波缀池。华美的房舍，或飞镂插空，雕甍绣槛，或崇阁巍峨，层楼高起。黄泥筑就矮墙，里面数楹茅舍，间有粉垣清凉瓦舍，小小三间抱厦。这里的花木，千百竿翠竹遮映，几百株杏花如喷火蒸霞。更有奇花异草，牵藤引蔓，垂山巅穿石隙，攀檐绕柱，丝垂翠楼，葩吐丹砂。别致的桥有如清溪泻雪，不蹬穿云，白石为栏，环抱池沿。石桥三港，清幽小路；长廊曲涧，方厦圆亭；幽尼佛寺，女道丹房，人行山荫道上，目不暇接……"

在四合院的花园设计中，"天人合一"的思想是一条重要主题。通过山（有时不过是一个小土堆，有时不过是叠起的几块太湖石）、水（极小面积的一泓池水，或者是一条连脚面都没不了的浅而短的

"小溪")、树、亭、桥（极小，有时甚至一步就能迈过去）等几个基本构件吸附人文因素，还自然之本，成为缩小了的自然山水。通过把世俗所有的一切"景物"、器物、活动方式……借到园内、引到园内，凡所应有无所不具，"收天地无尽之景于一园之内，一堂之上"，览苍生无限之欲在山水之间，一上之下。清人李渔在论到园林建筑时曾说："一花一石，位置得宜，主人神情已见乎此矣。"大观园的潇湘馆"凤尾森森""秋霖脉脉"，构景都艺术地衬托了敏感少女林黛玉在压抑下所生成的孤傲悲凉、冰清玉洁的性格，是黛玉性格的空间写照。后海北岸的醇王府，曾经是清代著名词人纳兰性德的家。他在一首《鹧鸪天》天中借家中花园之景，写出了自己的心情：

山构园林寂石哗
疏篱曲径仿山家。
昼长吟罢风流子，
忽听楸枰响碧纱。
添竹石，
伴烟霞。
拟凭樽酒慰年华。
休嗟髀里会生肉，
努力春来自种花。

东城东四北魏家胡同18号内的马辉堂花园，是一座建于民国八年的带花园住宅，之所以叫"马辉堂花园"而不称"马辉堂宅"，可见花园在这当中的地位。马辉堂为清代营造家，自己也开有几个大木厂，专做皇家、官家的木工活，曾参与修建过颐和园。因此，有这般手艺再给自己修花园，肯定错不了。该宅坐南朝北，进大门即是花园，中为住宅，东为戏楼，占地约7000平米。住宅部分为两个并列的四合院，正院与东边戏楼相接。西边的花园部分很有特色：假山、水池以不同形式遍布全园，共有5组。北面最大的一组假山上有一灰筒瓦歇山顶的大房子，为主人的台球房，房西为祖师爷鲁班和财神的供殿。园中偏西处有一三卷勾连搭的大房子，出后抱厦，为主人居室。花园中间还有一两卷勾连搭的大客厅，厅西为佛堂、花洞，最南端为书房。园东为一长长的带坐凳栏杆的走廊，可通住宅，又能沿客厅通花园各处。园东南还有一井亭，整个花园山石布局得当，花木扶疏，别有情趣。

北京的这类宅园府邸中，像马辉堂花园这样，花园与宅院相连的，还有后海的醇王府花园、蒋家房的棍贝子府、二龙坑（路）的郑王府、缸瓦市礼王府等。

这些花园都是水平延伸的平面布局，给人接近自然的感觉。这种感觉和心态，都是为了获取些许情趣上的解脱，人们或求诸宗教，或投奔自然，即便因衣食等原因而不得不滞留城市者，也以花园的形式，把自然引到身边，寄托情怀，在诗之情、画之意、游之景、书之趣中得到心灵的慰藉。林语堂说："所谓艺术，就是利用手中有限的东西，而又能让人类的想象力得到充分的发挥。"沈复的《浮生六记》就勾画了一个穷书生把自己家的小花园布置得美观大方的故事。这当中，他特别强调了闲情逸致的重要，因为，第一，有了这份兴致，才有心思去布置，否则，即便是建筑师，恐怕也难以为你提供满意的设计，其次，有闲情逸致者才能倾其精力、时间和兴趣去欣赏，否则，一座无人欣赏的空园，也自然难以达到令人陶醉的目的。历史上许多满腹经纶且家道又殷厚的文人都曾精心地设计自己的花园，也许这些文人并未受过关于花园设计的专业训练，但这当中所需要的和谐一致、错落有致、出人意料、影影绰绰，以及含蓄回味等造园手法，正是中国诸多传统艺术门类所共同遵崇的一贯原理。

"园林潇洒可终身"，这是那些在人生旅途上奔波久了的老人们的常情，就连贵为"天子"的皇帝也不例外。乾隆晚年所建的宁寿宫花园（即乾隆花园）就是他倾注精力最多且最衷情的晚年休养之所。花园南北长160米，东西宽40米，正门为衍祺门，入门有一座湖石山屏，屏北是古华轩，轩前西侧有禊赏亭，亭对面山顶有一台，名承露台。山南为抑斋，斋中为佛堂。斋东南小院中堆石筑亭，名撷芳亭。古华轩北有重花门，内为一院，北面正房名为遂初堂。堂西北是延趣楼，穿堂北面山上有耸秀亭。山北有萃赏楼，山东南角是安有松、竹、梅木雕图案的三友轩。萃赏楼北面堆石成山，上有平面呈梅花形的碧螺亭，圆形，重檐。山北有套间错综复杂、状似迷楼的符望阁，东西南北皆五楹，高两层，长廊四绕。阁北是倦勤斋，也是五楹两层。斋东有珍妃井，西有竹香馆。整个花园布局秀巧和谐，多以松、竹、梅花木及其图案装点，突出高雅、延年的主题。后来的慈禧太后为了颐养天年，也学着造了一座花园——颐和园。这个花园可比乾隆花园不知要大多少倍，反映出清朝末年统治者的骄奢腐化。

与上述皇家花园近似的，还有散布于京师各王府中的花园，但本书中不做重点介绍。一来它同王府一样，大多属于皇宫（包括花园）的缩小和移植，在情趣上相近，二来这方面的介绍文字很多。最重要的是，花园作为一种情趣的体现，更多的属于文人雅士，那样的花园才是探索老庄玄学和儒家修身养性的所在。而皇宫或王府花园，要么是一味摆阔，要么是附庸风雅。毕竟，四合院中的大多数私家花园同皇家园林的风格差异，最终体现的，还是文人墨客与皇室贵族这两种人群的不同的群体心态。

作家刘心武在他的中篇小说《如意》中，生动地描绘了一处贝勒府花园破落后的景象：

> 亭榭的油漆已经暗淡以致剥落，小小的池塘干涸得犹如长了白翳的盲眼，小桥上的石栏倒圮了一半，井台上锈满了绿苔；园中的树有的败死后无人清除，狰狞的枝丫刺向青天，而另一些疯长的乔木竟同树下无人修剪的灌木纠结在一起，堵塞了昔日的甬路；芦苇和杂草一直长到石阶上，石缝中长出的小树使桥面和石阶翘了起来。各类小爬虫在阴暗的角落出出进进，鸟儿在树上和苇丛中筑下了巢。灰白的鸟屎溅在了廊柱上、栏杆上和台阶上，一阵风吹过，萧飒之声四起，伴着数声鸦噪。

这里描写的也许并非哪一处实景，但在三四十年代古城中却非少有，著名的几大名宅中的园子就是此景，以至于张恨水等作家在描写过去老北京生活的文学作品中多有类似描写。

东城美术馆后身有条弓弦胡同，内有一座清初园林专家李渔叠石建造的半亩园。除了园中亭台楼榭、溪桥曲径的清幽景色外，更以园中的娜嬛妙境书屋闻名后世。

清代文人以藏书为时尚，著名的有纳兰性德的珊瑚阁，乾隆年间的怡亲王弘晓之明善堂、曹寅的栋亭等。嘉庆、道光年间在此居住的麟庆，可算是八旗贵族的藏书家，自幼勤奋好学，是一位学问渊博的儒臣，曾有《鸿雪因缘图记》三集传世。

麟庆的娜嬛妙境位于半亩园的最后面，为三间轩式建筑，依晋朝人张华梦游娜嬛仙境的典故，希望子孙世守藏书，不失仙境。为此，他辑录了两句名诗作为廊柱上的对联，上句是黄峪的"万卷藏书宜子弟"，下联"一家终日在楼台"，为元微之之句。轩内共藏书8.5万卷，有书目传世，只是藏书历经战火，时变而云散他处。

最后还应提到的是，四合院花园所体现出的文化传统，在东瀛日本也得到了弘扬光大。四合院花园讲究"小中见大"，而这也正是日本庭园艺术的追求目标。在日本传统庭院中，散乱配置的"踏石"显得随意、自在，其石之状多姿多态，绝无强求几何规矩之感。特别是日本人以小为美的民族审美心理，体现在庭院布置上，大都小巧别致，独具匠心，给人一种静雅、和谐的感觉。由于居住空间狭小，日本人住宅中的庭园，常常只有几平米，被称为"小庭园"，然而，其中有花、有草、有水、有山，甚至有桥、有路，宛如自然凝聚其中，这当中，表现出强烈的崇尚自然的回归心理。讲小巧，崇尚质朴，关键在于不求人工的雕琢，而任自然之所为。有学者指出，"小即美"的观念导致了电子工业的发展，而重视功用这种取向，确实可以算是日本民族得以发展的内在动力之一。追求情绪层次的和谐而又在无意识层次上寻求人对自然的顺应、利用和功用，可能是日本民族文化审美情趣的合乎逻辑的必然结果。

这一心理在同为东方国家的韩国，在庭院装饰方面也有着情趣相近的追求。在那里，但凡有些经济基础、住得起独门独院的人家，无不在庭院中遍植花卉、树木，甚至小巧的观赏石。庭院不过七八平米的面积，但也布置得花木扶疏，景色清幽，有如大花园的一角或微缩。雨后从这些住宅群中经过，居然能闻到公园中才有的花草的清香，这是刚钻出"板楼"的人所难以想到的。其实，早年间的北京四合院，所产生的正是这样的效果。舒乙在他的《过去，也有可爱的》一文中说：胡同里的四合院，处处有空，可以处处种树，当树冠蹿过房顶之后，由上面看下去，连成一片的是绿色的树海。四合院除了四边有房子当中间有院子，还有空地，能栽树，能种花，能养草，家家都是，连成一片。不是要净化空气，消除污染吗？院子里有这么多树，地上还有各式各样的草花，南墙根一定有玉春棒儿，院当中甬路边上有指甲草，有草茉莉，有死不了儿，有蝴蝶花，它们都能净化空气，还可以储存水分，提供氧气，改善局部小环境。每一个四合院就是一个小小的"肺泡"，无数的"肺泡"每时每刻在自动净化着北京。

如今，搬进楼房居住的北京人，虽然再盖四合院及其花园已不可能，但这种随处栽树种花的传统却得以继承，因为它可以给人带来回归自然的感觉和达到净化环境的目的。

　　汪曾祺当年有一次出访香港，他望着中环一带五六十层以上的高楼和如流水般的车龙，竟不禁想到了北京，想到了北京的大树。他说："所谓故国者，有乔木之谓也。"然而没有乔木，是不成其为故国的。《金瓶梅》里潘金莲有言："南京的沈万三，北京的大树，人的名儿，树的影儿。"北京有大树，北京才成其为北京。

　　　　　　　　　　　　高巍（北京民俗学会　秘书长）

由颐和园的御石说开去

◎ 于润琦

乾隆皇帝真叫逗，
江南江北寻石头。
觅得宝物放家中，
赏玩赋诗在上头。
绘月搴芝青莲朵，
还有绝品青芝岫。
怡情养性神仙范，
诸君得空去瞅瞅。

一、简要回顾造园史及其造园名家

金之琼林苑，有横翠殿、宁德宫，西园有瑶光台及琼华岛、瑶光楼。

元代入据中原，御苑在隆福宫西，御园西有翠殿、花亭、球阁、金殿。——松原在元大都健德门外，建于延祐（衣右）（仁宗年号）四年，以赐太保曲出，并被天子驻跸之用。

金陵的园林不表。天顺（天顺帝年号）四年九月，新作西苑。园中旧有太液池，池上有蓬莱山。山巅而广寒殿，筑于金人。

崇祯七年吴江计成氏（字无否）所著《园冶》一书，共分三卷，计析为：相地、立基、屋宇，装折、（栏杆）、门窗、墙垣、铺地、掇山、选石、借景十篇。就中掇山、选石二篇，尤为全书结晶所在。园山、厅山、楼山、阁山、书房山、池山、内室山、峭壁山以及峰、峦、岩、洞、涧、暨曲水、瀑布等，各种景观，布置之方，及太湖、昆山、灵璧等各种石类，选用之法，靡不记载详备，颇切实用，为世界造园学典籍中最古者也，各国学者莫不珍之。

明社既屋，清人入主。御花园为明代之后苑，位于坤宁宫外。

并将西苑更增葺之，为唯一游幸之所，苑中之太液池分为北海、中海及南海三部。南海水色澄清，中多画舫，道旁多假山，山上有五神自在观。过印花门，为云绘楼。此外如清音阁、蕉雨轩、日知阁、春及轩、交芦馆、鱼乐亭、流碑亭、人字柳、瀛台等，均为南海中之胜景。出瀛台将往中海，先见清香亭、翊卫处及丰泽园。中海有大圆镜、纯一斋、怀仁堂、移昌殿、延庆楼、紫光阁、集园。金鳌玉蛛桥雄伟秀丽，可称奇观。北海中有白塔山、濠濮涧、春雨林塘、画舫斋、古柯庭、小玲珑、先蚕坛、镜清斋、画峰室、枕峦亭、五龙亭、静心斋。北京园林之在城内者，设计之精，以斯为最。

圣祖筑畅春园、圆明园。高宗嗣位，海宇殷阗，八方无事，每岁缔构，专事园居，大驾南巡，浏览湖山风景之胜，图画以归。若海宁安澜园、江宁瞻园、钱塘小有洞天、吴县狮子林等，皆仿其制，增置园中。列景四十，以四字额匾者为一胜区。一景之内，斋馆无数，复东拓长春，西辟清漪、离宫、别馆、月树、风亭，属之西山，所费不计亿万，元明以来，莫可与京。法教士王致诚称为万园之园，洵不诬也。

明遗民，钱塘李渔氏（字笠翁，生于万历三十九年），性好创作，不屑模仿，自谓生平具有两种绝技，一为辨审音乐，一为置造园亭。

康熙初年，流寓金陵时，所著《一家言》中，居室、器玩两部，即为李氏之造园亭经心之作。居室部分为：房舍、窗栏、墙壁、联匾、山石五篇；其中山石篇，尤为全书精髓所在。山石分为：大山、小山、石壁、石洞，暨零星小石五节。不唯于石性透、漏、瘦三点，为前人所未道，即以土代石，相见购置之法，尤为李氏独到之处。笠翁叠山，北平至今尚有遗址，若以《一家言·山石篇》与其所著《芥子园山水图谱》及其遗迹想参证，则其意匠经营，不难领悟。向来图说实物，不能悉备，平面立体，无由并观，笠翁斯学，具此特点，尤不易得。其余各种典籍，除计成《园冶》一度齿及外，余均阒然，其自成一家之精神，可以想见。[①]

李笠翁在京师营造的《半亩园》，在东城黄米胡同九号，院落格局至今保存完好，只是住户多多，不知有关文物部门对此园做何打算？

---

① 参见陈植《造园学概论》。1932 年 1 月完稿，1934 年正式出版。

二、北京园林御石的类别及留存现状

北京皇家园林的御石分为两类。一类为群石所集：例如紫禁城的"堆绣""袖珍狮子林"及北海公园的"艮岳"、恭王府的"滴翠岩"，尽管数量上不能和江南园林的石峰相比，但在石峰群的建造技艺上并不比南方逊色。北京御石的等级很高，就其规模、造型、品位上都登峰造极。另一类为独体石峰，个个称奇，块块精彩。

下面首先对独体石峰的精品逐一解读。

（一）享誉京师极负盛名的"青莲朵"

中山公园的"青莲朵"坐落在西门内小山亭南侧的一个造型精美的椭圆型汉白玉石座之上，远看色泽雅致，近观质地细密。这块奇石来自杭州吴山德寿宫。曾被南宋高宗视为珍品，取名"芙蓉石"，此石为南太湖石之上品。虽几经战乱，此石峰仍得以幸存。后来清代乾隆皇帝第一次南巡（1751年），见到此石，十分钟爱，并吟诗一首：

"临安半壁苟支撑，遗迹坡寻感慨生。梅石尚能传德寿，苔华又见说兰瑛；一拳雨后犹余润，老甘春来不再荣，五国风沙埋二帝，议和喜乐独何情。"

地方官员十分知趣，转年就将此石进贡京师。乾隆降旨将其置于圆明园的长春宫茜园，并亲自题写"青莲朵"三字，使之成为园内石峰八景之一。乾隆三十二年还仿制一梅石碑，放置在茜园的"青莲朵"旁。乾隆四十九年，又兴致盈然地赋诗一首：

"昔日孙兰合作碑，惜其漫漶笔摹之。虽然德寿寓兴偶，亦祇云烟过眼为；梅自无心依石瘦，石如有意学梅姿，无心有意胥置却，七字正吟又此时。"

由此可见乾隆皇帝对此石峰的钟爱。

1860年10月，英法联军攻占京师，圆明园惨遭焚毁，而"青莲朵"却侥幸逃过一劫（如今它已被收藏在北京的园博园中）。

民国以后北平北洋政府将社稷坛改建为中央公园，1914年10月对公众开放。

时值北洋政府内务总长、代总理朱启钤①将部分圆明园的太湖石保护起来，移至各大公园，此次移至中央公园的石峰就有"青莲朵""青云片""绘月""搴芝"四座石峰。

"青莲朵"高1.7m，围3m，石上遍布沟壑，纵横交错。倘有小雨沁润，石面上就显出淡淡红粉，沟隙中还呈现星星白点。诗人美其曰："淡霞残雪"。"青莲朵"是北京目前皇家御园历时最年久的名石。

（二）堪与"青芝岫"比肩的"青云片"

米万钟，字友石，自称"石隐"。他著有《画石谱》《勺园修葺记》，均以园林石峰为主题。在北京西苑构建三座园林：勺园、漫园和湛园，皆以石取胜。"青云片"和"青芝岫"是他最为得意的"姊妹石"，均在京郊房山寻得，他把"青云片"置于勺园中。后来乾隆皇帝把"青云片"移至圆明园，赐名"青云片"，现在石上"青云片"三字仍清晰可见，石峰洞内"圆明园遗石"字迹依稀得见。据史料记载，乾隆皇帝酷爱奇石，曾为"青云片"吟诗八首（园林专家目前仅发现七首）。恭录其一：

"烟翠三秋色，波涛万古痕；削成青云片，截断紫玉根。"

"青云片"于今安卧在中山公园来今雨轩之南，远远望去，宛如一朵天外飘来的祥云。此石峰体态浑厚，青云飞舞，卷涌波涛，纹理参差，孔洞宛转，婀娜多姿，妙趣横生，此石堪称北太湖石中之神品。"青云片"高近2米，长4米有余，宽约1.5米，底座0.7米，总重量20吨。

乾隆的《再题青云片石》："诡石居然云片青，松风吹窍韵清冷。"

"诡"与一般的丑怪不同，它具有千态万状，幻变离奇，出人意外，令人莫测之意，带有一种神秘的魅力，是一种诡异之美，是一种可惊可畏的动态之美。这种变幻莫测、厥状非一的丑石，给人提供了联类不穷的想象空间，"青云片"可算是诡石的代表。

"绘月"石在四宜轩②东侧，高2米，宽1.3米，雄浑遒劲，峥

---

① 朱启钤（1872—1964），字桂辛，号蠖园，贵州开阳人。曾任清廷京师大学堂译学馆监督。在北洋政府任交通总长和内务总长，民初督办北平市政，建设环城铁路、改造正阳门和创办中央公园是其三大突出政绩。1919年致力开发北戴河，1929年筹组"中国营造学社"，研究中国古建筑。

② 四宜轩：于1919年由关帝庙改建，位于公园西南角，水榭西北处，今已将此石用玻璃罩围起。

嵚嶙峋。石上几眼孔洞圆润，正中的圆洞宛如一轮明月高悬中天，"绘月"也是圆明园遗石。

"搴芝"石位于宰牲亭西侧，高约3米，宽约1.5米。乍看有如一头昂首站立英武待战的犀牛，细端又如一只翻垂的巨手，拇指指向下面的灵芝。凸显一种雍容华贵之态。由于年久，此石裂缝处已有铁钉补锯，"绘月"也是圆明园遗石。[①]

（三）"撷翠绉云"石峰也是京师名石中的佼佼者，现存先农坛公园，此石峰高约3米有余，宽广约2米。

据杜绾的《云林石谱》记：（一般石峰）"多为一面或三面，若四面全者，即是从土中生起凡数百之中无一二"。"撷翠绉云"确实属于文中所言之"一二"者。

"撷翠绉云"石峰阳面镌刻有"撷翠"二字隽秀，涂绿色漆，每字都有巴掌大小，署款"植庵"。此面险峻挺拔，嶙峋峥嵘，剔透嵌空，玲珑多孔，窍窍相连，眼眼相通，错综繁复，虚实相间，曲折凸凹，变化多端。此石峰上端尤为精彩，宛如一波波浪花，又似一朵朵浮云，可能是"绉云"名之由来。

一种说法，"撷翠"二字取自宋代程垓《蝶恋花》中的"墙东柳线墙西恨，撷翠揉红何处问"诗句。

还有一说，清人龚自珍有《暮雨谣三迭》一诗，其中有句云："暮雨怜幽草，曾亲撷翠人。"不知此石峰的"撷翠"题字与此诗可否有关连？

石峰左侧镌刻有"绉云"二字，雄浑大气，字体大小同"撷翠"，亦涂绿色，署款"玉谿"。此面凸显皱美，突兀嶙峋，窦穴参差，气韵苍古，纹理怪奇；胡桃皱、树皮裂、龟背纹、丝裙皱与通孔洞穴缠结交错，给人一种变化莫测之感，令人叹为观止！

可惜不知"植庵""玉谿"为何人名号？有待细考，见教方家。

先农坛公园初名城南公园，1915年6月对外开放，此"撷翠绉云"石峰为建园时移入。此石从何处移来，尚不得而知。"撷翠"也是南太湖石的精品，也有人说它是"艮岳"遗石。

---

① 见朱启钤《中央公园记》："迁圆明园所遗兰亭刻石及青云片、青莲朵、搴芝、绘月诸湖石，分置于林间水次，以供玩赏。"中华民国十四年十月十日紫江朱启钤。

（四）御石之最的"青芝岫"

颐和园乐寿堂前有块奇石，长8米，宽2米，高4米（连底座）。颜色清润，形态独特，展现巍然磅礴、覆压重深的雄浑之美。此石原为明代赏石家米万钟发现采集，后因故搁置。乾隆皇帝为庆母亲寿诞，将其运至清漪园内，赐名"青芝岫"，此石是京师皇家御园及公园独体石峰之最。

再议御园的群体石峰：

1. 恭王府的滴翠岩

恭王府的滴翠岩位于花园的主山。座北向南。是由众多太湖石叠累包镶而成。岩峰上部中央由湖石叠累呈环状，下部前有一水池。水池后面有一岩洞，洞名为"秘云洞"，洞中石壁上有圣祖康熙手书"福"字碑，碑高1米，有"福照全园"之意。面对"福"字碑有一门洞，可容一人通行，亦可采光。此岩下方有一东西向的山洞，洞长约5丈。洞内空间宽约4尺，高约6尺，夏季可容多人纳凉。由洞口东西两侧可拾阶而上岩顶，站立岩顶，全园景致一览无余。

有诗人赞美滴翠岩："怪石叠悬崖，壁立千寻峭。振衣拂尘埃，游目任舒啸。烟雨滴翠岩，嶙峋透空窍，凭栏眄归鸟，隔林明夕照。四望画屏开，登高领其要。"

滴翠岩在院中的景致也是独拔头筹，有巧夺天功之妙，为我国园林石峰登峰造极之作。此园始建于明代，原名翠锦园，已是当时京城王府名苑之冠。院中原有假山，清代再加修茸。此石峰杂糅明清两代造园的技法，细观洞内山石确有叠砌风格的差别，主要差别在石质上。洞内的石头都是青石，这些青石大概就是明代翠锦园假山原有的石头，而后来的滴翠岩，两端的洞口及正面外观处大概是清代后包加上去的，也就是在原有的山石外面整个又包了一层太湖石。外表上看起来整个滴翠岩外表都是玲珑剔透，而里边则是青石垫底。在滴翠岩后边的山体及洞阶也都是青石叠砌而成，青石叠砌的石峰在北京的园林中很常见（北海的濠濮涧、景山的盘山道、颐和园的后山等处）。

2. 颐和园的"扬仁风"

扬仁风位于乐寿堂的西侧，始建于乾隆年间，这个园中园占地约20亩，前为池塘，后为殿宇。

在湖池的北面，5丈开外，又有一青石堆砌的山石，拾阶而上。

在此山上有一 6 丈见方的空地，建有上面提及的扇形殿。殿的左右种有松树，最高的一棵有两丈许，仰头观看，有如天盖，气势非凡。

殿为扇形，阶前用条石砌成扇骨式样，又用汉白玉石雕成扇轴，俨然一把可以开合的折扇，此殿俗称扇形殿。殿名取《晋书·袁宏传》典故：袁宏出任东阳郡守，谢安以扇赠行。袁答曰："辄当奉扬仁风慰彼黎庶。"意为将实施仁政以安抚百姓。

在扇形殿前与一进院门的若大空间的南端有一长方形石池，池长 3 丈有余，宽两丈许。为何称为石池？笔者探访时恰值枯水之期，整池无水，连池底都干透可见，只有池的左侧角还有些许干枯的芦苇，白色的芦花仍随风摇曳。此池四周边不是由砖泥砌做，而都是湖石堆砌而成。在池的左侧丈许之处，有一假山。山高丈五，宽围 3 丈有余。假山中下端有一山洞。洞高 6 尺，宽 3 尺有余，可容一人通行。洞并不很深，可容两三人纳凉。池石与山石均为太湖石，似与北海的艮岳石相仿佛。

扬仁风的假山湖池别具一格，与北海太液池旁的艮岳、一房山石及紫禁城的堆绣、恭王府的滴翠岩风格不同，它是把太湖石又与池水连为一体。以池水再显湖石的风姿，池水、湖石交相辉印，别有洞天。

扬仁风的造园可谓独具匠心，令人叹为观止。

3. 北海公园的一房石

一房石位于一房山上。乾隆十七年，在 30 平米的室内堆山，采用缩龙成寸的手法，使山石顺势由下而上，迂回曲折。沿洞窟拾阶而上，有一览众山之感。室内叠山与毗连的建筑相通，在皇家造园史上独一无二。乾隆有诗相赞："好山一窗足，佳景四时宜。翠霏峰四面，青庵户千螺。"

三、北京公园的名石巡礼

1. 中山公园：青莲朵、青云片、绘月、搴芝。

2. 北海公园：昆仑石、岳云石、折粮铭石、云起石、一房石。

3. 先农坛公园：撷翠绉云峰。

4. 紫禁城：太湖石、鹰石、堆绣、诸葛拜北斗、海参石、文峰、袖珍狮子林、木变石。

5. 颐和园：青芝岫、仁寿门石峰、仁寿殿四石峰（春夏秋冬峰）、玉澜堂外子母石、石丈亭太湖石峰、排云殿左右的十二生肖石。

6．恭王府：独乐峰、滴翠岩、凌倒景。

四、御石独特的文化价值

（一）美学价值：（装饰美——返璞归真——自然美；诗意美：奇巧——巧夺天工）

御石在公园的独特地位不可或缺，为御园景致增色，锦上添花，还有画龙点睛之妙。试想，如果公园只有楼台庭阁，奇花异草，而缺少这些独特的石头，是否总有些美中不足之感，而增添了这些奇石却为御园大大增色。

（二）独特的文化价值：独一无二

试想，如果快雪堂的后庭院没有"云起"石峰，转过前院的大殿，一眼便看到五开间的快雪堂正屋，园景就有一种过于直白的感觉，而有了"云起"石峰，犹如一道屏门，既有遮挡，又生一种神秘之感。在进入佳堂之前，先饱览石峰之美之巧之奇。待到兴致勃发之际，曲径通幽，再入佳境；再观巍峨庄重的快雪堂，别生一种诗情画意。石峰与屋宇交映成辉，石峰为庭院增色之妙，让人流连。

滴翠岩则包含了明清两代的造园艺术：曲径通幽、险中出奇。

北京御园、公园的石头块块都有来头，不同凡响，且传承有序，多则传承千年，少则也有三四百年。它们各有特点，几乎每块石头都有一段自己的迷人故事。

御石的特点：

1．品位高，件件都是精品，绝无仅有，奇上加奇，堪称极致。

2．等级最高，独一无二，都是皇帝玩赏的石峰。除了题字，还题诗，充分显示清代帝王的文化修养与审美取向。

3．北太湖石也有精品（青云片、青芝岫）。

皇家园林的赏石体现帝王之气、皇权之魂。无与伦比。尽管北京的皇家御石如此的灿烂辉煌，它的定型、它的成为经典与计成大师的造园理论有直接的关系，对御园建造的影响是显而易见的。

于润琦（中国现代文学馆　研究员）

附录：

《稷园之石多自圆明园移来》

三春向尽，稷园百花齐放，至于春夏，天气清和，游人如织，赏花品茗，裙屐偕临。顾稷园之佳，百花鲜艳，固其一端，而古致磊落，错杂其间者，则有各奇石，或座列，或堆山，不惟足供欣赏，且均有其历史，最为者为：

一、青云片石，现列于来今雨轩西，石高九尺，长六尺，围二丈一尺。原为清圆明园时赏斋前物，上镌高宗（注：指乾隆皇帝）题字及御制诗，与颐和园乐寿堂前青芝岫并提。诗云："伯氏吹埙仲氏篪，彼以雄称此独透。"又云："勒题三字青云片，兼作长歌识所由。"其为纯庙矜赏如此。

二、青莲朵石：在西坛门外土山前，沿马路侧，上有高宗御题青莲朵三字。石为南宋德寿宫中物，高宗南巡至杭州，见而爱之。巡抚希旨，辇至京师，置诸圆明园（见《养吉斋丛录》），此自园移来者。

三、搴芝石：现列打牲亭前。

四、绘月石：在四益轩前，上均有高宗御题字。

五、来今雨轩后山石：此石山为粤中刘姓老人所堆造。刘姓老人于民国四年来游京师，年已八十，为人能诗善画，尤长堆垛术。赏稷园景物佳胜，请于朱董事长，愿堆此山石以为纪念。今观所做极玲珑剔透之观，堪称殊胜。旧都堆石名家，咸自谓不及云。

六、松柏交翠亭山石：东坛门外松柏交翠亭，所堆山石，为民国四年倩日本专家所堆造。以数丈之地，能坡陀环绕，曲径通幽，实为东洋独特作风。看似平庸实奇崛，成如容易却艰辛，堪以移评此作。

要之，稷园之石，大多自圆明园废址运来。其公牌坊正北，及后河马路之中，及其他一切堆石，精巧有致。奇石辇自南中，堆垛凭之人力，与群花围绕中，得此奇石点缀，游人正未可忽视之。

见《实报》1943 年 5 月 18 日

朱启钤《中央公园记》

"迁圆明园所遗兰亭刻石及青云片、青莲朵、搴芝、绘月诸湖石，分置于林间水次，以供玩赏。"

中华民国十四年十月十日紫江　朱启钤

紫禁城端门建筑规制与功能初论

◎ 贾福林

中国自古有礼仪之邦的美誉，古代文化中心的皇城，更是中华传统礼仪凝结的中心。北京皇城端门是全国重点文物保护单位，始建于明永乐十八年（1420年），重檐歇山顶城楼，建筑结构和天安门相同。端门是紫禁城古建中保护最好的古建之一。端门位于北京皇城中轴线的核心部位，是皇城外朝极为重要的礼仪建筑，是我国仅存的古代皇城建筑"天子五门"规制的实物例证，也是承载传统礼仪规制的实物例证，因此亦被称作"端礼门"。

一、三朝五门和端门

要了解端门，先要了解端门和"三朝五门"的关系。

北京紫禁城作为中国古代皇城建筑成熟阶段的典型代表，分为外朝、内廷两个部分。外朝是皇帝办公的地方，国家的重大活动和各种礼仪都在外朝举行，外朝由天安门、端门、午门、太和殿、中和殿、保和殿以及两旁的殿阁廊庑组成。在外朝中轴线上，太和殿之前坐落着五座重要的门，即"五门"。与之密切相关的规制是"三朝"，二者组成"天子三朝五门"。

"天子三朝五门"这种规制起源于周朝，根据中国传世古籍《左传》《礼记》的记载：周朝天子皇城为"三朝五门"。东汉郑玄注《礼记·玉藻》曰："天子及诸侯皆三朝。"

"朝"在战国以前是一种建筑名称，是指带有围墙的露天场所，用于帝王祭祀天地神祇，祭祀祖先，占卜大事吉凶，是帝王与王族和大臣议政和决策的场所。战国以后，王权超过神权和族权，"朝"发展为有屋顶的建筑——庙。"庙"初期为帝王主政的殿堂，后来成为专门祭祀祖先的宗庙，而"三朝"的"朝"是沿用了战国以前"朝"议政决策的内涵，其建筑逐步演化为"三殿"。

"五门"根据《礼记》的记载："外曰皋门，二曰库门，三曰雉门，四曰应门，五曰路门。""皋"者，远也，皋门是王宫最外一重门。应者，居此以应治，是治朝之门。库有"藏于此"之意，故库门内多有库房或厩棚。雉门有双观。路者，大也，路门为燕朝之门，门内即路寝，为天子及妃嫔燕居之所。

周朝的"三朝五门"规制，在后来的历史演变当中，与《周礼·考工记》中的王城建筑"左祖右社"等规制一样，是一种理想的模式，在战国以后，都城宫室大都没得到严格遵循。隋代曾初步恢复"三朝五门"制度，但并不完美。唐长安城在隋大兴城的基础上建设，布局变化不大。长安城五门为：承天门、太极门、朱明门、两仪门、甘露门，三朝建筑为外朝奉天门、中朝太极殿、内朝两仪殿。元代没有延续"三朝五门"制度，直到明代南京皇宫，才实现了真正意义上的"三朝五门"规制。其五门为：洪武门、承天门、端门、午门、奉天门，三朝（三殿）为：奉天殿、华盖殿、谨身殿。明成祖迁都北京，北京的皇城仿照南京布局。明代北京皇城三朝（三殿）为：永乐年始称奉天殿、华盖殿、谨身殿，嘉靖四十一年（1562年）九月重建更名为皇极殿、中极殿、建极殿。明代北京皇城五门为：大明门、承天门、端门、午门、皇极门。清朝沿用明代北京皇城，顺治时，将大明门改为大清门，皇极殿改为太和殿，其他未做太大的变动。清代沿用明代北京皇城，仅改动大部分名称，其五门为：大清门、天安门、端门、午门、太和门，其三朝（三殿）为：太和殿、中和殿、保和殿。

由此可见，真正在皇城规划和建设中完美实现三朝五门规制的是明太祖，将南京皇城规制完美再现于北京的是明成祖。这明代两位有作为的皇帝推动下，中国古代皇城规划建设达到了顶峰，这种皇权的推动，具有深刻的历史原因。

朱元璋恢复皇城建筑规划的周代古制，建三朝五门，与他的卑微身世有关，虽然他起义推翻元朝，建立明朝，但深怕别人说他是农民，非王侯之种。同时，还有一个切肤之虑，没有得到所谓的传国玉玺，于是通过皇城规制予以掩饰。为的是正名分，承天命，固江山。

明成组朱棣之虑更甚，不仅没有承继传国玉玺，更背负篡位之名，所以要正名，皇城修建得尽可能符合周代规制，完整呈现"三朝五门"，以表示承续大统。这样，北京皇城外五门和内四门形成绵延九门的完整对称的"中轴线"，而皇帝主政之所皇极殿（清太和

殿）位于中轴线正中心，完美体现皇城九门天子五门，象征皇权的"九五之尊"，使北京真正成为帝王万世之都。而端门在北京皇城的伟大建筑始建时应运而生，位于五门之中，天安门之后，午门之前。其功能有着独特的意义。它与午门之内的太和门，一内一外，同为"礼仪之门"，但又有不同的礼仪功能。

二、端门之礼仪功能

要了解端门的功能，先要了解"端"字的意义。"端"字在汉语语法中可充当名词、动词、形容词、副词等，用法变化很多。要解释"端门"的"端"字，要看它最主要的义项。

"端"字的基本字义是名词"正"，端正，不歪斜。《说文》："端，直也。"《广雅·释诂一》："端，正也。""端"引申为形容词，形容人外表是内心的端正。如"端庄沉静"是一副端静自重的外表，亦可形容事物端正，如《周礼》中所说"其齐服，有玄端素端"，是说服装有"黑色的正装"和"白色的正装"的区分。又如"端冕"是玄衣和大冠，古代帝王和贵族庄重的礼服。"端"引申为动词，通过动作使之端正，如《礼记·祭义》："以端其位。"

"端"字的另一个重要的字义是头绪，开端，指事务起始和收尾，如开端、末端、两端。

可见，"端"字表达的主要义项有三个：一是"头绪"，二是"正"或"使之正"，"端门"即是"端正之门""发端之门"。

（一）端门有三大礼仪功能

1. 皇家礼仪的实用功能——收端

端门，对应的是周代的"库门"，库有"藏于此"之意，是为"收端"之意。端门大殿在明清两代确实用来存放皇帝出行所用仪仗用品，仪仗用品用后入库，正是收端。端门城楼长118米，宽40米，面积达4720平方米，确实是不可多的巨大库房。每逢皇帝出巡、回銮、举行大典时，方便就近取出使用。皇帝的出行的礼仪用品繁浩，只有如此之大的"仓库"才能存放得下。

皇帝出行，卤簿先行，所谓"卤簿"，是皇帝出行的车马仪仗、服务和护卫系统的总称，古以有之，汉代有明确记载。宋朝最盛时可达两万人之中，这在泰山天贶殿壁画《泰山神启跸回銮图》中可得到印证。明清卤簿，均为数千之众。乾隆皇帝将卤簿分为大驾卤簿、法驾卤簿、銮驾卤簿、骑驾卤簿四种，祭天的大驾卤簿最多可达3800多人，还有众多的车驾、马匹，甚至大象，其所需仪仗用品之多可想而知。

下面摘录清代卤簿队伍前端的描述和《卤簿名物记》，一方面，可感受古代皇家礼仪之盛大壮观，另一方面可对卤簿仪仗的用品有一个较为全面的了解。

卤簿的御车总称"辂车"，周代形成定制，后代形制上有一些变化，明清时的大辂车比上古时代更加宏丽精美。玉辂、金辂、象辂、革辂、木辂各有特色，称为"天子五辂"，十分豪华。

请看清代卤簿队伍前端的描述：

先是天路象队四只，分道左右。其次是宝瓶象五只，彩绣金鞍，上置宝瓶，左右各一只，中道一只，再左右一只。然后是大马辇一乘，高一丈二尺五寸九分，阔八尺九寸五分。辇上是平盘板，前后车楗、雁翅，四垂如意滴珠板，下辕三条都是朱红漆饰。辕木各长二丈五尺九分，用镀金铜龙头、龙尾、龙鳞叶片装钉，前施朱红……。

再看清代《卤簿名物记》的记载：

卤簿之别，有曰大驾者，郊祀用之；曰法驾者，朝会用之；曰銮驾者，岁时出入用之；曰骑驾者，行幸所至用之。大驾最为备物，尊天祖也；法驾稍损其数，文物声明，取足昭德而止；銮与骑又加损焉。事非特典，不敢同于所尊贵也。凡为盖者五十有四。九龙而曲柄者四，色俱黄，翠华紫芝两盖承之。九龙而直柄者二十，色亦黄，皆以次序立。花卉而分五色者十，九龙而分五色者亦十。每色各二，其立不以次而以相间。纯紫与赤而方盖者八，为扇者七十二，寿字者八。黄而双龙者十六，赤而双龙者八。黄玉赤单龙者各八，孔雀雉尾及鸾凤文而赤且方者各八。幢之属十有六，长寿也、紫也、霓也、羽葆也，各四。幡之属十有六，信幡也、绛引也、豹尾也、龙首竿也，亦各四，曰教孝表节，曰明刑弼教，曰行庆施惠，曰哀功怀远，曰振武，曰敷文，曰纳言，曰进善，八者各为一偶。反旌之属亦十有六，于是有四金节、四仪锽氅黄麾。而继之以八旗大氅二十四，羽林大氅、前凤大氅共十六，五色销金龙氅共四十，反为氅者八十。旗取诸祥禽者，仪凤、鸾、仙鹤、孔雀、黄鹄、白雉、赤鸟、化虫、振鹭、鸣鸢。取诸灵兽者，游鳞、彩狮、白泽、角端、赤熊、黄熊、辟邪、犀牛、天马、天鹿。取诸四神四，取诸四渎五岳者九，取诸五星二十八宿者三十三，取诸甘雨者四，取诸八风者八，取诸五云五雷者十，取诸日月者各一。其外有门旗八，金鼓旗二，翠华旗二，五色销金小旗各四。出警入跸旗各一，旗之数共百有二十，为金钺、为星、为卧瓜、为立瓜、为吾仗、为御仗，各十有六。又六人持仗而前导曰引仗，自盖至引仗，其名一十有七。红镫六，二镫之下，鼓二十四，金二、仗鼓四、板四、横笛十二；又二镫之下，鼓二十四、金二、仗鼓四、板四、横笛二十；又二镫之下，钲四、大小铜角各十六，自红镫至铜角，其名一十有六。午门之外，有金辂、玉辂焉，朝象虽非朝期，率每晨而一至，引仗以上在太和门之内，铜角以上在端门之内，其最近御座者，游拂尘有金炉、有香盒、数各二，沐盆、唾盂、大小金饼、金椅、金机数各一。执大刀者、执弓矢、者执豹尾枪者，每事各三十人，其立亦不以次而以相间。荷殳戟者各四人，侍殿前执曲柄黄盖者一人，殿下花盖之间，执净鞭者四人。自黄龙以下诸盖之间，仗马十，掌骑者千人。殿之下陛之上，执战（音麾）竹者二人，计卤簿所需千八百人。制作之明备，真超越前古而上矣。

可见，端门在明清两代收藏着众多的各式各样的卤簿仪仗的文物，是名副其实的礼仪仓库。有趣的是，清朝帝制终结以后，在民国时期，端门大殿是中央博物馆的文物库房，在新中国延续成为历史博物馆的文物库房。可见，端门的"库门"之名仍然是实至名归。如今，1999 年和 2010 年端门大殿经过两次维修，文物搬迁，油漆彩画，面貌一新，并已经回归故宫管理，端门大殿有了新的展览功能，为新的时代服务。

2. 皇家礼仪的程序功能——开端

程序功能是对皇帝而言的，皇家重大而庄严的礼仪，是展示至高无上的皇权，宣示社稷万邦，教化黎民百姓的国家礼仪。

有资料说"端门是正门、第一道门的意思"，此说有误。因为端门相当于《周礼》"天子五门"之制里的"库门"，是第二道门。那端门"正"的意思从何说起？应当是礼仪的正式开始，亦即"开端"的意思。

明清两代每逢皇帝出巡、回銮、举行大典时，卤簿仪仗，整齐地排列在御道两旁，钟鼓齐鸣，逶迤数里。皇帝出宫礼仪的程序是：御驾离开皇宫出午门以后，一定要先登上宽敞的端门城楼平台。平台长93米，宽38米，面积3534平方米，确实是具有皇家气派的礼仪场所。皇帝登高远望，巍峨的皇城和浩大的仪仗，之高无上的皇权得到了充分的张扬。

待到天安门外百官迎候、净水泼街、黄土垫道等仪式完成后，敲响端门内大殿内的铜钟，皇帝下端门，乘上天子的大辂，百官和仪仗前呼后拥，浩浩荡荡离开端门，寓意着出行吉祥的开端。皇帝回宫时，午门敲钟，寓意着此行圆满的终端，所以，皇帝出行的正式礼仪是从端门开始的，在此之前属于准备阶段。

端门的铜钟的来历和鸣钟的礼仪，乃是避凶祈福之举。嘉靖三十六年（1557年）四月，紫禁城内奉天、华盖、谨身三大殿（即清代的太和殿、中和殿、保和殿）失火，损失巨大。嘉靖皇帝下诏引咎自责，修斋五日，并采纳术士意见，在端门上铸一镇殿大钟以避邪消灾。万历十六年（1588年）初，端门镇殿之宝双龙盘钮大钟铸成，重逾3吨。从此，早朝、节日或皇帝出巡、回銮时，端门敲钟、午门擂鼓，钟鼓齐鸣，声传数十里，令人肃然起敬。以后，明清各朝帝王均沿袭此礼，祈求开端良好，端门的礼仪功能更加完善。

3. 皇家礼仪的约束功能——端正

约束功能是对来到皇城朝拜的官员而言的，端门是自我整饬的关口，端门的礼仪约束功能首先表现在进门的规矩上。

端门城台建有5个券形门洞，长约40米，中间门洞最大，高8.82米，宽5.52米，此门的中心点恰好压在皇城的中轴线上。其余4个门洞依次往外缩小，分别是4.43米宽和3.38米宽。5个门洞中，各有两扇朱漆大门，门上布有纵横各九的鎏金铜钉。明清时期，出入端门有着严格的等级制度，中央门洞只有贵为真龙天子的皇帝才能通行，两侧门洞为宗室王公和三品以上的文武官员出入，最外边的两个门洞走四品以下的官员。若错走了门洞，就是严重失仪，甚至被视为冒犯"皇权至尊"，招来杀身之祸。

中轴线5门的中间的门，包括端门，除了皇帝往来专用以外，只有两种人可享受从此通过的待遇。一是皇帝大婚时，新婚的皇后乘坐的喜轿可从中门进宫，二是通过殿试选拔的状元、榜眼、探花，在宣布殿试结果后可从中门出宫，表现皇帝对人才的重视，这些都是端门礼仪的规矩。

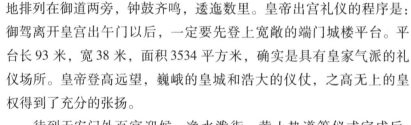

其次，端门的礼仪约束功能首先表现在进门官员的仪表上。

服饰在古今中外，不仅是文明的体现，同时是礼仪的重要内容。现代政务礼仪和商务礼仪都把服装仪表作为重要的礼仪内容，饭店宾馆的"衣冠不整不得入内"普遍为人们遵循。其实，这是古代礼仪的延续。在中国古代，对服装礼仪十分重视。特别是冠冕，对普通人来讲是人格的象征。孔子的弟子子路"君子死而冠不免"的美誉。在激烈的战斗中，子路冠下的丝缨被击断，他说："君子死而冠不免"。在从容结缨正冠的瞬间，被人趁机杀死，可见服饰礼仪在君子心中的高尚地位。

对帝王来讲，冠冕是权威的象征。所以，正衣冠是古来礼仪的重要内容。对于皇城，乃是国家政治的圣殿，也是礼仪的圣殿，对衣冠整洁的要求毋庸质疑就更加严格。官员到朝廷朝拜，参加祭祀或各种典礼宴会，举子到朝廷殿试，不仅行为要中规中距，衣冠就更要整洁挺括，是为官仪，如衣冠不整，则有碍观瞻。

孔子在《论语·先进》中说："宗庙之事，如会同，端章甫愿为小相焉。""章甫"是古代的礼帽。"端章甫"就是把礼帽扶端正，可见，在重要场合和场所前整理衣冠是礼仪的重要内容。

南宋与朱熹、吕祖谦齐名，被誉为"东南三贤"的理学家、教育家。数次为官的张栻在表现科举的诗歌《鹿鸣宴》中有"秋风万里携书剑，春日端门拜冕旒。"的诗句，说的是参加皇帝宴请举子的鹿鸣宴，到达皇城的端门就认真地做好拜见皇帝的心理和外观整理的准备，以防止匆忙慌乱而失仪。

唐代杜佑的《通典》在梁冀别传中记载："元嘉二年，又加冀礼仪。大将军朝，到端门，谒者将引。增掾属、舍人、令史、官骑、鼓吹各十人。"说的是大将军到皇城拜见皇帝，到达端门以后，不仅整理衣冠，皇家礼仪人员还要给他配备一支完整的仪仗队伍，这不仅是大将军的政治待遇，实际上是皇帝权威的体现。

由此可见，不论是文官、武官，还是参加殿试的举子，到达端门都要有整理衣冠的程序，以端正仪表，然后才能从规定的门中通行，这是皇家礼仪的细节表现。同时，服饰礼仪绝不仅仅是人的外表，而是一种重要的理念，是中华礼仪之邦的重要内容，这就是端门为何称作"端礼门"的重要原因之一。

总之，不论是在都城建筑的文化遗产上，还是在礼仪文明的传承上，端门作为仅存的古代皇城建筑"天子五门"规制的实物例证，作为承载传统礼仪规制的实物例证，都具有十分独特而珍贵的意义。

如今，1999 年和 2010 年端门大殿经过两次维修，文物搬迁，油漆彩画，面貌一新，并已经回归故宫管理，端门有了新的展览功能。2015 年末，故宫博物院端门数字馆终于揭开了神秘面纱，开始试运行，2016 年 7 月调整后重新开放，普通观众可网上预约免费参观。

故宫端门数字馆，立足于真实的古建和文物，通过精心采集的高精度文物数据，结合严谨的学术考证，把丰富的文物和深厚的历史文化积淀，再现于数字世界中。端门数字馆具有互动设置，邀请观众走进"数字建筑"、触摸"数字文物"，通过与古建、文物的亲密接触，探索古建文物固有的特性与内涵，获得比参观实物更丰富有趣的体验。宫殿建筑中小巧雅致的室内空间、质地脆弱难以展出的文物珍品、实物展览中无法表达的内容，都能在端门以数字形态呈现出来，为观众打开一扇深入了解故宫博物院的"数字之门"。

首个数字展览即端门数字馆的常设展，以"故宫是座博物馆"为主题，分为三部分，包括讲述"从紫禁城到博物院"的数字沙盘展示区，以数字形式与观众零距离互动的"紫禁集萃·故宫藏珍"数字文物互动区，让观众感受紫禁城建筑魅力的"紫禁城·天子的宫殿"虚拟现实剧场。希望观众在数字世界里与故宫亲密接触，了解"故宫是什么""故宫有什么""来故宫看什么"。端门数字馆不仅是一个新型的文化体验空间，今后，通过与故宫博物院官方网站群、故宫出品系列 APP、官方微博微信，以及其他数字展厅的关联、分享与互动，将为观众呈现出一个更为丰富、多元、精彩的"数字故宫"。

端门，这座古老的建筑，在崭新的时代。以崭新的内涵，完美地为现代服务，为弘扬传统文化发挥着不可替代的重要作用。

贾福林（劳动人民文化宫　副研究员）

北京柏林寺的保护与利用研究

——建筑策划方法在文物建筑保护项目中的应用

◎ 范 磊

文物保护规划为文物建筑保护制定具体的原则、方向，是研究如何进一步保护利用文物建筑的基础性工作，需要细致、认真的研究文物建筑与环境、文物建筑与人的关系，确定与文物建筑相互依存的历史与现实环境及其矛盾，以及文物建筑和历史与现实的使用者的联系与矛盾。在此基础上制定满足文物保护需求、满足现实合理利用需求的保护规划措施，力求使文物建筑保护满足可持续发展的要求。因此，文物保护规划制定工作在顺序上与建筑策划相似，在性质上与建筑策划相同，在关键内容上有许多重叠的部分。科学合理的制定文物建筑保护规划，应有效的运用建筑策划的理念与方法。

北京柏林寺是国家级文物保护单位，2006 年开始按有关单位要求进行保护规划的编制工作，保护规划要求在妥善保护文物建筑的基础上合理使用文物建筑，使文物建筑发挥自己应有的社会效益。

一、目标设定：与万寿寺（北京艺术博物馆）的对比研究

在北京市城市规划文件中，未对柏林寺的使用功能做明确说明。在制定文物保护规划时，依据有关单位的指示精神，须将柏林寺内占用单位迁出，修缮寺庙建筑，寺庙总体改造成为文化旅游单位。柏林寺在历史上曾作为原藏于故宫武英殿的乾隆版大藏经的储藏地，因此拟将柏林寺辟为古籍版本陈列馆，按古籍版本学的研究内容和要求，收藏、展示、研究古代图书。

将文物建筑群改造为博物馆、陈列馆是文物建筑保护的常用做

法，北京市内有多家博物馆、陈列馆就是利用维修改造后的文物建筑群作为馆址对外开放的。依据"从对既存的建筑的调查评价分析中寻求出某些定量的规律"[1]的基本原理，柏林寺保护利用策划研究选用北京万寿寺作为对比研究的案例。北京万寿寺为北京艺术博物馆所在地，其始建年代与柏林寺相近，两寺院同为皇家寺院，建筑规模相当，建筑格局同为东、中、西三路，参考北京艺术博物馆的基本情况，对于北京柏林寺的保护策划具有重要的指导和借鉴意义。对于万寿寺的考察主要运用 SD 法进行建筑实态调查。本文编制了两

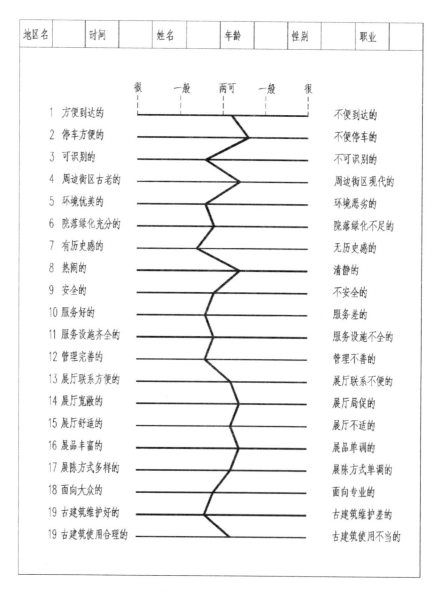

表 1　北京艺术博物馆参观者调查表

种实态调查表，一种用于对北京艺术博物馆的参观者进行调查，收集参观者对于这种博物馆的需求和感受信息；另一种用于对北京艺术博物馆的工作情况进行调查，收集建筑的主要使用者对于这种博物馆的需求和感受的信息。在分析和综合两类信息的基础上，提出北京柏林寺的保护利用构想和措施。

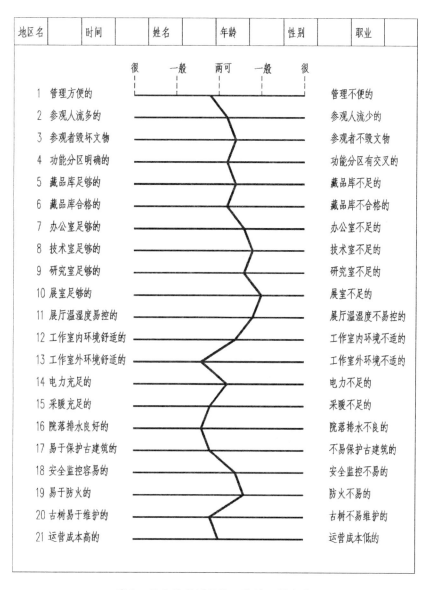

地区名		时间		姓名		年龄		性别		职业	

	很	一般	两可	一般	很	
1 管理方便的						管理不便的
2 参观人流多的						参观人流少的
3 参观者毁坏文物						参观者不毁文物
4 功能分区明确的						功能分区有交叉的
5 藏品库足够的						藏品库不足的
6 藏品库合格的						藏品库不合格的
7 办公室足够的						办公室不足的
8 技术室足够的						技术室不足的
9 研究室足够的						研究室不足的
10 展室足够的						展室不足的
11 展厅温湿度易控的						展厅温湿度不易控的
12 工作室内环境舒适的						工作室内环境不适的
13 工作室外环境舒适的						工作室外环境不适的
14 电力充足的						电力不足的
15 采暖充足的						采暖不足的
16 院落排水良好的						院落排水不良的
17 易于保护古建筑的						不易保护古建筑的
18 安全监控容易的						安全监控不易的
19 易于防火的						防火不易的
20 古树易于维护的						古树不易维护的
21 运营成本高的						运营成本低的

表2　北京艺术博物馆工作情况调查表

由调查分析可知：利用改造后的文物建筑群作为博物馆、陈列馆，优势在于馆址的外部环境优雅，有文化氛围。但劣势非常明显，如办公面积不足、展陈用房面积不足、文物库房不足，并难于达到文物收藏的技术要求，而且，限于文物建筑保护原则要求，建筑群基础设施改造比较困难。这些是限制此类博物馆、陈列馆发展的主要原因。并且由于文物建筑群一般处于历史街区中，周边道路狭窄、空间紧凑，汽车通行和停放都不方便，限制了参观人数。

二、北京柏林寺概况：
内部条件与外部条件的调查

（一）历史沿革简述

柏林寺位于北京市东城区东北部，雍和宫大街戏楼胡同1号。四至范围东临炮局胡同，南临柏林胡同，西侧、北侧为藏经馆胡同。柏林寺始建于元至正七年（1347年），为佛教寺庙，位于元大都东北部居贤坊。明洪武初（1368—1398），修北京北城墙时将柏林寺切开，城外部分为北柏林寺，城内部分为南柏林寺。北柏林寺逐渐衰落，南柏林寺遂成为京城柏林寺。明正统十二年（1447年）寺庙重建，明宣德年间重修。康熙二十五年（1686年）曾重修，康熙五十二年修缮，乾隆二十三年（1758年），再次重修，民国十八年（1929年），台源法师于柏林寺创办佛学研究院，次年改为柏林教理学院，1932年停办。民国时曾为陆军医院。抗日战争后柏林寺改为中央陈列馆。1955年北京图书馆部分部门进驻寺院（1987年迁出）接收龙藏经版。1957年住持福振因刑事犯罪被捕判刑，寺内自此禁绝佛事活动。1958年东城红旗中学占用部分寺庙房舍，并修建了炼铁设施，拆毁了部分文物建筑，1962年该校迁出。1988年改为文化部干部学院，目前，寺内建筑为文化部所属多家单位使用。

（二）柏林寺文物建筑现状说明

柏林寺建筑群座北朝南，分东、中、西三路。中路建筑南北中轴线长约191米，沿中轴线从南到北依次有影壁、山门、天王殿、大雄宝殿、无量殿和维摩阁，中轴线东西两侧均有配殿、庑房。整座寺院布局严谨，全部建筑均建在高大的砖石台基上。柏林寺东路大部已毁，仅存北部三座建筑，从南至北顺序为斋堂南房、斋堂及小法堂。柏林寺西路南部建筑已毁，部分土地已为单位及居民占用，现存院落由南向北依次为行宫院、方丈院。现柏林寺内主要建筑基

本保存完好，中路建筑格局基本无改动。

1. 柏林寺及周边环境现状分析说明

柏林寺占地范围内总体地形北高南低，地势平缓，排水良好，寺内局部地坪升高。目前中路建筑保存较为完整，建筑格局与《乾隆京城全图》记载基本一致，仅钟楼与鼓楼被毁，其他单体文物建筑保护较好。寺庙东路现存文物建筑为北部三重殿堂，其中斋堂及斋堂南房为复建建筑，建筑保护较好。寺庙西路现存北部行宫院及方丈院建筑，行宫院建筑保存较好，方丈院建筑已成危房。寺院内总体环境整洁，地面硬化面积较大，部分殿堂前有残存甬路铺装，局部地面铺水泥方砖或抹水泥砂浆，并铺有细石混凝土路面道路，裸露的地表为砂质黏土地面，部分地面长杂草。寺内绿化较多，种植多种乔木、灌木、竹林、草坪，并摆放花卉。寺内后搭临建平房较多，建筑质量较差，有安全隐患，并占据了文物建筑间的空地及已毁建筑基址，造成寺内空间局促、通道狭窄，破坏了柏林寺文物建筑景观格局，并严重影响防火安全。寺内有占用单位车辆穿行，车辆停止时散放于殿宇台基周边的空地上，对文物建筑安全造成不利影响。寺院围墙大部分已改建，现存北部围墙已歪闪，急需维修加固。寺内现有供电系统为 10kV 单路供电，变压器为 315kVA 箱式变压器，并由直埋电缆供电入户。电话线路为架空明线，入户则贴附于文物建筑外墙，既不利于文物建筑安全，又有碍观瞻。寺内有统一的供排水及供暖系统，供水由南北两路接入，为直埋管道，管径 DN100，可满足消防给水需要，院内可见 12 处室外供水点。寺院排水系统为雨污分流，接入寺庙周边市政管线，目前排水通畅。各殿内接入暖气，由锅炉房集中供暖，可满足冬季采暖需求，各房间制冷采用分体空调及小型集中空调，室外机或挂于建筑外墙或立于台明之上，影响了文物建筑景观。院内各占用单位按各自需求独自改造强弱电、消防等基础设施，全院无统一的强弱电机房、安全监控室、消防控制室等设施。

柏林寺东路中部南部及西路南部现为居民占用，除西路南部临街残存一排经后世翻建过的倒座房外再无原柏林寺建筑。此地段内现遍布平房民居，建筑密度较大，建筑质量普遍较差，基础设施落后，卫生条件及环境景观较差。同时该地段内缺乏消防通道和防火设施，民居建筑与中路文物建筑防火安全距离不满足消防规范要求，具有火灾安全隐患，对现存柏林寺文物建筑安全影响较大。

柏林寺处于北京市历史文化保护街区内，周边主要为民居。东侧原为清代东四旗炮局，现为北京市公安局所属单位。寺南侧自古为居民区，间有庙宇，其中在《乾隆京城全图》上明确记载的有三孔庵、广慈寺、海潮庵、关帝庙、报恩寺等，现在此区域主要为民居，临街有少量商业铺面房，建筑形式以单层坡屋顶建筑院落为主，现存平房建筑仍有相当数量采用木结构。寺西侧北侧为原雍和宫喇嘛房，现已全部改造为民居，大部分古建筑已被翻改建，仅有少量遗存。目前该地区内建筑密度较大，除少量单位楼房质量较好外，大量平房民居建筑质量较差，居民自建的临建房屋较多且质量差，房屋按现代生活需求加以改造、维修、翻建，建筑形象较传统建筑改观较多。街区内基础设施落后，绿化面积较小，街道狭窄。建筑环境景观较杂乱，卫生条件较差。

2. 影壁及门前区

影壁于1990年代修缮，目前整体状况良好，有局部瓦面破损，抹红灰上身有局部空鼓。门前区内地坪升高，地面抹水泥砂浆硬化，建有值班室、保安宿舍、锅炉房等后加建筑，其中锅炉房内有两台两吨燃油锅炉。门前区内临建布局杂乱无章，缺乏环境规划，部分建筑贴附于影壁建造，影响文物建筑安全，破坏了文物建筑本体及景观。

3. 山门

始建年代不详，木构架带有明代特征，于1993年修缮，目前文物建筑整体状况良好，瓦面及外墙有少量风化，文物建筑说明详见后附基础资料汇编。建筑室内做现代装修改造，有强弱电线路引入，作为某单位办公室。文物建筑目前的使用状况破坏了文物建筑景观，并对建筑防火安全造成不利影响，不利于文物建筑保护。

4. 山门两侧倒座房及门道

建筑始建年代不详，现存建筑为清代小式建筑样式。东侧倒座房改为公共卫生间及管理办公室，东门道封堵，西侧倒座房改作管理办公室、值班室等，西门道封堵，建筑残损拆改较多，外檐装修全部改为普通木门窗，建筑目前使用情况对文物建筑损害较严重。

5. 天王殿

始建年代不详，现存木构架带有清代特征，于1993年修缮，目前整体状况基本较好，瓦面及外墙有少量风化，油漆少量剥落，文物建筑说明详见后附基础资料汇编。室内做现代装修改造，已成为某单位办公室，建筑目前使用情况不利于文物保护。

6. 东西配殿

始建年代不详，现存木构架带有清代特征，文物建筑说明详见后附基础资料汇编。曾于 1990 年前后加固修缮，目前结构安全性较好，但屋面所有吻兽、垂兽、小跑缺失，油饰简陋，彩画无存，外墙粉刷剥落，外檐隔扇门窗装修已改造为普通木门窗。室内做现代装修改造，作为办公室使用，建筑目前使用情况不利于文物保护。

7. 大雄宝殿

始建年代不详，现存建筑地盘划分带有明代特点，木构架为清式，文物建筑说明详见后附基础资料汇编。于 1992 年修缮，目前整体状况良好，建筑外表有少量风化，室内做现代装修改造，破坏了文物建筑室内景观。现为某单位办公室，室内物品杂乱，有火灾隐患，严重影响文物建筑安全。

8. 无量殿

始建年代不详，现存建筑地盘划分带有明代特点，木构架为清式。于 1992 年修缮，目前整体状况良好，建筑外表有少量风化，室内做现代装修改造，改变了文物建筑内部景观，现为某单位办公室。室内物品杂乱，有火灾隐患，严重影响文物建筑安全。

9. 东西庑房

始建年代不详，于 1990 年前后修缮加固，目前整体状况较好，建筑外表有少量风化，木构架需加固。彩画无存，油饰简陋，外檐木装修改为现代普通木门窗，室内做现代装修改造，作为办公室使用。西庑房外檐装修位置已改，由金步推至檐步。建筑目前使用状况已部分改变了文物建筑原貌，破坏了文物建筑景观，不利于文物的合理使用和保护。

10. 维摩阁、东西配楼及阁道

始建年代不详，现存木构架带有清代特征，于 1992 年修缮，目前整体状况良好，仅外表面有少量风化。现封闭管理，作为国际友谊博物馆办公区。阁道外侧加建了钢筋混凝土楼梯间，原木楼梯废弃不用，建筑目前的使用状况部分地改变了文物建筑的原状。

11. 行宫院

康熙五十二年（1713 年）敕建，现存院落格局完整，各单体建筑于 1990 年修缮，目前整体状况良好，外表面有少量风化，瓦面局部长草，室内做现代装修改造，作为办公室使用。院内铺方砖甬路，空地铺黄黏土。

12. 方丈院

始建于清代，共两进院落。第一进院于1991年做加固修缮，目前结构安全状况较好，但无彩画，油饰简陋，室内做现代装修改造，作为办公室使用。第二进院各房屋目前作为办公室使用，但木构架变形严重，屋顶渗漏，墙体歪闪，已成为危房，急需加固修缮。

13. 小法堂

始建年代不详，现存木构架带有清代特征，于1990年代修缮，目前整体状况良好，外表面有少量风化。室内做现代装修改造，改变了文物建筑室内景观，现作为办公室使用。

14. 复建建筑

复建建筑包括斋堂及斋堂南房，于1993年复建，目前整体状况良好，室内做现代装修，作为办公室使用。

15. 寺内现存古树说明

柏林寺内现存活有古松、古柏、古槐、古银杏及珍惜的畸叶槐等古树23株。具体为：

畸叶槐1株，编号B06302；龙爪槐1株，编号B06353；银杏3株，编号 B00657、B00658、B20350；国槐3株，编号 B00018、B00019、B00020；白皮松1株，编号A00792；侧柏8株，编号A00137、B01037、B01038、B01039、B01040、B01041、B06029、B06030；桧柏5株，编号 A00785、A00786、B00788、B00789、B00790；金钱榆1株，编号B06306。

三、陈列馆空间、技术构想
——保护规划措施的制定

（一）文物陈列展示构想

1. 展示原则、目标和方式

（1）设中国古代典籍版本陈列馆，集中系统介绍我国古代典籍不同版本的相关内容，主要以馆藏展品、图文影音介绍等方式按照我国古代典籍版本学特征展示介绍我国古代典籍。

（2）设北京市著名文物建筑参观景点，介绍柏林寺历史沿革、文物等内容。

2．展示功能分区、展示和使用要求

展陈区主要位于柏林寺中路，包括门前区、山门、天王殿、大雄宝殿、无量殿、东西配殿、东西庑房及复建的钟鼓楼，东路、西路为辅助展区及办公、会议、接待、库房区。

3．展示主题及布局

按文献的类型，分类展示。

4．展示路线

展示路线围绕中路建筑布置，成环形分布，可方便游客到达各个展室。

5．展示设施

展品展示设室外展场及展室，各展出部分设展台、展柜、文字说明、影音介绍等设施。

6．游客服务设施规划

游客服务区主要位于门前区，设参观导游讲解服务、存包、纪念品销售、冷饮销售等设施。卫生间位于东路及西路的隐蔽部位，应达旅游区二星级以上标准，院内设指路标牌、展示说明标牌、公告标牌等说明性标志物。

7．新建库房及办公设施规划

在东西两路收回用地内，无古建遗址的地段，在地下兴建约3000平方米建筑，功能包括收藏、文物修复、办公。

（二）文物保护措施

1．逐步清退寺内占用文物建筑的单位，恢复文物建筑室内景观。

2．抢险修缮恢复方丈院建筑，加固梁架、修复台基、墙体，修补瓦面，恢复彩画，恢复院内地面铺装。

3．勘查寺内现存文物建筑，修缮加固恢复有损伤的建筑，修复院内地面及甬路铺装，修复寺庙围墙。

4．改造寺内暂时无法拆除的基础设施用房（如锅炉房），使外立面与文物建筑相协调。

5．合理设计柏林寺院内综合布线，所有管线入地，优化供电、供热、供排水、消防、通讯系统，完善监控设施。

6．拆除寺院内临建房屋，恢复寺庙原有建筑环境。

7．做好寺院内绿化设计，妥善保护现存古树。

8. 收回寺庙原有用地，有根据的恢复寺庙原有建筑，合理利用。

9. 在建控地带内修复形迹可辨的庙宇、庵堂、道观、喇嘛用房等宗教建筑，修复格局完好的传统民居建筑及有价值近现代建筑，并以此为支点修补建控地带内的传统街区肌理，逐步恢复柏林寺周边传统建筑环境，并完善街区内的市政设施，达到城市居住区卫生、环保及安全要求。

10. 柏林寺保护规划实施过程中应与雍和宫保护规划协调运作。

11. 景观保护

（1）逐步清除院内后建非文物建筑。

（2）新添建临时性功能用房及构筑物应建于寺内隐避处，形态应与寺庙建筑环境相协调，并注重可逆性，不能影响寺庙整体建筑景观。

（3）对院内各单位及工作人员应严格管理，禁止在寺院内随意堆放物品，任意张挂图片、标志物甚至衣物等影响寺内景观的物品，禁止在文物建筑、古树等保护对象上涂抹刻画。

（三）基础设施规划

1. 完善院内基础设施，各种管线入地敷设，合理规划用水、用电点位，取消院内影响文物景观的基础设施。

2. 有据地复原地面及甬路铺装，清除杂草，移栽影响文物建筑安全的树木，合理规划绿地，妥善保护院内古树。

3. 合理规划停车场地，停车场应与文物建筑保持防火安全距离。

四、结束语

文物建筑保护规划与建筑策划的主要不同之处在于针对不同的研究对象，建筑策划的最终结果是得出指导建筑设计的设计任务书，是完成建筑从无到有的先决条件，而文物保护规划的结果是制定文物建筑保护的措施，是保护既有的建筑的必要条件。在文物保护规划的制定过程中运用建筑策划的原理与工作程序无疑会形成一种科学的工作方法，并得出有效的结论。文物保护工作有既定的原则条件限制，理想的科学结论并不一定能有效地贯彻到文物保护的实际行动中，但建筑策划的方法作为文物保护规划工作中隐含的科学工作方法必须加以运用。

范磊（北京古代建筑研究所　高级工程师）

参考资料：

1. 庄惟敏《建筑策划导论》，北京：水利水电出版社 2000 年版。

2. 北京市古代建筑研究所《加摩乾隆京城全图》，北京：燕山出版社 1996 年版。

3. 参见英廉等《钦定日下旧闻考》。

4. 参见《中华人民共和国文物保护法》。

5. 参见《中华人民共和国文物保护法实施细则》。

6. 参见《中华人民共和国城市规划法》。

7. 参见《城市紫线管理办法》。

8. 参见北《京历史文化名城保护条例》。

9. 参见北《京市文物保护单位保护范围及建设控制地带管理规定》。

10. 参见《中国文物古迹保护准则》。

11. 参见《北京市城市总体规划》。

12. 参见《北京历史文化名城保护规划》。

13. 参见《北京旧城历史文化保护区保护和控制范围规划》。

14. 参见《北京旧城 25 片历史文化保护区规划》。

明堂、明堂祭享与
炎帝神农氏崇拜

◎ 董绍鹏

一、略说明堂

中国古代礼制建筑中，有一种建筑最为独特，它既不是坛，也不是庙，而是既有坛祭祀自然神祇之功能，又有庙祭祀人鬼之功能，同时兼顾朝堂布政、国家庆贺于一体的综合功能礼制建筑，这种建筑称为明堂。汉代至宋代，尤其是晋代至五代时期，天子坐明堂是国家日常政治生活中的重要活动内容，明祀典、理国政，都与明堂密不可分。明堂宣示着天人合一的君权神授理念，建筑环境的文化氛围具有十分强烈的政教合一气息。

北京明清皇家礼制建筑中，最为接近古时明堂建筑的，就是天坛祈年殿。我们熟知的该处建筑祈祀五谷丰登、昊天上帝嘉佑国家的功能，实质上确立于清代，而在这之前，这座建于明嘉靖帝时的建筑称为泰享殿，除了祭祀昊天上帝以及祈求五谷丰登，更要将当代开国先祖的神牌一并供奉于此，伴以众多风云雷雨天神、岳镇海渎地祇等自然神祇，俨然是围绕为专制统治者服务之目的的神仙集合，在神祇职能广而泛的指导原则下的神祇人鬼集体发力之所。建于明嘉靖帝时的这座大殿，三重檐及三重白石基座，均设计为圆形，虽然建立初时三重檐瓦色为青（蓝）、黄、绿三色以象征天地万物，而清乾隆时改建为一色青（蓝），但建筑外观的天圆之意根本未动，强烈凸显天子于此敬祀昊天上帝——天帝的宗教意味；而殿内立柱的使用，以四、十二、二十四为数字依托，分别寓意一年四季、十二月、二十四节气，象征天时与关系江山社稷安危的农业生产之间的隐喻关系。

这是明嘉靖帝按照复古改制本意还原的一处重要礼制建筑遗址——虽然，嘉靖帝赋予它的功能与原始明堂的功能已经相去甚远。

原始多功能于一身的明堂，随着历史的演进，其祀天、祀地、祀先祖、祀百神（天神地祇）、以月令而变化天子之行（明堂月令）、政令天下等逐一被剥离，形成各自的礼仪场所，最后剩下的作为天帝与天子神人沟通以显示君权神授政治目的的昊天上帝之祀，成为这处远古明堂功能孑遗建筑的核心内容。

即便这样我们也该满足，因为所谓的明堂，实在是因为太过于久远，只空留下一些内涵于文献之中以为后人凭吊。事实上，只是近半个世纪以来，随着西洋实证科学化的人文学科——考古学在中国的盛行，我们才有幸见到那只属于遥远时代的建筑遗迹，比如汉代王莽礼制建筑遗址、洛阳武周明堂遗址等，经由当代建筑考古学家们的科学知识为我们复原出远古的辉煌。

"黄帝明堂"复原想象图
（杨鸿勋《宫殿考古通论》）

《周礼·冬官考工记》以夏代为开始，说夏代"（夏后氏）世室"、商代"（殷人）重屋"、周代"明堂"，是为明堂建筑源流序列：

夏后氏世室，堂修二七，广四修一。五室，三四步，四三尺。九阶，四旁，两夹。窗，白盛。门，堂三之二，室三之一。殷人重屋，堂修七寻，堂崇三尺，四阿重屋。周人明堂，度九尺之筵。东

北京古代建筑博物馆文丛

第三辑

2016年

40

西九筵，南北七筵，堂崇一筵，五室，凡室二筵。

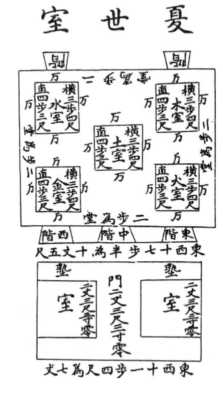

夏后氏世室布局

殷人重屋示意

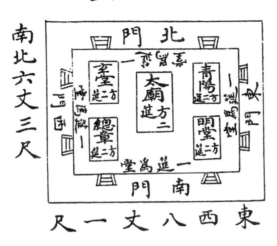

周明堂布局

不过明堂也有周代九室之说，出自《大戴礼记·明堂》：

明堂凡九室：一室而有四户、八牖，三十六户、七十二牖，以茅盖屋，上圆下方。明堂者，所以明诸侯尊卑。外水曰辟雍。南蛮、东夷、北狄、西戎。明堂月令。赤缀户也，白缀牖也。二九四七五三六一八。堂高三尺，东西九筵，南北七筵，上圆下方。九室十二堂，室四户，户二牖，其宫方三百步。在近郊，近郊三十里。

周代明堂复原想象图（杨鸿勋《宫殿考古通论》）

《周礼·冬官考工记》以其形制记载的权威性，成为后世明堂之制的制度依据。

与众多其他上古传说一样，对于三代旧制，古人重口述轻图绘，重理念传承轻技术延续，造成物质文明载体严重语焉不详，描述极端简单化，又因无实证为据，加剧了后世揣测还原之难度，"明堂之说，喧呶二千载，成为古帝王宫室与政事中最博大之制度"（顾颉刚《史林杂识初编》）。

周代的礼制建设，集中在西周时期，经过周公的一番经营，周代之礼成为后代国家礼仪制订的完全样板：

北京古代建筑博物馆文丛

第三辑 2016年

42

周公摄政君天下，弭乱六年，而天下大治，乃会方国诸侯于宗周，大朝诸侯明堂之位。天子之位，负斧依，南面立。率公卿士，侍于左右。三公之位，中阶之前。北面东上，诸侯之位。西阶之西，东面北上，诸子之位。门内之东，北面东上，诸男之位。门内之西，北面东上，九夷之国。东门之外，西面北上，八蛮之国。南门之外，北面东上，六戎之国。西门之外，难免南上，五狄之国。北门之外，难免东上，四塞九采之国。世告至者，应门之外，北而东上，宗周明堂之位也。

明堂，明诸侯之尊卑也，故周公建焉，而朝诸侯于明堂之位。制礼作乐，颁度量，而天下大服，万国各致其方贿。七年，致政于成王。

明堂方百一十二尺，高四尺，阶广六尺三寸。室居中方百尺，室中方六十尺，户高八尺，广四尺。东应门，南库门，西皋门，北雉门。东方曰青阳，南方曰明堂，西方曰总章，北方曰玄堂，中央曰太庙。左为左介，右为右介。——《逸周书·明堂解第五十五》

周代明堂的主要功能，除布政天下以别诸侯远近尊卑外，同时祭天配祖，以后稷配天、文王配天帝，彰显周天子承继上天道统的政治庄严性。明堂的房间，为一个有中央太室，周围环以青阳、明堂、总章、玄堂等房间，构成一个由中央与四方平面铺展的五方位空间图式。在这四个主要房间的两侧，各有其左右两个房间，象征了东南、西南、东北、西北的亚方位。这样，围绕中央太室，有12个房间。而天子则按照一年12个月的时间顺序，在与每个月相合的房间，穿着与这个月及方位相合的颜色的服装，食用与这个月及方位相合的肉食，以一种与宇宙时空相合的律动，达到一种人与宇宙的和谐。因此在这个建筑中，太室用以祭祖；五个方位的大房间分用以五行之说中的五尊方位之神祭祀，称五帝之祀，后又延展性地与象征季节的五气之祀融合一处。周天子于此做的一切，更像是国家大祭司敬神，具有典型自然崇拜的原始宗教意义。

春秋战国时期，明堂制度与天子耤田礼一样渐行荒废，制度失传。

汉代恢复礼仪旧制，首先在安定民生、无为而治上取得成效后，着手细化一些礼仪制度建设。与耤田礼一样，汉代是明堂制度的恢复期。汉武帝在泰山脚下建起了汶上明堂（元丰二年，前109年）：

上欲治明堂奉高旁，未晓其制度。济南人公玉带上黄帝时明堂图。明堂中有一殿，四面无壁，以茅盖。通水，水圜宫垣。为复道，上有楼，从西南入，名曰昆仑，天子从之入，以拜祀上帝焉。于是上令奉高作明堂汶上，如带图。及是岁修封，则祠泰一、五帝于明堂上如郊礼。——《汉书·郊祀志第五下》

此后武帝东巡时至此多次行礼，如元封五年（前106年）举行封禅大典，在此祭祀太一、五帝，以高帝配祀，并朝会诸侯；太初元年（前104年）十一月甲子朔旦冬至，明堂祭祀上帝；天汉三年（前98年）春二月祀明堂，朝会诸侯；太始四年（前93年）春三月壬午在明堂祀太一，以高帝配祀，朝会诸侯，癸未又祀孝景皇帝于明堂；征和四年（前89年）三月庚寅祀明堂。

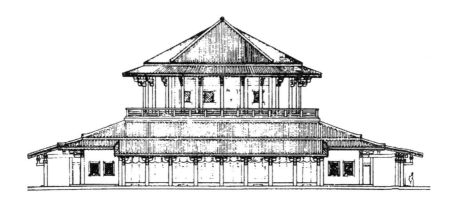

西汉明堂复原想象图（杨鸿勋《宫殿考古通论》）

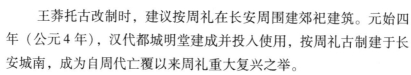

北京古代建筑博物馆文丛

第三辑

2016年

44

王莽托古改制时，建议按周礼在长安周围建郊祀建筑。元始四年（公元4年），汉代都城明堂建成并投入使用，按周礼古制建于长安城南，成为自周代亡覆以来周礼重大复兴之举。

王莽明堂建筑遗址，考古发掘于1957年。遗址位于长安城正南方，经考古学与中国古代建筑研究界根据遗址状况的推断，该遗址符合周代明堂位于"国之阳"的规定。明堂方位正向，正方形围墙每边长235米，墙正中辟阙门各3间，墙内四隅各有曲尺形配房1座。围墙外绕圆形水沟，直径东西368米，南北349米，这就是所谓的辟雍。四阙门轴线正中为明堂，南北42米，东西42.4米，整个建在一个直径62米的圆形夯土基上面。遗址正中为一接近方形的夯土台，南北16.8米，东西17.4米，残高约1.5米。夯土台四角又各附两个对角相连的小方土台，由此隔出四面的厅堂，每面厅堂外又各有敞厅8间。明堂遗址室外原有地面在发掘时已被破坏，参照与它的形式基本相同的王莽九庙遗址，现存的4个厅堂和敞厅原来都应当是半地下结构，明堂主体结构建在上面，由室外木梯进入。根据遗址结构，并结合汉代建筑的一些间接资料，可以推测出它的原状是一个十字轴线对称的3层台榭式建筑。上层有5室，呈井字形构图；中层每面3室，是为明堂（南）、玄堂（北）、青阳（东）、总章（西）四"堂"八"个"即"四向十二室"，底层是附属用房。明堂"上圆下方"之说，有可能上层中央太室顶上为圆形屋顶，代表该建筑承天接地、天子因天地立命。中心建筑（即明堂）的尺度，如不计算四面敞廊，每面约合28步（每步6汉尺，每汉尺合0.23米），与《周礼·冬官考工记》所假托的"夏后氏世室"实即春秋战国时的理想方案相同。

王莽明堂建筑遗址的发现，是中国古代礼制建筑研究史上的极为重要的实物资料，对于早期明堂建筑研究、还原早期明堂制度有着十分重要的科学价值。

根据《汉书》统计，王莽在位行明堂之礼达7次之多，明堂成为王莽新朝重要的政治活动中心。

汉代光武中兴后，于中元元年（公元56年）建造新都洛阳明堂，位于洛阳南面正门平城门外大道东侧，与长安明堂的位置相同。该遗址1977年探明，整个范围东西约386米，南北约400米，位置大约相当于长安明堂环水沟（辟雍）以内，推测是明堂中心建筑外面围廊的范围。可以肯定，洛阳明堂仿自长安，基本形式和尺寸相似，同时增加了许多具体的象征含义，如明堂中心太室为方殿圆顶重屋，圆顶直径3丈（约10米），天为阳，3为阳数；方殿每面6丈（约20米），地为阴，6为阴数，形、数相合，象征天圆地方。建筑通高81尺（约27米），象征"黄钟九九之数"；9室象征九州，12堂象征十二月、十二辰，28柱象征二十八宿，36户象征三十六雨，明堂每面24丈象征二十四气等。

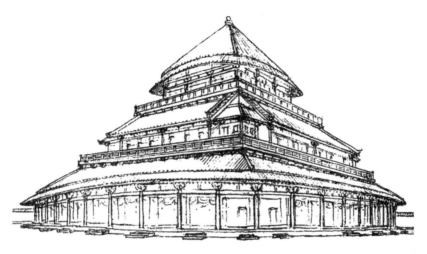

东汉明堂复原想象图（杨鸿勋《宫殿考古通论》）

汉代以后，晋代、南北朝时期所建明堂舍弃了十字对称、井字分隔的台榭式形式，改为一般的木结构殿宇。只有北魏太和十五年（491年）于平城（今山西省大同市）造魏朝明堂，仍然继承汉明堂的形式。隋代几议建造明堂，虽经著名建筑家宇文恺考证设计、制作模型，但终究未能成行。

唐代，是明堂建筑的又一发展关键时期，可说是登峰造极。

唐初太宗时议建明堂，朝臣争论不迭（贞观五年、贞观十七年两度议论），围绕是否尊古上圆之屋祭祖、下方之屋布政各抒己见。高宗总章二年（669年），虽由高宗李治亲自指定了设计方案，但最终"群议未决"而没能建成。虽然如此，《旧唐书》中留下了这个方案的详细内容，即：总章明堂是一个集中儒、道、阴阳、堪舆各家象数象征涵义丰富的巨大楼阁。基座正八角形，直径280尺，高12尺；上建两层方形楼阁，通高90尺；上下两层为重檐，最上面是圆形屋顶。全部建筑的技术细节，如平面、高度尺寸、栏杆、窗棂、斗拱构件的数目等，都做了详细规定，共达50项之多。每项数字都有所象征所指，含义引自《周易》《尚书》《礼记》《道德经》《淮

南子》等书，如庭院每面360步（唐代以太宗李世民迈开的一个步伐为长度单位"步"），为"乾策二百一十六"与"坤策一百四十四"之和；门宇5间，为阳数三、阴数二之和；堂心柱高55尺，为"大衍之数"；飞椽929根，为"从子至午之数"，等等（原文详见《旧唐书·志第二·礼仪二》）。

武周时期于垂拱三年（678年），武则天下令拆除洛阳王宫乾元殿建造明堂，垂拱四年建成，号"万象神宫"以示武周天威。武周明堂一反传统，不再拘泥传统井字形构图，也没采用四室十二堂制度，而只采用了下方上圆的基本形式，并以下层象征四时，中层象征十二辰，上层象征二十四节气来表现它的象征涵义。另于室内中央用铁铸成水渠以象征辟雍。武周明堂于证圣元年（695年，也是天册万岁元年）为火焚毁，天册万岁二年重建，更名为通天宫。开元初时又改称乾元殿，开元十年（722年）恢复明堂之称，开元二十五年，武周明堂以"体式乖宜，违经乱礼"理由被唐明皇下令拆除，但因费工太大，只拆除了上层，改建后的武周明堂再次改称乾元殿。

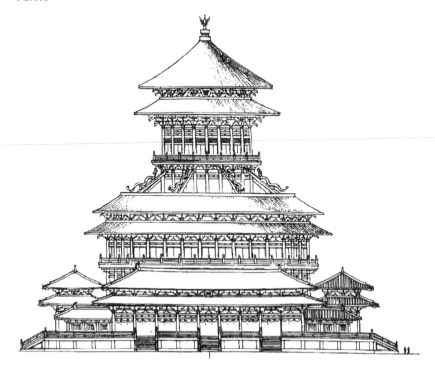

唐代武则天时期明堂复原想象图（杨鸿勋《宫殿考古通论》）

据《旧唐书》记载，武周明堂3层，每面300尺，通高294尺，中心从顶至底立一大柱，用以连接各层结构。下层方形，中层八角，上层圆形。屋顶用木片夹瓦，顶上置宝凤，后改火珠，另有九龙捧盖。开元二十五年改建后屋顶改为八角形，比原建筑矮去95尺，屋顶九龙捧盖改为八龙捧火珠。武周明堂是中国古代建筑史上的一大奇观，也是中国古代建筑技术的集大成代表之一。

宋代开始，明堂之制走向衰落，旧时明堂布政等功能退出，但新添始自唐代的历代帝王作为明堂陪祀。宋徽宗时大兴复古考据之风，设仪礼局考据古制，恢复唐制明堂制度，享祀内容上远超唐代，百神杂祀洋洋大观，礼制上凸显繁复不堪。

武则天像

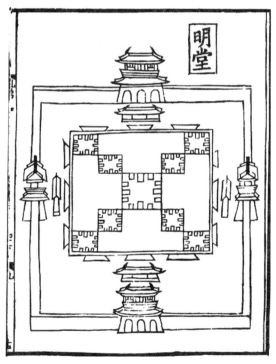

宋代明堂布局

明代建国，太祖朱元璋力尽恢复唐宋旧制，于南京南郊建大祀坛，为了简化繁复的唐宋旧制，合祀昊天上帝、圜丘、日明、月明、天神地祇（配祀）、岳镇海渎（配祀）、太岁（配祀）、历代帝王（配祀）等等，大祀坛正殿以先祖神牌配享天帝，大祀坛无明堂之名但行部分明堂之职。成祖永乐帝迁都后，于北京正阳门外东南侧照南京式样重建大祀坛，祭祀内容相同；至世宗嘉靖时虽宣扬复古周礼，明确了南郊圜丘、北郊方泽、东郊大明、西郊月明的四郊分祀周礼之规，淡化当初太祖把四郊合祀与明堂之制合并一处的既成事实，导致分祀后大祀坛（大祀殿）的职能大幅度降低，只余昊天上帝祭祀、先祖配祀，以及天神地祇配祀。事实上，始自远古的明堂之制，此时已经逐渐演变为新的礼仪形式，最终伴随清乾隆十六年（1751年）的大修（将明嘉靖时的三色瓦换为一色瓦）及更名祈年殿（祈谷坛），结束了明代以来有实无名的所谓古代明堂之职的历史。

二、神农氏在明堂之祀中的配享

历史上神农氏的国家祭祀实质上只出现并开始于汉代，其神以先农之神炎帝神农氏的复合身份登上历史舞台，这与汉代以前的炎帝（赤帝）、神农氏分别表述存在根本区别，表明一个人为创造的新的文化符号开始为人所用。关于这个观点，本书中已多次重复，也是本书的基本观点。因此，文献中出现的汉代伊始于明堂之祀中配祭神农氏，比如明堂五方帝（五帝）之祀中于南方赤帝之位以神农氏配享，就符合汉代将炎帝与神农氏合二为一的典章制度变更，逻辑上也自圆其说。

汉明帝于永平二年（公元59年）"正月辛未，初祀五帝于明堂，光武帝配。五帝坐位堂上，各处其方。黄帝在未，皆如南郊之位。光武帝位在青帝之南少退，西面。牲各一犊，奏乐如南郊"（《后汉书·志第八·祭祀中》）。

晋代，虽经明堂除五方帝之祀的变故，但最终仍然按汉代之规致祭。

《晋书·志第十二·乐上》，载有明堂与郊祀合用的神乐乐章：

天地郊明堂夕牲歌：皇矣有晋，时迈其德。受终于天，光济万

国。万国既光，神定厥祥。虔于郊祀，祇事上皇。祇事上皇，百福是臻。巍巍祖考，克配彼天。嘉牲匪歆，德馨惟飨。受天之祐，神化四方。

天地郊明堂降神歌：于赫大晋，应天景祥。二帝迈德，宣此重光。我皇受命，奄有万方。郊祀配享，礼乐孔章。神祇嘉享，祖考是皇。克昌厥后，保祚无疆。

自汉代至晋代，是明堂之礼的恢复时期，制度建设相当弊陋，礼乐之用往往与其他礼仪活动相同，礼仪功能在祭祀方面尤其与五方帝之祀高度重合。

唐代武周时期，武周明堂建成：

永昌元年正月元日，始亲享明堂，大赦改元。其月四日，御明堂布政，颁九条以训于百官。文多不载。翌日，又御明堂，飨群臣，赐缣缯有差。自明堂成后，纵东都妇人及诸州父老入观，兼赐酒食，久之乃止。吐蕃及诸夷以明堂成，亦各遣使来贺。载初元年冬正月庚辰朔，日南至，复亲飨明堂，大赦改元，用周正。翼日，布政于群后。其年二月，则天又御明堂，大开三教。内史邢文伟讲《孝经》，命侍臣及僧、道士等以次论议，日昃乃罢。——《旧唐书·志第二·礼仪二》

在祭享礼制上，武则天听从礼臣之言，将五方帝以外的其他神祇请出明堂，以显明堂祭礼的庄重。开元之时，唐玄宗曾在此接受冬至朝贺。随着礼臣对武周明堂之用的诸多非议，开元二十五年（737年）后这座称为乾元殿的所谓明堂实际上遭到废止，明堂之礼渐废。

宋代开国之时并无明堂之祀，也没有明堂。皇祐二年（1050年）宋真宗采纳礼官之言，将大庆殿临时改作明堂，内以布幔隔离而成五室，"旁帷上幕，宜用青缯朱里；四户八牖，赤缀户，白缀牖，宜饰以朱白缯"（《宋史·志第五十四·礼四》），于是这年九月二十四日：

未漏上水一刻，百官朝服，斋于文德殿。明日未明二刻，鼓三严，帝服通天冠、降纱袍，玉辂，警跸，赴景灵宫，即斋殿易衮圭，荐享天兴殿毕，诣太庙宿斋，其礼具太庙。未明三刻，帝靴袍，小

辇，殿门契勘，门下省奉宝舆先入。及大次，易衮圭入，至版位，乐舞作，沃盥，自大阶升。礼仪使导入太室，诣上帝位，奠玉币于神坐，次皇地祇、五方帝、神州，次祖宗，奠币酌献之叙亦然。皇帝降自中阶，还版位，乐止。礼生引分献官奉玉币，祝史、斋郎助奠诸神坐，乃进熟。诸太祝迎上帝、皇地祇馔，升自中阶；青帝、赤帝、神州、配帝、大明、北极、太昊、神农氏馔，升自东阶；黄帝、白帝、黑帝、夜明、天皇大帝、轩辕、少昊、高阳氏馔，升自西阶；内中官、五官、外官、五星诸馔，随便升设。亚献将升，礼生分引献官俱诣罍洗，各由其阶酌献五人帝、日月、天皇、北极，下及左右夹庑、丹墀、龙墀、庭中五官、东西厢外官众星坐。礼毕，帝还大次，解严，改服乘辇，御紫宸殿，百官称贺。乃常服，御宣德门肆赦，文武内外官递进官有差。宣制毕，宰臣百僚贺于楼下，赐百官福胙及内外致仕文武升朝官以上粟帛、羊酒。——《宋史·志第五十四·礼四》

宋徽宗时异地新建明堂，并令太常寺新制明堂之礼：

皇帝散斋七日于别殿，致斋三日于内殿，有司设大次于斋明殿，设小次于明堂东阶下。祀日，行事、执事、陪祠官立班殿下，东西相向。皇帝服衮冕，太常卿、东上阁门官、太常博士前导。礼部侍郎奏中严外办，太常卿奏请行礼。太常卿奏礼毕，礼部郎中奏解严。其礼器、牲牢、酒馔、奠献、玉币、升烟、燔首、祭酒、读册、饮福、受胙并乐舞等，并如宗祀明堂仪。其行事、执事、陪祠官，并前十日受誓戒于明堂。行事、执事官致斋三日，前一日并服朝服立班省馔，祀日并祭服。陪位官致斋一日。祀前二日仍奏告神宗配侑。——《宋史·志第五十四·礼四》

高宗赵构渡江偏安以后的宋代，明堂之礼在"卤簿、仪仗、祭器、法物散失殆尽"窘境下，只能勉强维持，于"常御殿设位行礼"。南宋天子对于明堂之礼的重视显然远超非常祀的耤田礼，毕竟这是祖宗配享昊天上帝之礼，据《宋史》统计，南宋共行礼八次。

元代未设明堂及其礼仪，以南郊圜丘行祖宗配享及昊天上帝之祀，废五方帝之祀。

明代建国已然不设明堂，但太祖朱元璋仍然按天地为父母不能分祀的理念（实质上是朱元璋对南北郊礼仪过于繁冗的一个简化借口），将原本符合周礼南北郊分祀的做法废弃不用，而将南郊、北郊合并一处，新设大祀坛，并以天神（日月星辰风云雷雨太岁）、地祇（岳镇海渎城隍山陵）陪祀昊天上帝（前文已述，明初废除五方帝之祀，代之以昊天上帝之祀），使之具有一定明堂功能，此时，炎帝神农氏已经不再涵盖其内。南京的大祀坛建筑，永乐帝迁都后翻建于北京正阳门之南东侧，至嘉靖厘正祀典、重分南北郊之祀后，始改建为今天我们所见的天坛之貌。

汉蔡邕《明堂论》说"明堂者，天子太庙，所以崇礼其祖以配上帝者也"。事实上，明堂不过是华夏民族进入国家阶段后最早的集祀神、祭祖、布政、颁赏等多功能复合型典章建筑物，"取其宗祀之清貌，则曰清庙。取其正室之貌，则曰太庙。取其尊崇，则曰太室。取其向明，则曰明堂。取其四门之学，则曰太学。取其四面周水圆如璧，则曰辟雍。异名而同事"（汉蔡邕《明堂论》）。因为人类进入国家阶段早期的生产力水平低下，没有更多的物资得以满足国家典章建筑之需，因而集多种实用功能于一身成为不可避免的务实选择。早期国家尚非秦代开始的大一统专制社会，而是天下共主封建诸侯的封建制，诸侯有很大的自主政治权力，因而日常的国家政治生活不需要庞大的礼制建筑群加以维持，明堂的存在满足了这个天下共主时期的政治需求。进入大一统专制时代后，随着统治者政治需求的多样化，因而原始明堂的复合功能开始分解，无论统治者如何标榜自身维护周礼，实际上不过是企图自圆其说之词，时代的演进逐步使明堂这种富有原始性的建筑丧失本来面目，以勉为其难的状态面对不断弱化的实际需求。这种状态事实上从唐代盛期以后就已开始，至宋代已经突显，明堂不过有其名无其实，明代甚至其名消失。炎帝神农氏在明堂之祀中，只不过是一个并不显眼的小角色，以明初之前的明堂内五方帝南方之帝赤帝的配享之神名义存在，很多情况下甚至没有专门提及。只不过比较特殊的是，明堂配享中的状态与专门的五方帝之祀没有本质区别，体现的是对炎帝神农氏汉代之前作为两个神祇时的原初神话职能和身份的崇拜，这也是华夏民族万物有灵多神崇拜体系中自相矛盾又具有内涵联系性的一个管窥。

董绍鹏（北京古代建筑博物馆陈列保管部　主任、副研究员）

北京先农坛祭祀建筑宰牲亭分析

◎ 潘奇燕

在北京中轴线南端的右侧，坐落着一处皇家祭祀建筑——先农坛，它与闻名遐迩的天坛隔路相望，是北京城中轴线上的重要人文景观

始建于明朝永乐十八年（1420年）的北京先农坛，是明清两代帝王祭祀先农、太岁、山川、天神、地祇、风云雷雨以及相关神祇的场所，以每年一次的亲耕享先农大礼，完成对先农神祇的祭祀，体现"国以农为本，民以食为天"的理念。先农坛现有太岁殿、先农神坛、神厨、神仓、宰牲亭、具服殿、观耕台、庆成宫等古建筑，是目前保存较为完整、规模最大的一处皇家祭祀先农诸神的场所，也是明、清皇家祭祀建筑的杰出范例。

中国古代农耕经济和所处的地理环境，使中国自身文化保持很强的稳定性和历史延续性。这种独特的自然环境，造就了中华民族独有的文化传统和社会心理。中国文化的基本特性主要是根植于中国特有的农耕生活，由农耕文明所整合出的中国农人的基本生存模式和在这一模式中所形成的人与万物协调统一的理想，是中国文化下特有的农耕信仰。这些农耕信仰则是中国人对自然、社会以及个体存在的信念假设，而众多的被界定为象征性的、表演性的、由文化传统所规定的一整套行为方式或仪式，则是表达并实践这些信念的行动。美国人类学家格尔茨认为："通过仪式，生存的世界和想象的世界借助于一组象征形式而融合起来，变为统一世界，而它们构成了一个民族的精神意识。"[1]从殷商至明清，在人类漫长的历史进程中，国人从没有真正放弃对神性文化的眷恋心态，这种眷恋的心态由图腾崇拜中对于动物、植物和图腾偶像的景仰开始集束成对造物主和祖先的崇拜，与功利化和世俗化相伴随的崇拜对象先是由天神转向人神，继而转向祖先，最后转向有功德的圣贤活人。先农之神的崇祀，由早期民间的祭奠开始，而后上升为历朝历代统治者为巩固政权作为国家制度，并规定一系列礼仪程序，展现了人们对肇创农耕始祖的敬仰行为和重农尚农的农本意识。祭礼无形中将这种意识转化为一种封建道德规范，并将这种道德规范渗透到社会的各个角落。

一、祭祀起源

祭祀，作为人类祈求神灵赐福攘灾的一种文化行为，曾是原始先民生活中的重要组成部分。祭祀最初起源于灵魂观念引发的图腾崇拜和祖先崇拜，夏朝以龙为图腾，"天命玄鸟，降而生商"，玄鸟便成为商族的图腾，周朝时有以鱼作为部族图腾的，中也有"吾姬族出自天鼋"，说的是姬族崇拜天鼋。图腾象征或为自然物或为自然现象，是人类出于对自然物又敬又畏双重心理而将其奉之为自己的祖先或保护神。就图腾内在的实质上看，是对本氏族部落祖先的一种崇拜。而后便有了每个氏族对本族的图腾的崇拜的一定行为活动，或是装饰在柱子，或是塑成神像，亦或是做成护身符佩戴在身上，以祈求图腾保佑。对祖先的崇拜，对自然现象、对自然界的敬畏便通过祭祀来体现，因此图腾崇拜便成为人类祭祀活动的最初形态。

远古时期，由于人们受社会生活内容简单和思维能力低下等诸多因素的制约，不能正确认识和理解各种自然现象、自然物和自然力的奥秘，也不能正确地认识和理解人与自然的相互关系，使他们对日月交替、斗转星移感到有某种莫测的神秘性，特别是对雷电风雨、洪水泛滥、地震海啸等现象产生莫名的恐惧。然而人类与生俱来好奇心，驱使着他们除了观察、感知这些现象外在的形态、色彩和声音外，还插上想象的翅膀，认为这些自然现象都有其内在的灵魂，可以轻易地福祸人类，痛苦与困境给无助的心灵埋下恐慌的种子，精神的羽翼不免渗透虚拟的万物有灵的心灵慰藉。在艰难生活中共同患难的血缘亲情也使人们相信，祖先的灵魂是会保佑子孙后代的，所以祖先的魂灵也被后人当作善灵加以尊崇。正是在这种崇善心理的驱使下，祭祀就理所当然地成为了人们通神的主要手段。祭祀不断演变，从祭天、祭祖到祭山川、草木、动物等，这种对神的祭礼逐渐渗透到人们的日常生产、生活的各个方面。

"国之大事，在祀与戎"。[2] 从先秦起，国家的大事就被确立为两项：战争与祭祀。通过战争，掠夺财物，兼并土地和人口，获得利益共同体的生存和发展的物质条件；通过祭祀，报功德于天地祖先，从精神上维系利益共同体的共识和同情，《礼记·祭统》也表明"礼有五经，莫重于祭"。中国古代的祭祀礼仪制度几乎是以儒家的宗教思想为理论基础建构起来的，按照儒家的观点，通过对天、地、祖先等的崇奉、致敬、祭祀来设立和推行人世间的教化，进而维护统治的秩序。在此基础上，伴随着儒家的"夫礼，先王以承天之道，以治人之情。故失之者死，得之者生"。[3]进入阶级社会，统治者继承并改造了传统的祭祀仪式，祭祀习俗中的大量内容被法律化，转化为礼仪法。通过不断推行富有浓厚儒家色彩的礼仪法，来宣扬统治阶级的统治思想，进而达到维护统治的目的。历代祭礼，所祭对象反复增删演变，但不出其类。如同集权的统治结构一样，自人鬼至天神地祇，祭祀权力逐渐上移，敬天、礼地、爱祖，形成中华民族特有的多神祭祀文化。

作为以农为本的古代中国，其文明起源、形成与发展与农业紧密相连。先农是上古传说中的炎帝神农氏，在人们"茹草饮水，采树木之实，食蠃蚘之肉，时多疾病毒伤之害"的年代，神农发明了耒、耜等原始农具，根据天时地利教大家播种五谷，相地耕作。由于农业的产生带动了农耕技术、畜牧业和手工业的不断向前发展，人们的生活开始有了比较可靠的保障，从漂泊流徙走向筑室定居。后人为追念神农的丰功伟绩，尊称他为先农，每年春耕季节到来之际，天子、诸侯躬耕耤田祭祀先农，至明清相沿不废。

二、祭祀用牲

祭祀是求神、祭祖，为的是求福报恩、消灾避祸。祭祀必然有礼仪，礼仪必有其方式。祭祀神灵，是以献出礼品为代价的。人们对神灵的归顺，可以跪拜叩头，可以焚香燃纸，但对神灵来说最实惠的祭祀方式还是献上祭品。"鬼犹求食"是远古人们灵魂不死，与人有相同饮食需要的观念。民以食为天，推己及神，因此最初的祭祀以献食为主要手段。《礼记·礼运》称："夫礼之初，始诸饮食。其燔黍捭豚，污尊而抔饮，蒉桴而土鼓，犹可以致其敬于鬼神。"意思是说，祭礼起源于向神灵奉献食物，只要燔烧黍稷并用猪肉供神享食，凿地为穴当作水壶而用手捧水献神，敲击土鼓作乐，就能够把人们的祈愿与敬意传达给鬼神。在文字起源研究中也会发现，表示"祭祀"的字多与饮食有关。在诸多食物中，又以肉食为最。在

原始采集和狩猎时代，肉食是人们拼着性命猎来的。当原始农业和畜牧业发展起来时，肉食仍极为宝贵。孟子构想的理想生活，就以70岁能吃上肉为重要标准，弟子拜师的礼物也不过是两束肉干，可见肉食的难得，正因为如此，肉食成为献给神灵的主要祭品。《周礼·大司乐》云："以祭以享以祀。"古代社会对于祭祀的重视，从有文字记载就有相关的记录，甲骨文是我国使用最早的汉语言文字，"祭"的甲骨文字为""，从字型结构上可以理解为：是一只手拿着一块鲜肉供上祭台的样子，左边是一块鲜肉，右边是一只手，中间三点表示鲜血或者是祭酒。"祭"字演变到金文里是这样""，三个点就变成了"示"，"示"表示的是祭台。古代祭祀是十分庄重的事，没有酒肉和宰牲的叫荐，有加牲和酒肉的叫祭，也叫牺牲祭奠。祭就是杀牲祭奠之意，这是祭祀典礼的重要内容。随着社会生产发展和礼仪复杂化，祭祀的形式也多起来。《尔雅》分得很细，说祭为祭天，祀为祭地。《周礼》也说，祭天神叫祭，祭地祇为祀，祭宗庙为享。"祭有祈焉，有报焉，有由辟焉"，"祈"是指祈福，"报"是指酬报，"由辟"指消弥灾祸。这说明祭祀活动实质上就是古人把人与人之间的求索酬报关系，推广到人与神之间而产生的活动，所以祭祀的具体表现就是用礼物向神灵祈祷，祈求福佑，世世代代长寿平安，永无止境。

祭祀是有一套繁复的仪程，纵观中国古代祭祀礼仪，内容丰富，颇具特色，其程序之复杂，过程之烦琐，规矩之严格，场面之宏大，堪称一绝。其中牲礼及其用法是祭祀的重要项目。"坐尸于堂，用牲于庭，升首于室"④说的就是祭祀用牲。古代用于祭祀的动物性祭品称作"牲"或"牺牲"，指马、牛、羊、鸡、犬、豕等牲畜，后世称"六畜"，六畜中最常用的是牛、羊、豕三牲。郑玄注《周礼·庖人》曰："始养之曰畜，将用之曰牲。是牲者，祭祀之牛也，而羊、豕亦以类称之。"牲的本义指祭祀用的牛，后来泛指祭祀用的牲畜。现代汉语对"牺牲"一词的解释为：用于宗庙祭祀用的毛色纯净而体全的牛羊，一般纯色毛的称为牺，体全的称为"牲"。《谷梁传·哀公元年》载："全曰牲，伤曰牛。"意思是完好无损的牛可以用作祭祀的牺牲。《左传·宣公三年》记载：正月，郊牛之口伤，改卜牛。说的是郊祀用的牛嘴上有伤，不能用作牲，要重新占卜，选个吉日，重新挑选好牛用于祭牲。祭品对于祭祀来说十分重要，无牲而祭曰荐，荐而加牲曰祭。有无牲礼将决定祭祀的性质，用牲方法大致有割裂祭牲、击杀祭牲、弹击祭牲、焚燎祭牲，等等。

《礼记·玉藻》载："君无故不杀牛，大夫无故不杀羊，士无故不杀犬豕。"祭祀用的牛、羊、猪三牲，统称为"太牢三牲"。《尚书·召诰》："若翼日乙卯，周公朝至于洛，则达观于新邑营。越三日丁巳，用牲于郊，牛二。越翼日戊午，乃社于新邑，牛一，羊一，豕一。"以此三种物牲为祭礼酬享天地神灵和祖先。"牢"甲骨文写作，为会意字，从宀从牛，表示牛在栏里，还可以是这样，从宀从羊，指养在圈里用于牲礼的羊。殷商祭祀频繁，商人平时将牛、羊养在栏里，祭祀时用作祭品的牛羊便称之"牢"。猪在商代还没有完全驯化成家畜，还处于从野生向家养的过渡时期，与牛羊相比，猪作牲礼要稍晚些，因此在甲骨文里，豕是　这样记载。⑤

祭祀时的用牲之礼，视等级不同而有所差异。明清时期是我国封建社会祭祀礼仪制度制定的最为完备的时期，因此执行的也最为严格，特别是大祀，每次皇帝行祭之前，要亲自进行省牲、阅祝版等仪式。明代牲牢分三等，即犊、羊、豕。清代所用牲牢均分四等，依等级从高到低为犊、特、太牢、少牢。"犊"即体格健壮、身无杂色且牛角不得超过蚕茧大小的子牛，用于行祭圜丘、方泽；"特"为纯色的公牛，行祭大明、夜明时用；"太牢"即牛、羊、猪各一，用于祭天神、地祇、先农等坛；"少牢"为羊、猪各一，用于关帝、文昌等庙行祭"。祭祀用牲，不是随便可以宰杀的，按定制祭祀所用牲牢，要经过"入涤""省牲""宰牲"等程序。

所谓"入涤"，是将祭祀所用的牲畜，圈在入牲处饲养。《清史稿》志五十七记载："大祀入涤九旬，中祀六旬，群祀三旬。大祀天地，前期五日亲王视牲，二日礼部尚书省牲，一日子时宰牲。帝祭天坛，前二日酉时宰之，太庙、社稷、先师前三日，中祀前二日。礼部尚书率太常司省牲，前一日黎明宰牲。""入涤九旬"就是选定后的牲牛圈起来精心喂养三个月，这样做是求得牲畜的洁净。先农坛属于中祀，牲畜入养后，按礼制要求要入涤六旬，也就是圈养两个月，在祭祀前两天进行省牲，这时礼部尚书要到牺牲所选看祭祀所用的牺牲，选好后于祭祀前一天黎明在宰牲亭宰杀并制成祭品。

三、先农坛宰牲亭分析

坛庙中的宰牲亭，通常都建在神厨的旁边，这是基于祭祀建筑

北京古代建筑博物馆文丛　第三辑　2016年

的合理布局及实用功能的更加到位，因为神厨是制作祭祀供品的场所，所以宰牲亭就建在了神厨的旁边，便于提供制作祭品的原材料。

先农坛宰牲亭位于神厨院落西北，与内坛的西墙仅两米之距。通过神厨西的随墙门进入到这里，仿佛进入到一个静谧的世界，在这个肃静的小院里，坐北朝南的一个五开间大殿便是宰牲亭。初见宰牲亭的观众一定会质疑，这里明明就是大殿，有门、有窗、有墙、有顶，为什么叫宰牲亭？的确，宰牲亭叫亭但不是人们平时看到的传统意义的亭子，它是一座四面围合、有墙体和门窗带开间的重檐建筑，那么这种建筑形式和亭有什么必然的联系吗？

在《说文解字》中："'亭'，民所安定也。亭有楼，从高省，从丁声。"亭在中国传统建筑中是一种古老的建筑形式，早期作为军事性亭舍和行政治所等，随着时间的推移和社会的发展，亭的功能和形式发生了很大的变化。汉以前的亭，从画像砖中我们可以看到是建于高台之上、平面近似于正方形的木结构的楼，有些亭的也不是单体建筑，而是面积较大的建筑组群。魏晋以后，随着园林建筑的萌芽，亭的性质也产生了变化，开始出现了供人观赏与游览的亭子。唐代随着园林建筑的不断发展，亭的观赏功能虽然占据其功用的主导地位，但有些亭造型依然不是我们现在看到的"有顶无墙"的形式，部分唐亭还保留着可供长期居住、歌舞宴饮的群组建筑结构。唐代散文家欧阳詹在《二公亭记》中写道："胜屋曰亭，优为之名也。古者，创栋宇才御风雨，从时适体，未尽其要。则夏寝冬室，春台秋户，寒暑酷受，不能自减。降及中古，乃有楼观台榭，异于平居。"在唐代，人们改变亭子的建筑形式，增加亭子的妙处，逐渐摆脱了亭与楼台相似的窘境，使得亭子的建筑特点更加突出，同时也为唐代之后亭子的大发展提供了条件。初唐诗人卢照邻在《宴梓州南亭诗序》中有诗句："梓州城池亭者，长史张公听讼之别所也。徒观其严嶂重复，川流灌注，云窗猗阁，负绣堞之逶迤。"诗中的亭是"云窗猗阁"，为可以居住的场所。王泠然的《汝州薛家竹亭赋》："其亭也，溪左岩右，川空地平，材非难得，功则易成。一门四柱，石础松楹，泥含椒气，瓦覆苔青，前开药经。"这首亭赋记述了亭子的建筑样式"一门四柱"，此亭单体构造，有门有墙，并且"才容小榻，更设短屏，后陈酒器，前开药经"。这样的亭内并非空地，而是同室内一样有诸多陈设。由此看来，唐代亭子在基本构造上摆脱了高台基的束缚，在发展演变的过渡阶段中，部分亭子依旧保留着有门、窗、墙的构造，因此，我们就不难理解为什么我们今天看到的像宰牲亭、敬一亭等叫亭的建筑依然是有门、有窗、有墙的殿堂式建筑。

先农坛宰牲亭建筑面积261平米，面阔五间20.13米，进深三间12.98米，屋面铺有7样削割瓦，为重檐大殿。室内为单层，上层檐为悬山顶，下层为四坡水。上檐殿身面阔3间，明间4810mm，次间4270mm，进深1间，6160mm，上檐用五檩大木，四步架，檐步1650mm，脊步1430mm，金柱8根，高5140mm，柱身开卯口穿插承椽枋、角梁及抱头梁，交与檐柱座斗向外伸出，形成环于殿身的周围廊（副阶周匝），廊深2120mm。下檐檐柱16根，高2600mm，无升起、无侧角，角檐柱上，用座斗代替角云，承托十字相交的檐垫板和檐檩，这种做法十分罕见。翼角处老角梁和子角梁用一根木料做成，上檐柁架中三架梁梁端通过驼峰落在五架梁上，未用瓜柱，挑山檩头下的燕尾枋外端向上略做卷杀，未做燕尾。

作为祭祀建筑，先农坛宰牲亭的独特之处被古建专家誉为孤例的还在于：屋顶形式为重檐悬山顶，在悬山顶的下层殿身环以围廊，形成两层屋檐。我们知道，屋顶在中国传统建筑中占有重要的地位，屋顶是建筑物最上层的外部围护结构，为屋架增加一定的重量，抵消水平推力的影响，使房屋结构更具稳固性。中国古代建筑屋顶形式以"人"字顶为基础，衍生出多种多样的形式，其中庑殿顶是出现最早的屋顶形式。庑殿顶又称四阿顶，屋顶有四面坡，和一条正脊、四条垂脊，前后两坡相交处是正脊，左右两坡的四条垂脊，分别交于正脊的一端。这种殿顶构成的殿宇平面呈矩形，面宽大于进深，也是发展到后期等级最高的一种屋顶形式，特别是重檐庑殿，用于皇宫的主要建筑。还有歇山顶，歇山顶共有9条屋脊，即1条正脊、4条垂脊和4条戗脊，因此又称九脊顶。屋顶有4面坡，前后两个大坡，两侧短坡，重檐歇山顶是等级仅次于重檐庑殿顶的屋顶形式。在这之后的便是悬山顶，悬山顶又称挑山顶，屋面上有一条正脊和四条垂脊，屋面是两面坡，两侧伸出山墙之外。由于此类建筑的屋顶悬伸外挑于山墙之外，故名悬山顶或挑山顶。但无论从史料记载，还是现存建筑实例看，我们都没有找到重檐悬山顶建筑的踪迹，古建专家在考察后，也认为先农坛宰牲亭重檐悬山顶是孤例。这种孤例就像被梁思成先生誉为"中国建筑一绝"的广西容县真武阁，在它的二层有4根巨大金柱腾空离地2厘米的。就像福建泉州

的洛阳桥，以牡蛎的牡房硬壳与石块胶结在了一起，形成一条横跨河床的牡蛎桥基。因为它们不是建筑的常态，所以不能用建筑技术来解释。我们知道，中国传统建筑屋顶形式在古代社会具有等级意义。基于礼的需要而形成的建筑等级制度，是中国古代建筑独特现象。礼制性建筑的地位远远高于实用性建筑，礼对建筑的制约，表现在建筑类型上，以致最终形成一整套庞大的礼制性建筑体系。建筑等级主要通过对财富、人力的消耗来体现，建筑的尺度、材料的贵重程度、装饰的精细程度等成为表现建筑等级的主要因素，但中国古代建筑也有一些等级因素并不是财富消耗的体现，而另有其社会文化原因。坛庙是祭祀性建筑物，它是遵从"礼"的要求而产生的建筑类型，因此，也称礼制建筑，在中国古建筑中占有很大比重，其建筑规模之大，建筑造型之精美，达到了相当高的程度。宰牲亭，作为坛庙祭祀的附属建筑，它的形态也要遵从礼法。在北京的天、地、日、月及社稷坛等祭祀建筑里，宰牲亭建筑是必不可少的，现在我们来了解一下这些宰牲亭的基本形态。

　　天坛有南、北两座宰牲亭，南宰牲亭位于南神厨东侧，面阔三间 16 米，进深 14 米，重檐歇山顶。北宰牲亭位于祈谷坛长廊北神厨东侧，坐北朝南，面阔 5 间重檐歇山顶。

天坛南宰牲亭

天坛北宰牲亭

　　地坛宰牲亭，位于地坛方泽坛及神库建筑西侧，面阔3间，进深3间，建筑面积178平方米，重檐歇山绿琉璃剪边屋顶。正殿台明高0.48米，檐柱高4.39米，明间开6扇隔扇门，次间设4扇槛窗，一斗三升斗拱。

地坛宰牲亭

北京中山公园（社稷坛）宰牲亭

月坛是明、清两代皇帝祭祀夜明神（月亮）和天上诸星神的场所，坛东门外为瘗池，南门外为神库，西南为宰牲亭，面阔3间，重檐歇山顶。

月坛宰牲亭

我们看到，这些宰牲亭都是重檐歇山顶，歇山顶是仅次于庑殿

顶的屋顶形式。先农坛宰牲亭，有别于这些祭祀建筑内的屋顶形式，选择重檐悬山顶，不是建筑匠师疏忽大意，我分析是基于这样的考虑：先农坛始建明永乐年间，初为山川坛，主要祭祀太岁、风、云、雷、雨、五岳、五镇、四海、四渎及京畿山川、春夏秋冬四季月将及都城隍之神等自然神祇，它的主体建筑是太岁殿，建筑面积1319.7平方米，面阔7间，进深3间，室内高度15.97米，七踩单翘双昂镏金斗拱，外施金龙和玺彩画，内施墨线大点金旋子彩画。虽然梁架结构与故宫太和殿相仿，但屋面是单檐歇山顶。歇山顶主要用于宫殿、坛庙等建筑，太岁殿是祭祀太岁等自然神祇的场所，这种建筑形制符合坛宇营建等级规制。然而作为祭坛的附属建筑宰牲亭，屋顶形式不可能高于核心建筑太岁殿，于是将宰牲亭建成了重檐悬山顶。

先农坛宰牲亭

在宰牲亭殿内明间正中心，有一个长2.4米、宽1.16米、深1.3米的长方形池子，这是漂牲池，因牺牲宰杀后要架在上面，用烧开的水浇在牺牲身上，褪去身上的毛和洗清身上的污物，池上、下均有排水口，具有良好的排污功能。宰牲亭内檐的彩画为旋子彩画，外檐彩画则无地杖，直接绘于大木上。按传统建筑的工程做法，油饰彩绘前要在木构造表面做地仗，即以砖粉做骨料，以猪血、桐油、面粉做粘结料，披麻糊布，刮涂在木构件表面，主要起保护作用。清早期以前的地仗做法比较简单，一般只对木构件表面的明显缺陷用油灰做必要的填刮平整然后钻生油，以后木构地仗出现越做越厚的趋势，因此可以看出宰牲亭建筑保留了明早期的建筑特色。

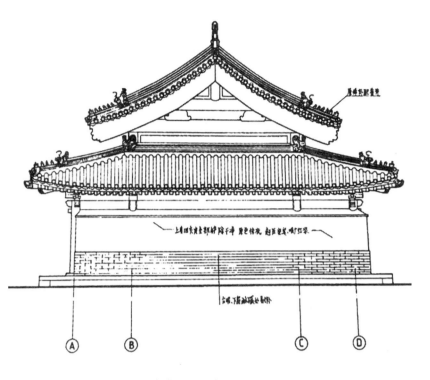

先农坛宰牲亭侧立面图

先农坛宰牲亭上层檐檩彩画

先农坛宰牲亭毛血池

　　宰牲亭作为祭祀坛庙的附属建筑，一直以来都发挥着不可替代的功能，先农坛宰牲亭独特的建筑形式为后人研究中国传统礼制建筑提供了宝贵资料。

潘奇燕（北京古代建筑博物馆　副研究员）

参考文献：

1. 格尔茨《文化的解释》，南京：译林出版社 1999 年版。

2. 参见《春秋左传·成公十三年》。

3. 参见《礼记·礼运》。

4. 参见《礼记·郊特牲》。

5. 参见《甲骨文简明词典》，中华书局 2009 年版。

6. 李小涛《北京先农坛研究与保护修缮》，清华大学出版社 2009 年版。

北京古代建筑博物馆文丛

第三辑

2016年

耤田礼的近亲
——迎春礼与鞭春牛

◎ 董绍鹏

春牛芒神图

为迎接春天的到来，我国古代各地有许多"迎春"的风俗习惯，如迎春礼（迎春）、鞭春牛（鞭春、鞭土牛）、迎芒神等，民间的这些不同形式的祭奠各类农业神祇的活动，在历史上已经存在了几千年。这些活动的起源，与我国悠久的农耕文化一样源远流长，它们因地域不同、民族不同或风俗不同而有着丰富多彩的表现形式，伴随着社会的发展，在不同的历史时期注入新的元素，构成了新的文化内涵，及至明清，尤其是清代时达到顶峰。

一般地说，迎春礼、鞭春牛、迎芒神的内涵是：

迎春礼，也称迎春，是立春的重要活动，事先必须做好准备，进行预演，俗称演春，然后才能在立春那天正式迎春。迎春是在立春前一日进行的，目的是把春天和句芒神接回来。迎春设春官，该职由乞丐担任，或者由娼妓充当，并预告立春之时；

鞭春牛，又称鞭春、鞭土牛，起源较早，盛行于唐、宋两代，尤其是宋仁宗颁布《土牛经》后使鞭土牛风俗传播更广，为民俗文化的重要内容。鞭春牛的意义，不限于送寒气，促春耕，也有一定的巫术意义。汉代时，民间就有祭春牛的习俗，就是用泥土捏成一个象征农事的耕牛，在立春前一天，由一个身材高大的后生扮成"芒神"，手执杨柳枝赶着土牛，大家载歌载舞，表示迎春，这种祭春牛的活动，遍及全国。后来有人用春牛图代替祭春牛，根据历象推算当年立春的时间，在春牛图上表示出来，帮助农民了解立春的早晚，不误农时。

芒神，也称句芒神，为春神，即草木神和生命神（东方之神、春天之神、草木之神）。句芒的形象是人面鸟身，执规矩，主春事。在周代就有设东堂迎春之事，说明祭句芒由来已久。

《礼记·月令》说：

（孟春）是月也，以立春。先立春三日，大史谒之天子曰："某日立春，盛德在木。"天子乃齐。立春之日，天子亲帅三公九卿诸侯大夫以迎春于东郊。还反，赏公卿大夫于朝。命相布德和令，行庆施惠，下及兆民。庆赐遂行，毋有不当。

周代，立春日天子率三公九卿、诸侯大夫至东郊迎春，迎接一年之春气，也是迎接万物复苏、一元复始，借以祈求天帝保佑是年农业丰收。

汉代，"立春之日，皆青幡帻，迎春于东郭外。令一童男冒青巾，衣青衣，先在东郭外野中。迎春至者，自野中出，则迎者拜之而还，弗祭。三时不迎"（《后汉书·志第九·祭祀下》）。

南北朝时期，北朝齐"立春前五日，于州大门外之东，造青土牛两头，耕夫犁具。立春，有司迎春于东郊，竖青幡于青牛之旁焉"（《隋书·志第二·礼仪二》）。

唐代，唐天子把东郊迎春作为国家典章制度的一项重要内容加以落实，《大唐郊祀录》就记载唐玄宗曾于东都洛阳亲行迎春礼，并设青色祭坛以为敬重，配以芒神陪祀。唐玄宗在位时，曾颁"迎春东郊制"，说"自今以后，每年立春之日，朕当帅公卿亲迎春于东郊。其后夏及秋，常以孟月朔于正殿读时令，礼官即修撰仪注。既为常式，乃是常礼，务从省便，无使劳烦也"（《全唐文》卷二十四）。

宋代，迎春礼开始具有民俗色彩，《东京梦华录》卷六说："立春前一日，开封府进春牛入禁中鞭春。开封、祥符两县，置春牛于府前。至日绝早，府僚打春，如方州仪。府前左右，百姓卖小春牛，往往花装栏坐，上列百戏人物，春幡雪柳，各相献遗。"

明代，太祖朱元璋以驱逐外夷恢复中华为政治己任，极力恢复唐宋以来各项国家祭祀典章，几近事无巨细。作为盛行于周代的古礼迎春礼，太祖同样给予相当重视，洪武二十六年（1393年），定制官方礼仪程序加以施行，后万历八年（1580年）更定仪式。万历《明会典》卷七十四所载详细的明代国家"进春礼"内容，可为说明：

凡进春：

先期数日奏闻，钦天监遣官，至顺天府候气，届期奏进。

洪武二十六年定

是日早，文武百官各具朝服，于丹墀北向立。应天府官置春案于丹墀中道之东，引礼引府县官就拜位。赞：鞠躬。乐作。四拜、平身。乐止。典仪唱进春。引府县官举春案。乐作。由东阶升，跪置于丹墀中道。俯伏、兴。平身。乐作。又四拜。礼毕。鸣赞唱排班。引礼引文武官北向立。赞：班齐。致词官诣中道之东，跪奏云：新春吉辰、礼当庆贺。赞：鞠躬。乐作。赞：五拜三叩头。讫。乐止。仪礼司奏：礼毕。

万历八年定

先一日，鸿胪寺执事官设春案一张于皇极殿外东王门檐下。

是日，文武百官各具朝服侍班，执事官先诣中极殿行礼如常仪。鸿胪寺堂上官跪，奏请升殿。导驾官前导，教坊司乐作，上御皇极殿，升座，乐止。锦衣卫传鸣鞭，引人序班引顺天府等官先就拜位。

鸣赞赞：鞠躬。乐作。四拜、兴。平身。乐止。内赞立于东王门外，赞：进春。引人序班引顺天府府尹至东王门外，鸿胪寺堂上官招呼起案。乐作。抬案序班举春案，至正门外檐下置定。乐止。引人序班引府尹至案前立。内赞随至檐下立。赞：跪。鸿胪寺堂上官传跪，外赞亦赞跪。内赞赞：进春。府尹奏臣某等，谨进某年春。又奏皇太后陛下春、中宫殿下春、某王殿下春，俱在午门外伺候。请命司礼监官捧进。请旨。承旨毕。内赞赞：俯伏。鸿胪寺堂上官传俯伏，外赞亦赞俯伏。乐作。兴、平身。乐止。引人序班将府尹引下，鸿胪寺堂上官招呼起案。抬案序班举春案，至原处置定。府尹仍入原班立。外赞赞：鞠躬。乐作。四拜、兴。平身。乐止，顺天府等官退下侍立。对赞赞：排班、班齐。文武百官入班立定，鸣赞赞跪。鸿胪寺堂上官一员于丹陛中道跪，致词云：新春吉辰、礼当庆贺。致毕，起身一躬，由东边门入殿内侍立。鸣赞赞：俯伏。乐作。兴、五拜叩头、兴。平身。乐止。鸿胪寺堂上官殿内跪，奏礼毕。传赞礼毕。鸣鞭。驾兴。百官退。

进春乐（与朝贺同）

明代国家还制定了地方迎春、鞭春牛的礼仪，作为地方活动的制度依据。这一制度，至清代多沿用，逐渐成为其后晚至当代地方迎春礼、鞭春牛（鞭土牛）民俗活动的参照程序。

有司鞭春仪

永乐中定：每岁有司预期塑造春牛、并芒神。立春前一日，各官常服、舆迎至府州县门外。土牛南向。芒神在东、西向。至日清晨，陈设香烛酒果，各官具朝服。赞：排班、班齐。赞：鞠躬。四拜、兴。平身。班首诣前跪。众官皆跪。赞：奠酒。三奠酒讫。赞：俯伏、兴、复位，又四拜毕。各官执采杖排立于土牛两旁。赞：长官击鼓三声，擂鼓。赞：鞭春。各官环击土牛者三。赞：礼毕。——万历《明会典》卷七十四

清代中期以前，按照前明的做法，还有每年元月（或腊月）顺天府官向清帝进春鞭，以请行迎春礼的做法：

（康熙四十九年十二月）丁丑，顺天府进春。——《清实录·

圣祖实录》卷二百四十四

（康熙五十年十二月）壬午，顺天府进春——《清实录·圣祖实录》卷二百四十八

（康熙五十二年正月）戊子，顺天府进春。——《清实录·圣祖实录》卷二百五十三

（雍正二年正月）乙酉，顺天府进春。——《清实录·世宗实录》卷十五

（雍正四年正月）丙申，顺天府进春。——《清实录·世宗实录》卷四十

官方的规定只规范政府行政官员的礼仪行为，其实民间自己的鞭春、迎春、迎土牛、迎农祥等习俗，且一直相沿不断。山西民谣云：春日春风动，春江春水流。春人饮春酒，春官鞭春牛。牛只作为古代农业生产劳动的主力，具有实用与象征性双重身份。由于开展鞭春牛、打土牛等活动，尤其是打土牛不可能针对身为宝贵的生产工具的活的牛只，因此古人打春牛，打的是立春日或春节期间人们扎制的用来象征春天的牛形偶像，而芒神则作为司掌万物萌生之神，由侍立春牛旁边的农人演变而成，成为驾牛耕地农夫的神话形象。春牛和芒神的框架主要用树枝扎制，所用树木之品种及牛和芒神的各部分尺寸都有严格规定。《大元圣政国朝典章》（《元典章》）记载：

春牛用桑拓木为胎骨，牛头至尾桩八尺，按八节；牛尾一尺二寸，按十二时辰；高四尺，按四时。芒神身高三尺六寸五分，按一年三百六十五日；鞭子用柳枝儿，长二尺四寸，按二十四气。上用结子，孟日立春用麻，仲日用苎，季日用丝，用粉五色点染。

春牛的木胎，使用礼神用神主、神牌的材质，表示春牛的神圣。春牛及芒神的尺寸大小与四时八节二十四节气相对应，意在顺应时气，求得与自然和谐统一。

后世一般多用纸质轧制春牛（土牛）和芒神。

清代，各州、县的地方官员，立春日至城郊祭祀芒神。祭祀毕，要将用彩纸扎制的"春牛"打破，牛肚内所装的干果食品，随之抛洒一地，儿童争而食之。

打春牛（杨家埠年画）

山西临汾春牛图　　　　春牛图

　　清代文献中，对古老的地方各种形式的迎春、鞭春牛活动，有着比较详细的记载和描述。《湖南新田县志》（清嘉庆十七年刊本）中的记载，可以管窥当时民间这一活动的风采：

　　迎春：每岁立春前一日，各官着常服迎春于东郊，芒神、春牛置立东面，及各官齐至，礼生赞：就位，引赞：诣香案前，上香。三炷。复位。赞：各官行一跪三叩首礼，兴。赞：请书天下太平。引赞：诣芒神前，亲书"天下太平"四字，复位。礼毕，命各猛人播鼓。

春牛图（天津杨柳青年画）

鞭春仪注：每岁照依时宪书"立春"时刻，各官着补服诣县仪门前，立。芒神位行礼。礼生赞：就位。引赞：诣香案前，上香。三炷。复位，迎神，行三跪九叩首礼，兴。赞：鞭春。引各官执春鞭诸春牛前，周围旋转鞭打春牛三次，复位。赞：谢恩，行三跪九叩首礼，兴。礼毕。

芒神式：芒神，服色用立春日□辰受克为衣色，克衣为系腰（色如立春，子日属水，衣取土克水、用黄；色系腰，取木克土，用青色，余日故此）。头髻用立春日纳音为法（金日平梳两髻，在耳前；火日平梳两髻，左在耳前，右在耳后；土日平梳两髻，在顶，直上）。罨耳用立春日为法（从卯至戌，木时罨耳用手，提阳时左手，提阴时右手；从亥至寅，四时罨耳或揭或掩，寅时揭从左边；子丑二时全载益；寅亥时为通气，故揭一边；子丑时为严凝，故全载）。鞋夸行缠以立春纳音为法（逢金木系行缠鞋夸，金行缠左关悬在腰左；木行缠右，关系在腰右；水日供全，火日无，土日着夸，无行缠鞋子）。老少以立春年为法（寅、申、巳、亥，老，子、午、卯、酉、口、辰、戌、丑、未，幼。身高三尺六寸，按一年三百六十日）。

《湖北黄陂县志》（清同治十年刊本）中的记载也比较详细：

鞭春仪注：立春日清晨备牲、醴、果品，县率属俱朝服，通赞导至拜位，唱：就位，鞠躬，拜，兴，拜，兴。初献爵，再献爵，三献爵，读祝文，读毕。通赞又赞：两拜，兴。导至土牛前，各官俱执采杖，排立两旁，通赞赞：长官击鼓（凡三击），遂，擂鼓（鼓手自擂）。赞：鞭春。各官击牛者三揖，平身，通赞导至芒神前，揖，平身，礼毕。——《福建福鼎县志》（清嘉庆十一年刊本）

鞭春：立春先一日，县正率僚属至东郊外东山寺，祭芒神，行两拜礼，迎春，赴县仪门外，土牛南向，芒神西向，各官宴而退至日侵。晨，各官朝服设果，酒，酒祭芒神，行礼，三献，读祝文，曰维：神职司春令德应苍龙生意诞敷品汇萌达某等恭牧是邑具礼迎新戴仰神功育我黎庶尚饷。祝毕，复行礼，各官环击土牛者三响，人各取牛土以为宜年。

杭州民间立春日，有春官送"春牛图"预兆丰收的风俗。此俗始于南宋，俗称"打春牛"。《武林旧事》载：立春"前一日，临安府造进大春牛，设之福宁殿庭。及驾临幸，内官皆用五色丝彩杖鞭牛"。《梦粱录》载："街市以花装栏，坐乘小春牛，及春幡春胜，各相献遗于贵家宅舍，示丰稔之兆。"清末，杭州尚有此俗，立春前一日，杭州府知府，暨总捕厅、总事厅、水利厅同知，及仁和、钱塘两知县，均着官服，坐无顶无帷显轿，全副执事，至庆春门外先农坛迎请句芒神，供于神亭。句芒神彩画端正，长约二尺，头有双髻，立而不坐，手执牛鞭，似牧童之像。迎时，神亭前又有纸牛、活牛各一头，或抬或牵，随之而行，即所谓春牛。可任人鞭打，俗谓"鞭春牛"。并有彩亭若干，供瓷瓶于中，插富贵花，及"天下太平""五谷丰登"等字，伴以大班鼓吹、台阁、地戏、秧歌，沿街唱舞，意为劝农。进城之后，夹道聚观，争掷五谷，称为"看迎春"，最后将句芒神及春牛供于杭州府衙门前，挂灯结彩。至立春之前一时，句芒神起身，上城隍山，称为"太岁上山"。迎春之日，如遇下雪，杭人俗称"踏雪迎春，大熟年成"，主丰收。此俗至民国而废，仅存一般无业游民，身穿红袍，头戴乌帽，扮作春官模样，而手持《春牛图》，上画红、黄、青、白各色土牛，并书来年农事节候，串门挨户，去送《春牛图》。或有以麻袋蒙头，做牛鸣声，由春官牵之，至店家唱曰"黄牛到，生意俏"；至农家则唱"黄牛到，五谷好"，以索取钱物。

明代以前，中国古代国家有五方帝之祀，其中，迎接东方之主青帝要于国都东郊行礼，称为接春气。因此，可以把迎春礼、鞭春牛看作五方帝之祀的一个特例。明太祖朱元璋废止五方帝之祀后，事实上迎春礼成为五方帝之祀中的东郊迎青帝之春气礼仪的延续。在表现形式上，迎春礼与天子亲耕耤田、提倡农业为国之根本的劝课农桑主题高度契合，"立春东耕，为土象人，男女各二人，秉耒把锄。或立土牛，未必能耕也。顺气应时，示率下也"（《论衡》卷十六），为异曲同工之效，可以看成耤田礼的缩影和近亲。

土牛鞭春（台北"故宫博物院"）

董绍鹏（北京古代建筑博物馆陈列保管部 主任、副研究员）

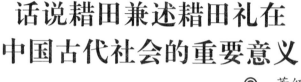

话说耤田兼述耤田礼在
中国古代社会的重要意义

◎ 董绍鹏

　　中华民族的文明史之所以在世界自豪，其根本原因在于我们的历史是一个不间断的连续的文明史，比起古埃及、古巴比伦等其他古代文明，它们的文明发展已然湮灭，而我们则一直延续下来，历经几千年的风雨未断。能做到这一点，依靠口头文学代代相传远远不够，中华民族主要依靠的是浩如烟海的历史文献。

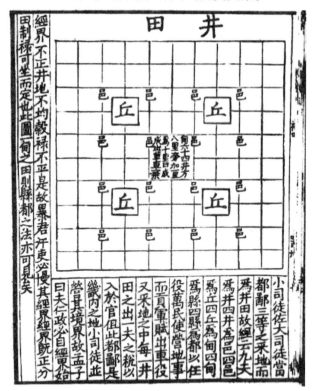

井田图

　　诸多远古时代的习俗，因为延续时间太久而对后代影响深刻。在人们潜意识中，这类习俗成为不可忘却规条，逐渐演变为后代奉行的礼仪。

耤田与耤田礼，尤其是耤田礼，这个概念的出现和神圣化，就是中华文明礼仪演化史中独特而又接地气的重要内容。它的独特与接地气，都是围绕最高统治者亲自耕地这一貌似执行者身份与行动不符的"矛盾"而体现，以再平常不过的农耕形式为承载。耕地这一普通而又不能再普通的民生实践行为上升到礼仪层次，是与耤田这个概念的原初意义不可分割的。

　　耤田含义的厘清，与历史上为人熟知的"井田制"密不可分。

　　《周礼·冬官考工记》说："匠人为沟洫。耜广五寸，二耜为耦。一耦之伐，广尺、深尺，谓之畎；田首倍之，广二尺、深二尺，谓之遂。九夫为井，井间广四尺、深四尺，谓之沟。方十里为成，成间广八尺、深八尺，谓之洫。方百里为同，同间广二寻、深二仞，谓之浍。专达于川，各载其名。凡天下之地埶，两山之间，必有川焉，大川之上，必有涂焉。"众所周知，《周礼·冬官考工记》是一部追拟周代百工作法的制度之书，大抵较为真实地反映了秦代以前存在的各个实业领域中工匠的制作规范，是一部极为重要的、也是最早的中国古代技术典章大成。对于秦代之前农业耕作中的田亩丈量划分，该书以不同大小的田亩中间的分割沟洫作为起点，以农耕的基础工具耒耜之耜宽度作为技术依据，以此类推，逐步扩大，依据大小设立不同度量单位，其中提到"九夫为井，井间广四尺、深四尺"，这是井田"井"字之意的技术表述。按照书中所述的田亩，放眼看去，是一片片井字纵横的壮观景象，地块之间为深浅、宽窄不一的沟洫分割，因此，这种田亩形态，又称为井田。

　　当时，可耕作的土地就是这样人为分割为一块块田地，由等级不同的人分领耕作。

　　什么是井田制呢？简单地说，自夏商周三代或更早以来，土地为氏族公有制，氏族拥有可耕土地的所有权，出现氏族联盟后，随之全联盟的可耕土地由联盟共有。进入国家时期后，土地所有权仍为国有，但因天下是天子的天下，"溥天之下，莫非王土；率土之滨，莫非王臣"（《诗经·小雅·北山》），

井田图

国家是天子个人所有的"家天下",因此土地所有权自然也属于天子。三代天子封土为侯、建土为邑,实行逐级分封,由天子将国家公有可耕地分封给诸侯,再由诸侯以下逐级分封。分封的土地不能买卖,但领有者可以世袭拥有。作为国家土地拥有的重要形式,它既是关乎农业生产、国家税收等经济行为,也体现出对建立在经济基础之上的国家典章制度的影响。因此,井田制早已超出它的原始内涵,成为商周时期国家经济制度的一个代名词。

早期文献中未见井田制的图形资料,晚至后世才有所描绘(诸如宋代聂崇义《新定三礼图》、元代王祯《农书》)。根据描绘,我们得知所谓井田制的示意形象:在一块巨大的田地上,土地被划出井字形的分割,被分成九大块;四面的田地为私田,是出产供养领有土地者吃穿之用的土地,由领有土地者自己行使耕作;中间的田地是公田,它的出产用来祭祀供奉祖先之宗庙。私田有专人耕作,但公田的土地耕作是没有专人完成的,因为它没有分配给任何个人,因此要由该井田的领有者(天子、诸侯或士大夫)带领人们"借私力以助公田",一同完成春耕秋收,将收获的农作物送入宗庙祭祀祖先或天地、山川、社稷,这就是"以供粢盛"(《礼记》有"昔者天子为藉千亩……以事天地、山川、社稷、先古"之语。原本"粢"为祭祀时盛放祭品、粮食的器物,盛满后以体现敬祀的诚意。以后,便以粢盛一词象征和涵盖祭祀)。公田因要依靠借助私力才能完成农事,所以又称耤(音 jiè,借字的通假)田。后世又因耤、籍、藉通假,也称藉田、籍田,故读作 jiè、jí 二音虽然都可以,但其本意就是借之意,《说文解字》里说"籍,帝籍千亩,古者使民如借,故谓之耤",就是这个含义。

可见,所谓耤田,就是"借助私田之民力完成耕作的公田",这就是耤田的真正含义。

《孟子·滕文公》中"方里而井,井九百亩,其中为公田,八家皆私百亩,同养公田"的记载,叙述的就是井田的布局以及完成公田农事的要求。

当然,井田制的存在,更多的还是关系到国家经济命脉,特别是以土地出产物作为国家税收的经济活动。

夏后氏五十而贡,殷人七十而助,周人百亩而彻,其实皆什一也。
——《孟子·滕文公上》

后世朱熹《四书章句集注》也说，"夏时一夫受田五十亩，而每夫计其五亩之入以为贡。商人始为井田之制，以六百三十亩之地画为九区，区七十亩，中为公田，其外八家各授一区，但借其力以助耕公田，而不复税其私田"，意指井田和井田产生之前或原始时期的国家土地税收，实行的是十一税，及土地的十分之一出产为国家税收。而在井田制中，拥有公田以外私田的领有者一起出力耕作公田，将公田之收获作为税收上缴国家。公田

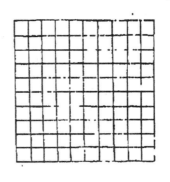

耤田图

的收获，直接关系到国家经济命脉。在一个农耕经济国家中，农业税收是国家几乎全部的经济来源，这在商周时期尤显重要。

在这种保留浓重远古氏族公社时期土地分配制度的影响下，天子作为国家的最高统治者，已经不可能像先祖一样经常下田与他人一起耕作，只能代之以有限的推耕方式实现自己与民共助公田的政治需求，象征性地完成农耕行为。这种象征性地进行率先耕作，借以带动国人（国家内的自由民）并主要依靠国人完成公田农耕的行为，随着时间的推移演变为礼仪形式，成为一项国家礼仪，称耤田礼或耕耤礼。

耤田

需要特别强调的是，耤田属于井田中的公田，由于是各级统治者亲自耕作的土地，因此它的收获不再作为税收上缴国家，而是以为粢盛，专门敬神之用。因此，耤田是井田中公田的特例，只针对天子、诸侯、九卿等士大夫统治阶层。建立在耤田基础上的耤田礼，既是国家经济活动的表率（天子以为天下先，给天下之人做出发展经济的榜样、带头人的作用），更是耤田服务对象的特殊性所决定的制

度载体，这就是后世宣扬的耤田礼的双重意义所在。

　　商代虽有个别见于金文所记的"耤"字，但并不是制度的记叙而只是记事。周天子是否亲行过耤田礼，史书虽未出现具体明确的记载，但通过文献的一些侧面记述，周天子亲行耤田礼之真实性应当是可信的：

北京古代建筑博物馆文丛

第三辑　2016年

78

《诗经》书影：周颂·噫嘻　　　　《诗经》书影：周颂·载芟

　　噫嘻成王，既昭假尔。率时农夫，播厥百谷。骏发尔私，终三十里。亦服尔耕，十千维耦。

——《诗经·周颂·臣工·噫嘻》

《诗经》书影：周颂·良耜　　　　《诗经》书影：周颂·丰年

作为后世儒家重要典籍之一的《礼记》，更多地追述了周代耤田礼的相关制度：

昔者天子为耤千亩，冕而朱纮，躬秉耒；诸侯为耤百亩，冕而青纮，躬秉耒。以事天地、山川、社稷、先古。以为醴酪斋盛，于是乎取之，敬之至也。——《礼记·祭义》

（孟春三月）是月也，天子乃以元日祈谷于上帝。乃择元辰，天子亲载耒耜，措之于参保介之御间，帅三公九卿诸侯大夫，躬耕帝耤。天子三推，三公五推，卿诸侯九推。返，执爵于大寝，三公九卿诸侯大夫皆御，命曰劳酒。——《礼记·月令》

凡天之所生，地之所长，苟可荐者，莫不咸在，示尽物也。外则尽物，内则尽志，此祭之心也。是故，天子亲耕于南郊，以共齐盛，王后蚕于北郊，以共纯服；诸侯耕于东郊，亦以共齐盛，夫人蚕于北郊，以共冕服。——《礼记·祭统》

天子的耤田是千亩，诸侯的耤田是百亩，九卿士大夫五十亩；天子三推三返，三公五推五返，诸侯九卿九推九返；日期为孟春三月（即农历三月），天子亲耕于王都南郊，诸侯亲耕于国都东郊——这一切，构成后世历代统治者亲耕耤田、行耤田礼的重要制度依据。

三公是中国古代最尊贵的三个官职的合称，始于周代。西汉今文经学家据《尚书大传》《礼记》等书以为三公指司马、司徒、司空，古文经学家则据《周礼》以为太傅、太师、太保为三公，秦不设三公。西汉初承秦制辅佐皇帝治国者主要是丞相和御史大夫，另有最高军事长官太尉，但不常置；从武帝时起，因受经学影响，丞相、御史大夫和太尉也被称为三公。西汉九卿是列卿或众卿之意，人们以秩为中二千石一类的高官附会成古代九卿。以后，三公九卿成为以三省六部制为专制国家政府结构核心的诸大臣的统称。

耤田礼因涉及宗庙粢盛和发展经济，因而在国家政治生活中扮演着重要角色。周代有一重要而特殊历史事件，即因耤田礼而生始终，这就是《国语·周语上》所载的"宣王即位，不耤千亩"事件，说的是力挽国家颓势的西周宣王中兴时期，周宣王要施行国家经济体制变革，不想实行耤田之礼，对当时社会触动很大，导致周之贵族不满，《国语·周语上》记载：

宣王即位，不耤千亩。虢文公谏曰：

不可。夫民之大事在农，上帝之粢盛于是乎出，民之蕃庶于是乎生，事之供给于是乎在，和协辑睦于是乎兴，财用蕃殖于是乎始，敦庬纯固于是乎成，是故稷为大官。民用莫不震动，恪恭于农，修其疆畔，日服其镈，不解于时，财用不乏，民用和同。是时也，王事唯农是务，无有求利于其官，以干农功，三时务农而一时讲武，故征则有威，守则有财。若是，乃能媚于神而和于民矣，则享祀时至而布施优裕也。今天子欲修先王之绪而弃其大功，匮神乏祀而困民之财，将何以求福用民？

王不听。三十九年，战于千亩，王师败绩于姜氏之戎。

周宣王不行耤田之礼、耤田之事，虢文公坚持认为：天子行耤田礼是富国安民、保全宗庙的关键大事，发展农业在于天子要做出表率，鼓励百姓顺应农时、勤恳务农、创造税收，使国家和平时期能够积累足够的财富，战争时期国家有足够的可以支持作战的、以维护天子威严的经济依靠。只有这样，才能供奉好神祇（媚于神），才能让人民太平（和于民）。如果天子不亲行耤田礼的话，就不能使祭祀神祇能有足够的祭品，就不能给天下人勤于务农做出表率，而天下人没有了天子的表率，天下财富就不会有足够的产出，就不能有效取信于民。虢文公的阐述，直截了当地点明耤田之礼在国家政治经济生活中的重要地位，可以看出，耤田对周代统治秩序的重要性兼具经济、政治两方面，因此也就不难想象出，耤田中上演的耕耤礼一幕对于国家政治经济生活的重大意义。

春秋战国时期随着诸侯争霸的愈演愈烈，社会经济伴随着铁器的大量使用、商业往来的日益兴盛，社会生产力的发展对于土地分配制度也日益强调着变革，原有的土地制度已不能满足社会生产力提高后对土地的持有欲望。土地出现大量集中的现象，新的土地所有者开始出现，"废井田，开阡陌"成为时尚。随着各个诸侯国变法的不断出现，井田制逐渐废去，这个古老的带有氏族公社属性的田亩经济制度被新兴的土地私有制所替代。伴随着周王室的日衰，诸侯连年征伐混战，导致"人心不古、礼崩乐坏"，耤田礼失去了制度以及政治环境的依托，已不可能再继续下去，因此在相当长的历史

时期内，耤田礼事实上已被人们遗忘，这从孔子身后的文献对耤田礼的描绘"昔天子为耤千亩"，已经体现得淋漓尽致。

后世以周礼为制度之始，周代天子因"帝耤千亩"，所以耤田也称作"帝耤""千亩"，一直延用到清亡。

通过前述我们可以看出，耤田礼这一礼仪的缘起，事实上远超出世人的想象，它是中国古代少有的将日常生产生活中的劳作活动演变为国家礼仪活动的特殊代表之一，它与另一代表——始自周代的王后亲蚕礼一道，成为中国传统小农自然经济社会中的基础经济元素男耕女织经济的升华体现。

古人说"一夫不耕天下或受其饥，一妇不织天下或受其寒"，俗语常说"民以食为天"，朴素地道出人类社会中衣食之需是社会存亡的大事。

中华民族受制于地理环境所限，文明成长于黄河流域、长江中下游流域，文明的发端与演进的自然载体，并没有脱离大自然中其他生物演化需要遵守的天条，那就是：自然环境决定演化。有什么样的自然环境，就会有什么样的人类体质特征，也会有什么样的人类社会组织形式。华夏先民兴盛于华夏两河的流经平原地带或冲积扇地域（长江、黄河中下游地区），这些地区土壤肥沃、可利用土地面积相对广阔，在气候适宜的先决条件下，开展农耕农业几乎是唯一选择，因此，南北两方的华夏先民在温带、亚热带气候环境下，选植培育出旱作农作物、非旱作农作物，其中，旱作农作物品种最多，在中国古代社会中的影响力也最广，而非旱作农作物，基本只局限于水稻。但无论什么作物，都需要人类的辛勤耕耘和不断优育品种，从而避免这些人类后天培育的植物出现品种退化，只有这样才能保障人类生存所需。

越原始、越常见、越简单的人类行为和后天创作，通常也最能为人们所称道和怀念，并奉为经典加以保留，因为，这些创作和行为，大抵出于人们最朴素的认知、对于大自然最朴素的感悟，蕴涵着先民们对自然科学和自然规律这个天道的直觉认识，反映的也往往是最为基础的自然原理。我们熟知的很多后天发明创造，体现的就是这一思想。

人类的社会组织形态，在由简单到复杂、由低等到高等的演化过程中，对于社会组织形态中人们需要遵循的组织规范和精神层面的指导思想，也往往像在物质领域中一样，保留着许多初民时代的做法和思维，他们随着历史的演进，成为沉淀于社会组织成员文明细胞中的文化遗传基因，成为不自觉指导后代人们行为的规范。

籍田礼的原初作用，是满足农耕民族万物有灵多神崇拜之需的一个具体物质准备和实践形式，对于华夏民族这个农耕民族来说，像其他世界上的原初之民一样，奉行着对大自然一切的神秘恐惧，包括祖先、山水、树木森林、风云雷雨闪电、蝗虫猛兽等等，其中由于祖先崇拜涉及到对氏族血亲的集体记忆和缅怀，祖先崇拜的特殊意义在中华民族崇拜的潜意识里有着别于其他崇拜的重要性。但因为农耕民族的生活物质成本中，植物性膳食占绝对成分，也就是说作为农耕民族的我们多以植物为取食对象，因此，在敬奉祖先的祭祀活动中，也不可能拿出更多的非植物性食物作为贡品献祭。为此安排稳定持续的食物生产，既保障自身生存所需，也兼顾祭祀神灵所需，就成为农耕民族的头等大事之一。这与远古时期不同氏族部落之间为了领地、人口和其他可利用资源的争夺而发生战争、争斗一样，都是共同的大事，因而古人有"国之大事，惟祀与戎"之说。生存资源的争夺，以及后世的经济资源的争夺，事实上构成了人类社会产生至今的一系列重大历史事件的根本因素，也是人类社会演化的一个源动力。保障基本生存之需的劳动，逐渐为人们所提升为礼制之需，就是耕籍礼产生的原初之因。

虽然，远古时期耕籍礼的产生确切时间无从可考，但从已知的各种资料做出推测，我们能够感受到它的古老性和朴素性。据民族学资料显示，上个世纪三四十年代时的云南边远山区仍然处于原始氏族部落阶段的个别少数民族，保留着氏族、部落酋长每年春耕时带领氏族部落成员一起耕作、放火烧山的习俗，在这个习俗中，酋长的表现与往常主持部落会议或部落祭祀神祇时的举动一样，体现出庄重性与严肃，而不像普通部落成员平日耕作时的神情轻松或伴以说笑、谈论。因此这不仅仅是普通耕作农田，而是酋长带领部众进行的针对土地或劳动形式的一种虔诚敬祀，它可以看成华夏文明远古时代耕籍礼产生时的一个文化人类学标本。这种提炼于生产活动的礼仪行为，保留着促成礼仪产生的朴素原初成分，也就是耕作——虽然，耕作的象征性大于实用性。

人类的后天文化现象，随着时间的演进，不少行为逐渐脱离原初具化内涵而成为抽象的行为形式，产生于现实，而后超离于现实，成为纯粹的表意性行为。能够保留足够原初内涵且形式上与原初行

为相同或接近，这种已经上升到礼仪阶段的文化行为弥足珍贵。就像生物学中经过千万年而外在生物学特征或生理机能没有出现改变的生物品种一样（比如鸭嘴兽、拉蒂迈鱼等）。发端于远古而孑遗于后世的耤田礼或耕耤礼，就是这种属性，它是文化人类学中的人类早期行为组织形式的活化石。

"夫民之大事在农，上帝之粢盛于是乎出，民之蕃庶于是乎生，事之供给于是乎在，和协辑睦于是乎兴，财用蕃殖于是乎始，敦纯固于是乎成"（《国语·周语上》），农事与否，决定着农耕国家的根本和一切。因此，体现形而下农业与国家兴亡休戚相关、体现形而上敬神粢盛的耤田礼，就不可能是一个农耕农业占主导地位的古代国家不予重视的重要礼仪形式。

民国时期的北京先农坛亲耕遗址说明牌

耤田礼早于炎帝神农氏崇拜，也就符合前述所说。炎帝神农氏的崇拜，开始于西汉，其中农的崇拜成分，很明显与耤田礼的外在形式与内在政治含义相吻合，因此，自西汉开始，汉之天子超越周天子将耕地的礼仪与祭祀农业之神的礼仪分开来做的原始朴素形式，而在天子亲耕的帝耤田边设先农祠，将耕作与祀神一道进行，成为一套礼仪的前后两个部分。据此，形而下的耕田与形而上的敬神有机地结合在一起，构成自汉以降两千余年中国古代大一统专制国家重要典章之一。天子因农事以为天下先，扮演农夫执耒耜推耕农田，完美地成为天下农人的最高代表，并且在仪式过程中，自觉或不自觉地客串了先农之神，精神上实现了对天下子民的归化与自我神化，顺理成章地、合情合理地扮演父仪天下的主人公，体现了专制国家家天下的政治夙愿。

这就是耤田礼在中国古代农业社会、农业国家中曾经体现的终极意义和全部价值所在。

董绍鹏（北京古代建筑博物馆陈列保管部　主任、副研究员）

泰戈尔在先农坛的演讲

◎ 刘文丰

泰戈尔（Rabindranath Tagore，1861—1941）是世界著名诗人、哲人和印度民族主义社会活动家，1913 年他以《吉檀迦利》成为第一位获得诺贝尔文学奖的亚洲人。他的诗中含有深刻的宗教和哲学意味，在印度文坛享有"诗圣"之誉，代表作包括《吉檀迦利》《飞鸟集》《眼中沙》《四个人》《园丁集》《新月集》《最后的诗篇》《文明的危机》等。

这位蜚声国际的文坛巨匠在 1924 年曾应梁启超、蔡元培等人之请，到中国游历多地，巡回演讲，而北京更是这次旅行中最重要的一站。在京期间，泰戈尔共进行了六次演讲，其中有一次，就发生在先农坛外坛神祇坛之东侧天神坛内。以往记载多认为这次演讲是在天坛（或日坛、地坛）举行的，但经笔者查阅 1924 年《申报》《晨报》的原始记载，印证了泰戈尔的确到过先农坛，并进行了约一个小时的演讲，盛况空前，观者如堵，可谓民国先农坛历史上的一段佳话。

一、泰戈尔的中国之行

同为远东地区的文明古国，印度与中国的文化交流自古就十分频繁。然而或许由于历史的包袱过于沉重，随着西方列强完成资本主义变革，印度、中国相继在十八九世纪沦为殖民地和半殖民地。在这样的社会环境中，青年时代的泰戈尔便对英国殖民者压榨印度平民、向中国倾销鸦片的罪行深恶痛绝。接受西方现代教育的他却对同属东方文明的中国饱含深情，他曾有言："我年轻时便揣想中国是如何的景象，那是念《天方夜谭》时想象中的中国，此后，那风流富丽的天朝竟成了我的梦乡。"在他看来，西方现代文明是建立在对金钱和权力的盲目崇拜上，需要以东方之精神智慧来补救。

1923 年初，泰戈尔的助手、秘书英国人恩厚之（Leonard Knight

Elmhirst，1893—1974）在北京找到诗人徐志摩，透露了泰氏有意访华的想法，闻此消息的徐志摩马上请梁启超、蔡元培、林长民等人以"讲学社"的名义向泰翁发出了邀请。虽然当时中国有许多学者和诗人都深受泰氏哲学和诗歌的影响，但徐志摩认为，中国知识界对这位东方文化的代表人物、亚洲第一位诺贝尔文学奖获得者的认识仍然不足，他希望通过这次访问来增进双方的沟通与了解，梁启超等人还委托徐志摩主持具体工作。泰氏秘书恩厚之在接到邀约后，立即来华为泰戈尔打前站安排行程。至 1923 年底，泰戈尔访华的准备工作一切就绪。

1924 年 4 月 12 日，泰戈尔抵达上海，"海归"徐志摩全程陪同并担当翻译。自此至 5 月 30 日，泰戈尔先后到上海、杭州、南京、济南、北京、太原、武汉等多个城市，足迹遍及大半个中国，他的到来成为当时文化界的一大盛事。

二、泰戈尔在北京

4 月 23 日晚 7 时许，泰戈尔一行抵达北京，蔡元培、胡适、林长民、梁漱溟、蒋梦麟、熊希龄等文化名人到前门东车站迎接。

24 日，梁启超由天津赶到北京饭店，与泰戈尔叙谈一小时之久。随泰戈尔同来的除恩厚之外，还包括美国女士葛玲（社会学者）、印度学者诺格（历史学者）、鲍斯（美术家）、沈（梵文学者）等。

25 日中午，泰戈尔赶赴六国饭店，为英美协会进行来京的第一次演说，往听者无隙地。下午 3 时许，梁启超、汪大燮、熊希龄、范源廉等人以讲学社名义，在北海款待泰戈尔等人，其间还游览了松坡图书馆、北海小西天。5 时在静心斋召开茶话会，参会者有胡适、张逢春、张歆海、梁漱溟、林长民、蒋方震、杨荫榆、林徽因、威礼贤、庄士敦等 50 余人。

26 日午后 3 时，泰戈尔一行与徐志摩、陈西滢、林徽因、梁实秋等人同游法源寺，观赏丁香花。

27 日上午 10 时许，泰戈尔一行游览故宫御花园，并拜会溥仪，两人以英语畅谈，并合影留念，庄士敦、郑孝胥、林徽因、徐志摩等人陪同。晚间北京文学界在金鱼胡同海军联欢社，召开欢迎泰戈尔宴会。

28 日下午 3 点，泰戈尔在先农坛演讲，听者 3000 余人在细雨中

站立不倦，泰氏以英语演说声音洪亮，徐志摩担任翻译。

29 日，泰戈尔与胡适、徐志摩、王统照、颜惠庆等人，午前 11 时，参加北京画界在樱桃斜街贵州会馆的欢迎会。下午 2 时，赴油漆作胡同庄士敦私宅的茶会，晚间又赴清华学校留宿两日。

5 月 1 日晚，泰戈尔应清华欢迎会之请，进行演讲，其大意与在先农坛之演讲相同。

5 月 8 日是泰戈尔 64 岁寿辰，晚间 9 时许，徐志摩等新月社成员借协和医院大礼堂，为其策划了庆寿活动。胡适主持庆寿会，梁启超赠送泰戈尔中国名"竺震旦"，并赠"竺震旦"方章一枚，会上还用英语演出了泰氏的名剧《齐特拉》（Chitra）。

5 月 9 日中午，泰戈尔应讲学社之请，在真光剧场向北京青年公开演讲。

5 月 10 日中午，泰戈尔在真光剧场举行了第二次演讲。

5 月 12 日 10 时，泰戈尔在真光剧场进行了在北京的最后一次演讲，会场异常拥挤，听讲者约 2000 余人。

5 月 13 日，泰戈尔一行赴汤山休养，17 日返京。

20 日晚十一时，泰戈尔等人六人由前门西车站离京赴晋，赴站欢送的各界名流有近 200 人。

三、泰戈尔的先农坛演讲

4 月 28 日在先农坛的演讲，原定是在天坛举行，但考虑学生经济多不富裕，天坛门票又贵（30 枚铜板），于是临时改在门票便宜的先农坛（5 枚铜板），《晨报》还刊有改变讲演地点的启事。

后来《晨报》《申报》等又对泰戈尔的先农坛演讲进行了详细的报道：午后 2 时，即有无数男女学生驱车或步行入坛，络绎不绝，沿途非常拥挤。讲坛设在雩坛（即神祇坛）内之东坛（即一品茶点社社址），坛之四围布满听众，计有二三千人之多。北京学界各团体代表均聚集坛上，天津绿波社亦派有代表来京欢迎，至 3 时零 5 分泰戈尔始到，乘坐汽车至雩坛门前下车，林长民为先导，同来者为其秘书厚恩之、葛玲女士及林徽因、王孟瑜女士并梁思成等人。

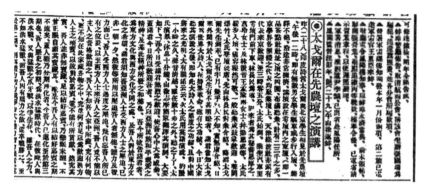

1924年民国报刊对泰戈尔在先农坛演讲的报道

泰戈尔缓步入坛，仪容肃然。林长民先向听众介绍了泰氏的诗界地位及贡献，随后泰戈尔用英语进行演讲，声音清越，虽在数十步之外，仍能听得清楚。演讲完毕，休息10分钟，又由徐志摩上台简单翻译其说辞，大意如下：

吾今日受诸君热烈之欢迎，使吾心中大为感动。盖诸君今日所以欢迎吾者，乃以亚洲民族和平亲爱之精神，及基此精神所发之和声也。吾今所欲告诸君者，为东方文化与西方文化不同之处，及吾人对于东方文化之希望。诸君须知吾亚洲人士受西方人士之压迫，已非一朝一夕，然彼等所用以压迫吾人者无他，体力及智力而已。吾人受西方人士过度之压迫，几自忘吾人所已有之位置，以致西方人士来吾人之亚洲，吾人竟不能以主人之资格欢迎之。吾人不知吾人家中所藏，究有何物，更不知在此家藏各物之中，究竟何者足以为欢迎西方人士之瑰宝，以故对于嘉宾，遂不能有所贡献。然究其实，吾人并非无宝藏，足以结好嘉宾，乃恋眠未醒，不曾正眼自顾其宝藏耳，唯是今吾人有以结好嘉宾之期不远矣。

盖人类乃分期进化者，今吾人已进化至于第三期也。吾人历史之初期，为洪水猛兽时代，在彼时人与洪水战，又与猛兽之爪牙战，以争生存。虽吾人之力，不如洪水猛兽，而吾人因有脑力之故，遂卒战胜之。至于第二期，则为体力智力战争时代，体力智力强者，遂征服其较己为弱者。今西方人士正到达于此时代，故彼等所以用为征服一切之具者，均不出于此智力体力之范围。唯吾东方人士，则已超过此时期矣。吾东方人士今已达于第三期，吾人已霍然醒觉，知体力智力征服之世界而外，尚有一更光明、更深奥、更广阔之世界。吾人于黑暗寂静之中，已见一导引吾人达于此光明、深奥而广阔之世界之明灯。唯吾人如欲到达此世界，则吾人不可不知服从与牺牲，乃吾人到达彼世界之唯一阶梯。吾人欲得最大之自由，则必须能为最忍耐之服从。吾人欲得最大之光明，则必须能为最轰烈之牺牲。何则，服从之后，即自由之路，牺牲之后，即光明之灯也。

吾人往者如未破壳而出之雏鸡，虽在壳中，亦非无光明，然其光明乃极小限度之光明，必须破壳而出，乃获一更大之光明。而此日之吾人，即已将破壳而出之雏鸡也。世人对于吾人——譬诸雏鸡，固多疑为不能破壳而得最大之光明者。第吾人则自信必能破壳而出，且到达于真理之最深处，唯吾人尚须有一度之大牺牲耳。牺牲自普通人观之，自是损失，但以吾人所知，则损失初不外肉体之损失，而肉体虽受损失，精神则不受损失，且可因此大损失而得以大利益，此利益为何？即使吾人得以到达最光明之世界是也。总之，未来之时代，绝非体力智力征服之时代，体力智力以外，尚有更悠久、更真切、更深奥之生命。吾东方人士今日虽具体而微，然已确有此生命矣。

西方人士今固专尚体力智力，汲汲从事于杀人之科学，借以压迫凌辱体力智力不甚发达者，即吾人亦尚在被压迫之中。但吾人如能为最大之牺牲，吾人不久亦即可脱离彼等之压迫矣。此次吾至中国，吾深感中国乃一至奇异之国家，中国有如许绵延不绝之历史及伟大悠久之道德，而其道德又适为牺牲之道德，恰如吾人想象中之一国家，此为吾所最感动而欣喜者。而今日诸君之热烈欢迎，则尤为吾之所感谢不已者。

泰戈尔在先农坛的演讲主旨是说，西方人胜在智力、体力，东方人胜在道德文明，而人类的发展进步，终究需要道德层面的牺牲精神，就像雏鸡冲破蛋壳之后，必将迎来更加真切、广阔的天地。由此能够感受到泰戈尔面对东方民族（印度、中国）受西方列强压迫奴役所表现出的坚强与隐忍，极具印度非暴力特色，并坚信东方民族必将战胜困难，达于真正自由光明之世界。

泰戈尔在京的演讲多次表达了上述观点，但也有人认为这是在宣扬投降主义。当时经过"五四"洗礼的中国知识界，正围绕传统儒家文化的问题而分化，一群左翼人士正吵着要与旧文化决裂。对他们来说，泰戈尔的访华过于依恋传统和形而上学。泰氏重估东方精神文化，将之作为消解西方贪婪的物质文化的解毒剂，在他们看来当是反现代态度的精神污染。随后泰戈尔的演讲，就有过被散发传单反对其主张的经历。但以今日之眼光来看，东方文明的传统复兴，将是必然趋势，泰氏思想之睿智、深邃可见一斑。

疑似泰戈尔在先农坛之照片一
（左起梁思成、陈岱孙、林长民、恩厚之、林徽因、徐志摩）

补 白

至于将这段史料误记为是在天坛，既有原定是在天坛举行的原因，可能也有天神坛与其的一字之差的缘故，而日坛说、地坛说则毫无根据。

经笔者查阅了 1924 年的《申报》《晨报》，以及研究泰戈尔的相关著作，均未发现泰氏曾到过天坛演讲的直接佐证，那么在期刊、网络媒体、人物传记中为何又会有泰戈尔在天坛演讲的说法出现呢？甚至连建筑大家陈从周先生编写《徐志摩年谱》时，也信以为真（见民国丛书第三编《徐志摩年谱》，第 38 页），并引用了一段吴咏在《天坛史话》中的按语："林小姐人艳如花，和老诗人挟臂而行，加上长袍白面，郊寒岛瘦的徐志摩，有如苍松竹梅的一幅三友图。徐志摩的翻译，用了中国语汇中最美的修辞，以硖石官话出之，便是一首首的小诗，飞瀑流泉，淙淙可听。"因其记述的生动，这段文字流传甚广。更有传记夸张成"天坛前人山人海，水泄不通"，另有传记渲染："祈年殿飞檐上的风铃，流水般摇响一片铜声的静穆，如一曲高远的梵歌，悠悠自天外飞来。"

上述这些精致的描写虽然格调高雅，灵动优美，但均为小说家言，所写环境与事实不符，显然他们都并未在场。按照他们的说法，4月23日泰戈尔等人抵达北京后，即在天坛举行欢迎会，泰氏演讲，林徽因搀扶，徐志摩翻译，便有了松竹梅三友的附会之说。

其实，当日泰氏一行抵达北京已是晚间，舟车劳顿，在火车站与欢迎者寒暄后，立即入住北京饭店，次日也是闭门休养，并无外出活动。在京期间，也没有行程安排专去天坛游览。在先农坛演讲前后，到是顺路可以进入天坛公园，但绝无演讲的可能。

疑似泰戈尔在先农坛之照片二
（泰、徐、林三人并立，被传为松、竹、梅三友）

上述小说家言，只能是根据以上照片的臆测，并无史实支撑，但其流布甚广，传为佳话，也使得泰戈尔曾到过先农坛的史实，湮没不显，以致谬种流传，以讹传讹。短短不足百年的时间，这样重要的历史事件便已鲜为人知，可见确是美言不信，史实难在。

刘文丰（北京古代建筑研究所 副研究员）

参考文献：

1. 参见《申报》。

2. 参见《晨报》。

3. 参见《小说月报》。

4. 王邦维、谭中《泰戈尔与中国》，中央编译出版社 2011 年版。

5. 孙宜学编《诗人的精神：泰戈尔在中国》，江西高校出版社 2009 年版。

6. 孙宜学编《不欢而散的文化聚会：泰戈尔来华讲演及论争》，安徽教育出版社 2007 年版。

7. 泰戈尔《泰戈尔散文精选》，人民日报出版社 1996 年版。

8. 泰戈尔《跟着泰戈尔去旅行》，安徽文艺出版社 2007 年版。。

略论明代重农思想在
国家祭礼中的体现

◎ 张 敏

中国作为农业大国，重农思想源远流长。明代以来，随着社会发展以及礼制完善，重农敦本的思想在国家祭礼中得到更广泛和深入的展现。本文拟就明代国家祭礼中关注农事、重农敦本的内容进行提炼与说明，力图从国家祭礼对于引领社会认同、规范社会秩序、维系有效统治等方面的积极作用来展示封建帝制时代国家祭礼之于政权稳定的重要性，从而体现"国之大事在祀与戎"之祀的首要位置。

首先，国家祭礼不仅关注鬼神，更是对人事的关照与注重。

所谓国家祭礼，系指由各级政府主持举行的一切祭祀活动，其中既包括由皇帝在京城举行的一系列国家祭祀礼仪，也包括地方政府举行的祭祀活动，因为相对于民间社会而言，他们就是国家；就祭祀的目的而言，这种活动不是为了追求一己之福，而是政府行使其职能的方式，本身具有"公"的性质。[1] 关于早期国家以礼的标准对祭祀活动进行的规范和改造，春秋时期鲁国大夫说："夫圣王之制祀也，法施于民则祀之，以劳定国则祀之，能御大灾则祀之，能捍大患则祀之。非是族也，不在祀典。……凡禘、郊、祖、宗、报，此五者国之祀典也。加之以社稷山川之神，皆有功烈于民者也；及前哲令德之人，所以为明质也；及天之三辰，民所以瞻仰也；及地之五行，所以生殖也；及九州岛名山川泽，所以出财用也，非是不在祀典。"[2] 祀典即是将祭祀活动以文本的形式载诸于册，成为国家规定的典章制度。就入祀标准而言，在自周代完善确立起来的天神、地祇、人鬼三大系统中，国家祭祀更多强调的是"功"，而祭祀活动

---

① 雷文《隋唐国家祭祀与民间社会关系研究》，北京大学 2002 年博士论文，第二页。

② 参见《国语·鲁语上》

则突出"报"，其现世的价值取向是显而易见的。

中国以农立国，国家祀典中关注农事的内容历朝来绵延涌现，且随着典章制度的完善而呈现清晰规范的进程，其中以农本为精神旨要的祀典在有明一代尤显突出。明代就典章制度的创立与增补，以太祖朱元璋和世宗朱厚熜两朝为最，并由此形成的影响直至封建帝制的终结。除却太祖起自布衣、世宗兴自藩王的个人成长和生活经历以及中国传统重农意识而形成的重农精神在国家祀典中突出体现而外，以大历史观来回望明朝，当明之时随着社会的转型而进入的帝制农商时代是与国家祀典中重农思想的精神呼唤形成有效互动关系的。换言之，当历史走到大明王朝时代，其国家祭礼对人事的关照与注重，其鲜明的现世价值取向决定了在此体系内重农敦本思想的大力宣扬，这种宣扬在国家祭礼的天地人三大系统中都得到体现。

第二，从天地分祀的阴阳调和到一分为四的专坛敬祈——天地祭祀中的重农体现。

祭天是明朝国家祭祀体系的核心，明人将天定格为人间与自然世界的终极秩序，是国家祭祀体系中的绝对至上神。围绕天，明人完成了国家祭祀体系的完整架构。抛却明人关于人间和自然的宇宙观层面认知，以及祭祀天地在帝王统治合法性方面的宣示以外，其阴阳调和的观点反映出天地祭祀中的重农精神。

从明初到洪武十年，明朝实行南北郊分祀天地的制度。由于南北郊分祀制在明嘉靖以后实行日久，借后代清人蔡方炳之口论之："天子祭圜丘，必于南郊者，从阳位也。必于冬至者，顺天道生物之始，以报天也。祭地于方泽，必于北郊也，从阴位也。必于夏至者，顺地道成物之始，以报地也。"① 赖阴阳调和，顺天地之道而万物始成。洪武十年后，太祖本着不尚虚文，以简致诚的原则改天地分祀为合祀。改分为和的另一个原因是分祀不合人情，太祖将天地分祀喻为父母异处，"人君者，父天母地，其仰瞻覆载，无不恩也。……以人事度之，为子之道，致父母异处，安为孝乎！"② 在中国人的阴阳观念中，父主阳母主阴，祭祀父母于一处也寓意阴阳调和与生长繁殖。合祀后既然南北郊阴阳之位无法体现，那么祭祀时间的选择

----

① 佚名《历代郊祀志》，中华书局 1991 年版，丛书集成初编本，第 20 页。

② 《明太祖集》卷 17，《天地合祀文》，黄山书社 1991 年版。

北京古代建筑博物馆文丛

第三辑 2016年

就承载了更多的含义。每年孟春合祀天地，取"每岁合祭天地于春首，正三阳交泰之时，人事之始也。"① 所谓天地交则融通泰，是一切生长的开始。南北分祀是阴阳，父天母地同样是阴阳，而阴阳调和即是万物生长的前提。万物生长是农业社会的繁荣基础，重农务本的现世追求被赋予了天地融和的新高度。

明嘉靖时期，不仅天地分祀再次成制，且将祭天一分为四，即冬至圜丘礼，孟春祈谷礼，孟夏雩坛礼，季秋明堂礼，其中祈谷与雩祀之仪都与百姓农事有重要关联。祈谷礼是孟春之季祈求一年农业丰登的祭礼，祭祀的对象是天。春天万物复苏，孟春祈谷寓意农作物的生长发育，正如皇帝亲祀圜丘祈谷的祝文中所说："候维启蛰，农事将举。爰以兹民，敬祈洪造。谨率臣僚，以玉帛牺斋，粢盛庶品，备斯明洁，恭祀上帝于圜丘。仰希垂鉴，锡福烝民。俾五谷以皆登，普万方之咸赖。"② 雩祀即祀天求雨，既可在天旱不雨时举行，又在明代被列为常规大祀。虽然崇雩坛建成后只在嘉靖十七年因干旱躬祷郊雩，此外并未发挥太多的专坛功用，但雩祀本身即具体又鲜明地展现出因自然原因而祈天之意。祈谷与雩祀之礼都突出了祭天之祈福于农事的含义。

第三，从土谷祈福的国家中祀到比肩天地的社稷大祀——社稷祭祀中的重农体现。

社，原为土地之神，或指祭祀土神的场所。稷，原指谷物的名称，也代表五谷之神。对于社的功能属性，归纳起来即有国家政权的象征、国家驱除灾异祭祀活动的场所、国家刑罚杀戮祭祀的场所、与农业相关的土地神的祭祀场所、生殖崇拜活动的场所登相关内容。③ 在古人看来，动物（包括人）的生殖与植物的生长具有相同的属性，而"生"与"亡"也是生命循环中的两个过程，因此农作物生长、生殖崇拜、刑罚杀戮之间也就存在着必然的逻辑关系，而相关的祭祀活动则在同一个社里举行。针对社神与稷神密不可分的关系，詹鄞鑫先生解释说："土地神与五谷神的密不可分，意味着土地神不是作为领土的象征，而是作为养育万物的母亲大地来崇拜的。

① 《明太祖集》卷一百二十，洪武十一年冬十月庚子朔。

② 申时行登修，《明会典》卷八十四，万历朝重修本，《祈谷》，第484页。

③ 赵玉春《坛庙建筑》，中国文联出版社，2009年版，第76—78页。

由此产生的社稷祭祀，实际是农业自然力的象征。"① 正是因为土生万物，稷养万民，社稷合在一起也就成为一个农业国家存在的基础，而这一基础的实现使社稷合祀后，社祀生育万物的功能开始减弱，稷祀繁育五谷的内涵也开始演变，社稷之祀更多成为国家与政权的象征。究其根本，社稷是与农业的发生密切相关的。

明初祭祀社稷定为中祀，洪武十年后升为大祀，且此后有明一代均为国家大祀，并延续到清末的帝制终结。从祭祀时间看，社稷以春秋二仲月上戊日致祭。春秋仲月是农历的二、八月，正是农作物生长和收获的季节，此时致祭也象征着土谷丰盈，寓意勃勃生长和收获。这层含义在祭太社稷仪祝文中有明显的体现："维洪武年、月、日，（皇帝御名）敢昭告于太社之神，惟神赞辅皇祇，发生嘉谷，粒我烝民，万世永赖，时当仲春（秋），礼严（告祀/报谢），以玉帛牲斋，粢盛庶品，备兹瘗祭，以皇考仁祖淳皇帝配神。尚飨。"② 从祭文内容看，春祭祀为告祀，乃祈求赐予丰收之意；秋祭祀为报谢，乃感谢收获丰盈之意。嘉靖时期特创于西苑东南的帝社、帝稷坛，虽推行未久即废弃，但世宗朝的帝社稷之礼无疑为社稷祀典添加了一个重音符。而且从祭祀实践上来看，明朝除特定日期天子亲祀以外，还存在着因农事不足而皇帝亲祀或遣官祭告社稷的记载，生动地体现着社稷大祀与农事的息息相关。

第四，从祭享先农的耤田古意到男耕女织的诗化意象——祭享先农中的重农体现。

如果说天地与社稷祭祀是在更宏观的祭祀求索视角下兼顾着顺农时、重农本的精神诉求，那么祭先农耤田礼则是更形象地向全社会传递重农信息，确立重农思想，以达到全社会的价值认同并由此达到政治控制与社会整合，这正是国家祭礼在宣示重农思想方面的最终旨要。

先农，又称神农，是古代传说中最先教民耕种的农神。耤田礼是帝王在特定的田亩中摹拟耕种的仪式，以耤田之日祀先农之礼始自汉代，即"亲耕享先农"。明初天下甫定，当务之急是尽快恢复农业生产，因此明太祖朱元璋将恢复先农祭祀放在首位。洪武元年十

① 《神灵与祭祀——治国传统宗教综论》，詹鄞鑫著，江苏古籍出版社1992年版，第182页。

② 申时行登修，万历朝重修本，《明会典》卷八十五，《太社稷》，第489页。

一月癸亥，朱元璋谕廷臣曰："古者天子藉田千亩，所以供粢盛，备馈饎。自经丧乱，其礼已废，上无以教，下无以劝。朕莅祚以来，悉修先王之典，而藉田为先，故首欲举而行之，以为天下劝……欲财用之不竭，国家之常裕，鬼神之常享，必先务农乎。故后稷树艺稼穑，而生民之诗作；成王播厥百谷，而噫嘻之颂兴。有国家者其可弃是而不讲乎？"① 遂于次年春行耤田礼。明初，祭祀先农与郊庙、社稷同为大祀，皇帝以仲春择日行亲祭先农礼，礼毕行耕耤田礼，后改为中祀。永乐迁都后，平时每岁的祭祀先农活动改由顺天府官致祭，只有遇到皇帝登极时，由皇帝亲行耕耤礼。嘉靖九年，定以每年仲春上戊日祭社稷及先农。皇帝荣登大宝而亲行耤田礼是明朝皇帝重视农业生产的表现，在祈求农业生产顺利的同时，也通过如此仪式展现皇帝亲力亲为的示范之意。

嘉靖九年正月，史科给事中夏言上《请举亲蚕典礼疏》："……洪惟我太祖高皇帝开天建极，统一万国，制礼作乐，卓越百王。躬耕藉田，既稽古攸行矣，顾独于亲蚕缺焉。……夫农桑之业，衣食万人，不宜独缺；耕蚕之礼，垂法万世，不宜偏废。"当年三月，皇后亲蚕礼在北郊隆重举行。后因皇后出城不便，在西苑改建先蚕坛，嘉靖十一、十二年皇后亲蚕西苑，至三十八年罢亲蚕礼。据史料分析，今人多将嘉靖朝亲蚕礼的恢复作为其时南北郊分祀遇到阻力时的因由凭借，世宗借天子亲耕南郊、皇后亲蚕北郊之与天地南北分祀相暗合，由耕蚕之规范最终实现了天地分祀。但就祭祀事实而言，亲耕亲蚕礼的完备恰是将中国传统农耕文明中男耕女织的自然图景生动地表现出来，因为祭祀先农与先蚕均源于古代农业生产的实际过程，这样的国家祭祀在实施社会引导和整合过程中的作用就更为明确和具象，仿佛是一次次真实描绘着普天下的耕织图景，并通过庄严神圣的祭礼仪式将这一最普通的劳动生产场面赋予诗化意象。当这种信息传到民间，会被广大百姓再次自然地转化为劳动场面，只是这种劳动场面因为敬祈了神灵而愈加神圣。正如旧时在河北农村即有年画反映皇帝如农夫般耕田，皇后如农妇般送饭到田间地头的形象，配有"二月二龙抬头，天子耕地臣赶牛，正宫国母来送饭，五谷丰登太平秋"的质朴文字。这一方面反映出普通民众无缘国家祭祀，无法想象祭祀活动的庄严神圣而出现的略带滑稽的演绎，但

---

① 《明太祖实录》卷三十六，洪武元年十一月癸亥。

同时不可否认的是这种国家祭礼与社会生活的紧密联系，以神权加皇权的礼仪形式再现的是真实的社会生活，由这种国家祭礼引起的社会共鸣何其强大！

综上，明代虽处于社会转型期，出现了资本主义萌芽，但农业生产作为明代国民经济之首是不可动摇的。农业为明王朝提供财政收入的绝大部分，从而使明王朝的国家机器得以正常运转。从社会层面来讲，农业生产满足人民的衣食之需，一家一户男耕女织的家庭生产和经营，在一个小范围内自给自足，安居乐业，社会稳定。财政运转的正常、经济发展的持续、社会局面的安定，是明王朝国家政权稳定的条件，而农业生产是提供上述保障的主要基础，这也正是当明之时，在经济领域内已出现新元素，农商并重的思想正在形成的时候，国家祭礼中所倡导的重农固本精神却以更完善的祀典、更鲜明的态势，给予规范解读的原因。某种程度上，明代国家祭礼中对重农思想的历史延续与时代发展正是面对社会变革的一种反应和姿态。

张敏（北京古代建筑博物馆　副馆长）

明清时期国家祭孔释奠考略

◎ 常会营

在经历了先秦至两汉时期国家祭孔释奠的起步阶段，魏晋南北朝时期普遍释奠孔子、隋唐时期国家祭孔释奠制度的正式确立，以及宋、金、元时期祭孔释奠礼制规格和孔子封号的不断升级之后，明清时期，国家祭孔释奠发展到空前鼎盛的历史阶段。

明清皇帝对于祭孔释奠是非常重视的，从明成祖永乐帝到崇祯帝，从顺治帝到光绪帝，几乎每位皇帝都曾去孔庙（乾隆三十三年称先师庙）参加过释奠。其中，根据《钦定国子监志》的记载，明代十一位皇帝曾十二次参加过祭孔释奠，几乎人均一次，嘉靖帝二次清代皇帝对于祭孔释奠重视程度更超过明代，从顺治帝到光绪帝（除了同治和宣统皇帝），几乎每位皇帝都曾来北京孔庙参加过释奠。其中，顺治帝二次，康熙帝一次，雍正帝四次（不包括两次国子监告祭），乾隆帝十次（最多，不包括辟雍工成诣先师庙行上香礼一次），嘉庆帝六次（次多），道光帝三次，咸丰帝一次，光绪帝三次，八位皇帝共三十次之多。如此多的皇帝参与祭孔释奠，足以看出清代对先师孔子及其儒家思想之重视和推崇。根据《钦定国子监志》上的记载，明清两代一共有19位皇帝参与过祭孔释奠，释奠次数达到42次之多。清代无论在释奠等级、释奠规模，还是在释奠次数上，都远远超逾前代。根据现有史料，单就释奠皇帝人数来说，明代为最多，除明太祖朱元璋、建文帝朱允炆、明仁宗朱高炽、明宣宗朱瞻基、明光宗朱常洛之外，几乎每位皇帝都曾参与过祭孔释奠，清代次之，元代几乎没有。① 而单就释奠次数来说，清代为最多，无论总数还是个人参与次数都位列第一，其中尤以乾隆帝为最多，其10次释奠的记录更是空前绝后，令其他皇帝难以望其项背。嘉庆帝以五次位列次席，雍正帝以四次跻身三甲。

---

① 至正八年夏四月乙亥，帝幸国子学。赐衍圣公银印，升秩从二品。定弟子员出身（《元史·顺帝纪》（笔者注：元代仅此一条，亲诣国子学，但未释奠）。

下面，笔者将结合相关史料，对明清时期国家祭孔释奠情况进行较为详细的考述。

一、明朝时期的国家祭孔

明初，太祖朱元璋比较重视尊师重道，根据《明史·太祖本纪》：

（元至正十六年）九月戊寅，如镇江，谒孔子庙。……（洪武元年二月）丁未，以太牢祀先师于国学。……（二年十月）"辛卯，诏天下郡县立学。……（七年二月）戊午，修曲阜孔子庙，设孔颜孟三氏学。……（十五年四月）丙戌，诏天下通祀孔子。……五月乙丑，太学成，释奠于先师孔子。

又据《明史·礼志四》"至圣先师孔子孔子庙祀"一条：

洪武元年二月，诏以太牢祀孔子于国学，仍遣使诣曲阜致祭，临行谕曰："仲尼之道广大悠久，与天地并，有天下者莫不虔修祀事。朕为天下主，期大明教化，以行先圣之道。今既释奠成均，仍遣尔修祀事于阙里，尔其敬之！"又定制，每岁仲春秋上丁，皇帝降香，遣官祀于国学。以丞相初献，翰林学士亚献，国子祭酒终献。

又据《明通鉴》正编卷二洪武二年十月辛卯一条：

谕中书省臣曰："……朕谓治国之要，教化为先；教化之道，学校为本。今京师虽有太学，而天下学校未兴，宜令郡县皆立学。"于是定制：府设教授、州设学正、县设教谕各一。俱设训导，府四，州三、县二。生员，府学四十人，州县以次减十，并给学官月俸、师生月廪有差。

另据《典故纪闻》卷四：

洪武十五年四月，诏天下通祀孔子。又赐学粮，增师生廪膳。应天府一千六百名，府一千名，州八百名，县六百名，师生月给廪膳米一石，教官俸如旧。①

由此可知，明太祖朱元璋在明朝还未建立之时，便已经开始礼遇孔子，如"（元至正十六年）九月戊寅，如镇江，谒孔子庙"。明洪武元年（1368 年）二月丁未，朱元璋尊孔循礼，下诏以"太牢"之礼祀先师孔子于国学，释奠用"六佾之舞"，曲阜孔庙祭祀也和国学释奠同等规格，朝廷遣使者前往曲阜孔庙致祭，规定每年仲春和仲秋的第一个丁日，皇帝降香，遣官祀于国学，以丞相初献、翰林学士亚献，国子祭酒终献。关于祀孔子于国学的礼仪，《明志》记载如下：

先期，皇帝斋戒。献官、陪祀、执事官皆散斋二日，致斋一日，前祀一日，皇帝服皮弁服，御奉天殿降香。至日，献官行礼。

又据刘承泽《春明梦馀录》：（明洪武元年）八月丁丑，遣官释奠于先师孔子。时礼官言：周制，凡始立学者，释奠于先圣、先师；凡学，春、夏释奠于先师，秋、冬亦如之。汉儒以先圣为周公，若孔子先师，为诗书之官。若礼有高堂生，乐有制氏，诗有毛公，书有伏生，可以为师者，盖四时之学，将习其道，故释奠，各以其师，而不及先圣，惟春秋合乐，则天子视学，有司土总祭先圣、先师，是则汉时释奠，亦略可知矣。嗣后，历代宋元，因古礼而损益之。今宜定制，以仲春、仲秋二上丁日，降香遣官，祀于国学，以丞相为初献，翰林学士为亚献，国子祭酒为终献。从之。②

关于衍圣公之册封和礼遇，参见孔祥峰、彭庆涛《衍圣公册封与孔庙祭祀》：

（洪武元年）十一月十四日，朱元璋在谨身殿接见孔克坚，并赐宅、马、米、田鸡郊祀膰肉等。封孔克坚之子孔希学位衍圣公，秩二品，晋阶资善大夫，朝会时位列丞相之后。赐祭田 2000 大顷，岁收以供祭祀之用，羡余为衍圣公俸禄。洪武六年（1373 年）……从此以后，衍圣公不再兼任地方官职，专以祭祀孔子为主事。同时朱元璋

---

① 参见陈戍国《中国礼制史》（元明清卷），湖南教育出版社 2002 年 2 月版，第 424—425 页。

② 【清】孙承泽《春明梦馀录》（上册），北京古籍出版社 1992 年 12 月版，第 301—302 页。

下诏修孔庙孔林，置林庙洒扫户一百一十五户，令于曲阜等州县选民间俊秀无过子弟充当。洪武十年奉敕创建衍圣公府，计有正厅五间、后厅五间、东西司放各数十间，外仪门三间等（见《阙里志》）。

洪武十七年（1384 年），孔子第五十七代孙孔讷袭封衍圣公，明太祖既革丞相官，遂命衍圣公班列文官之首，授光禄大夫，赐诰与一品同，给三台银印。……孔子六十一代孙孔弘绪袭封衍圣公以后，于成化五年（1469 年）以宫室逾制被刻夺爵。下廷臣议宜袭封者，皆言世嫡相传，古今通义，乃命其弟孔弘泰代袭而后仍归其子，弘治十一年（1498 年），从按臣请，复其冠带。[1]

洪武二年，又诏春秋释奠之制只用于阙里，不必天下通行。刑部尚书钱唐上疏言："……孔子垂教万世，天下共尊其道，故天下得通祀孔子。"（《明会要》）皇帝后来采纳了这个意见。

洪武二年（1369 年）十月辛卯，诏天下郡县立学，学皆立孔庙，礼延师儒，教授生徒。

据《明志》，洪武四年，改初制笾豆之八为十，笾用竹，簠簋登铏豆"悉易以瓷"，"牲易以熟"。

洪武三年（1370 年），正诸神封号，惟大成至圣文宣王及配享从祀诸贤、儒如故。[2]

洪武四年（1371 年）秋，更定孔庙释奠祭器礼物。初，孔子之祀，像设高座，而器物悉陈于座下。至是各置高案，笾豆、簠、簋、登铏悉用瓷，牲用熟，酒三献，并祭酒行礼，乐六奏，则监生及文臣子弟在学校者充乐舞生，预教习之。

洪武六年（1373 年），开始由太常协律郎冷谦与詹同二人制定天下（各省府、州、县学）孔庙乐章和乐谱。

洪武七年（1374 年）正月，定上丁遇朔日日食者，改仲丁致祭。二月戊午，修曲阜孔子庙，设孔颜孟三氏学。

洪武十五年（1382 年）四月丙戌，诏天下通祀孔子，"并颁释奠仪注"："凡府州县学，笾豆以八，器物牲牢皆杀于国学。三献礼同，十哲两庑一献。其祭各以正官行之……分献则以本学儒职及老

---

① 孔祥峰、彭庆涛《衍圣公册封与孔庙祭祀》，中国孔庙保护协会编《中国孔庙保护协会论文集》，北京燕山出版社 2004 年 9 月版，第 8 页。

② 【清】孙承泽《春明梦馀录》（上册），北京古籍出版社 1992 年 12 月版，第 293 页。

成儒士充之，每岁春秋仲月上丁日行事。"（《明志》）五月乙丑，太学成，释奠于先师孔子（《春明梦馀录》，此处为释菜）。又据清孙承泽《春明梦馀录》：十五年，国子监大成殿成，用木圭，不设像。①

洪武十六年，正月，令祭酒朔、望行释菜礼，郡邑如府式，始定舞用六佾，乐用登歌。

洪武十七年（1384 年），"敕每月朔望，祭酒以下行释菜礼，郡县长以下诣学行香"。可知释奠与释菜之区别。

洪武二十年，罢武成庙，独尊孔子。②

另从生员人数上看，洪武十五年所谓府州县名额，已经远远超过了洪武二年人数，可知其办学规模之扩大程度。同时，也可以看出太祖朱元璋对孔子及儒学的重视程度，以及由此所带来的巨大的社会影响。

永乐四年（1406 年）三月辛卯朔，视太学，服皮弁，四拜。

明英宗正统三年（1438 年），禁天下祀孔子于释老宫。③ 正统九年（1444 年）春，新建北京太学成。三月，临视，行释奠礼。时吏部主事李贤言：国家建都北京以来，所废弛者莫甚于太学，所创新者莫多于佛寺，举措舛矣。若重修太学，不过一佛寺之费，宜谕修举，以致养老礼，及民之效。从之。④

明成化以前，祭孔属诸候的规格。笾豆各十件，舞用六佾。孔庙当时属中祀（太庙为大祀，因为太庙是天子的宗庙，行事天之礼）。⑤ 成化元年（1465 年），视学，行释奠礼。成化十二年祭孔达帝王规格，规定笾豆各十二，舞用八佾。又参清刘承泽《春明梦馀录》：成化十二年，祭酒周洪谟请加孔子封号为圣神广运帝，且曰：或谓孔子陪臣，不当称帝，则宋儒罗从彦尝曰：唐既封先圣为王，袭其旧号可也，加之帝号而褒崇之，亦可也。吏部尚书邹幹曰谓：圣神广运，伯益赞尧之辞，不若大成至圣，本于孟子中庸，犹可拟议也。且贵乎孔子之道者，在身体力行，乃尊崇之实耳。易谥加号，

————————

　　① 【清】孙承泽《春明梦馀录》（上册），北京古籍出版社 1992 年 12 月版，第 296 页。

　　② 同上，第 296 页。

　　③ 同上，第 296 页。

　　④ 同上，第 304 页。

　　⑤ 参见《国家行为的祭孔礼制》，《南方文物》2002 年第 4 期，第 49 页。

岂足为孔子重轻哉。遂弗许。①成化十三年（1477年）闰二月丁丑，释奠，初用八佾，笾豆各十二。先是，祭酒周洪谟请加笾豆、佾舞；又言：古者鸣球、琴、瑟在堂上，笙、镛、柷、敔在堂下，干羽舞于两阶。今舞羽居上，而乐器居下，非古制也。礼部尚书邹幹驳之。诏以尊崇孔子，国家盛典，从洪谟之言，而羽舞始居下云。②

明孝宗弘治元年三月，视学，释奠先师，用太牢，加币，改分献为分奠，从吏部尚书王恕之请也。

弘治九年（1496年），"增乐舞为七十二人，如天子之制"。

根据《大明会典·卷之八十一·祭祀通例》：

国初以郊庙社稷先农俱为大祀，后改先农及山川帝王孔子旗纛为中祀，诸神为小祀。嘉靖中，以朝日夕月天神地祇为中祀。凡郊庙社稷山川诸神，皆天子亲祀。国有大事，则遣官祭告。若先农、旗纛、五祀、城隍、京仓、马祖、先贤、功臣、太厉，皆遣官致祭。惟帝王陵寝及孔子庙，则传制特遣。各王国及有司俱有祀典。而王国祀典，具在仪司。洪武初，天下郡县皆祭三皇，后罢。止令有司各立坛庙，祭社稷、风云雷雨、山川、城隍、孔子、旗纛、及厉。庶人祭里社、乡厉及祖父母父母，并得祀灶，余俱禁止。

可知明初是以郊庙、社稷、先农等（包括孔子在内）都为大祀的，只是后来改先农及山川、帝王、孔子等为中祀。嘉靖时，对于帝王陵寝及孔子庙，是传圣制特遣，其他中祀一般是遣官，足见嘉靖皇帝开始时是非常重视祭祀孔子的。

明嘉靖九年（1530年），世宗朱厚熜厘定祀典，尊孔子为"至圣先师"，取消谥号、封号，同时，祭孔规格再次降为中祀，即笾豆各十，舞用六佾。参清孙承泽《春明梦馀录》：嘉靖九年，大学士张璁请正祀典，从之。因袭祀典说，曰：孔子之道，王者之道也。特其位，非王者之位焉。孔子当时，诸侯有僭王者，皆笔削而心诛之，其生也如是。今不体其心，而漫加之号，岂善于尊崇者哉？又若增乐舞用八佾，笾豆用十二，牲用熟，而上拟乎事天也，无忌之甚者矣。若夫颜回、曾参、孔伋以子而并配于堂上，颜路、曾皙、孔鲤以父从列于下，此名之不正者也。纲领既紊，至有宋而程颐以亲接道统之传，遂主英不父濮王之礼，是可忍也，孰不可忍也。璁也，

---

① 【清】孙承泽《春明梦馀录》（上册），北京古籍出版社1992年12月版，第293页。

② 同上，第304—305页。

为名分也，为义理也，非谀君也，非灭师也。兹所正者，亦以防闲于万世之下也。于是通行天下学校，改大成至圣文宣王为至圣先师孔子，四配称复圣颜子，宗圣曾子，述圣子思子，亚圣孟子，十哲以下，凡及门弟子称先贤某子，左邱明以下称先儒某氏，悉罢封爵。[1]

又据刘承泽《春明梦馀录》：嘉靖九年，改大成殿为先师庙，戟门为文庙之门，天下学宫通撤像，易木主。邱濬曰：塑像之设，中国无之，至佛教入中国始有也。三代以前，祀神以主，无所谓像设也。彼异教用之，无足怪者，不知祀吾圣人者何时而始。观李元瓘言：颜子立侧，则像在唐前已有之矣。郡异县殊，不一其状，长短无瘠，老少美恶，惟其工之巧拙，就令尽善，亦岂其生时之容，甚非神而明之，无声无臭之道也。[2]

嘉靖十年（1531年），以厘正祀典，服皮弁谒庙，用特牲，奠帛，行释奠礼。迎神、送神各再拜，乐三奏，文舞六佾。配享从祀及启圣祠分奠用酒脯。亦遣官致祭于南监及阙里，从大学士张璁议也。

郊祀以祖而配天，功在一代者也。大社稷之祭，功在养民者也，其笾豆、佾舞、皆与祀天同。夫子功在万世，享祀天之礼，孰曰不宜？如以位，则六佾，亦僭也；苟以德，则八佾，非泰也。张璁去王爵，易木主，祀叔梁，皆诸儒已陈之议，惟杀笾豆礼乐，乃其已说耳。王世贞欲复礼乐之旧，且谓璁之为此也，谓师之不敢与君抗也，斯诛意之论也。

崇祯戊辰（1628年）春，躬行释奠礼。辛巳八月，复行释奠礼。礼部先以八月初四请，已报可。是日丁未，适与丁祭相值，旧例丁祭遣阁臣行礼，乃改是月十八日躬行释奠，而初四日仍遣阁臣行礼。

辛巳（1631年）八月十八日卯初刻，驾从长安左门出，自崇文街至成贤街入庙，祭酒、司业吉服率学官诸生于成贤街左跪迎驾，至棂星门外降辇，礼部与鸿胪卿导上步入门，登大成门中阶，入御幄，坐定，具皮弁冠服，出。太常寺官导由大成门中道入，盥洗，诣先师庙中陛上，奏迎神乐，上两拜，遂行释奠礼。太常寺卿跪进

① 【清】孙承泽《春明梦馀录》（上册），北京古籍出版社1992年12月版，第293—294页。
② 同上，第296页。

帛于上右，上搢圭立，授帛，献。毕，少卿跪进爵于上右，上立授爵，献。毕，上出圭，奏送神乐。上复两拜，而礼毕。上仍至御幄，更冀善冠、黄袍，幸彝伦堂。诸生列于堂下，祭酒各官列于诸生之前，跪候驾过，起，北向立。上至彝伦堂，百官行一拜三叩头礼，祭酒以下及诸生五拜三叩头礼。有顷，内赞赞进奖，祭酒南居仁从东阶陞，由东小门入，至堂中北向立，执事官举经案于御前。礼部官奏请授经于讲官，祭酒跪，礼部以经立授祭酒，置于讲案，复至中北向立，一拜三叩头。上谕：讲官坐。祭酒承旨就讲案边坐。上谕：官人每坐。百官承旨，武官都督以上，文官三品以上及学士，一拜三叩头，坐。祭酒讲皋陶谟。讲毕，退出堂外。司业罗大任从西阶陞，由西小门入，一如祭酒礼，讲易咸卦。讲毕，传制。官称有制，宣谕云：圣人之道，如日中天，凡四语。祭酒、司业、学官习礼，公、侯、伯、诸生五拜三叩头，尚膳监进茶。上谕：官人每吃茶。茶毕，出，百官一拜三叩头，上赐五府、六部、都察院及衍圣公羊、酒、甜食盒。上入彝伦堂后敬一亭，观世宗所立程子四箴诸碑，又令将庙学内各碑及石鼓俱摹榻进览。

十七年（1644年）甲申二月春祭，遣大学士魏藻德行礼。是日天气晴朗，临祭各官甫就拜位，大风忽起，殿上灯烛尽灭，庭下松桧作怒号声，黄沙如雨下，竟不能成礼而罢。按元世宗以宋小黄门李邦宁为左丞相释奠孔庙，方就拜位，亦有异风之变。夫子在天之灵，赫奕如此。①

明代郭鎜于《皇明太学志》中曰：

凡立学，必举先师之祀，瞽宗右学之典可考也。汉世以前，乐祖经师习其道则祀其人，盖未有定祀。东京虽以圣师礼周孔，而未始有庙也。庙祀孔子于学自唐始。夫尽天地之性，明帝王之道，修《六经》，扶五教，终古所宗承，有若曰：自生民以来，未有盛于孔子矣。历代严禋缵服无斁，岂不宜哉！我国家建雍作庙，昭揭两都，崇祀仪章，光布寰宇。皇上正名，秩礼先师，位号益显以隆，所谓"质诸鬼神而无疑，百世以俟圣人而不惑"矣。……

汉世京师未有夫子庙，后魏太和十三年始立庙于京师。唐高祖武德二年于国子监立周公、孔子庙各一，以四时致祭。贞观二年，

---

① 【清】孙承泽《春明梦馀录》（上册），北京古籍出版社1992年12月版，第305—306页

从左仆射房玄龄议停周公祭，升夫子为先圣，专祀焉。历代因之。前元置宣圣庙于燕京。旧枢密院地。我太祖高皇帝初平江淮，即诣学谒孔子。后建学金陵，作先师庙，遂亲行释菜之礼。每岁春秋上丁，则降御香，遣官致祭。列圣以来，视学释奠，率敦彝典。至我皇上，独再举焉，二丁非辅弼大臣不遣。故今庙址虽循元旧，而制度之崇、典礼之密，则非前代所能及矣。

郭鎜对历史上的祭孔释奠进行了追溯概括，并做了充分肯定。他认为，凡是国家开始立学之时，必定兴举先师之祭祀，眷宗重学之典礼是可以考察的。汉代以前乐祖经师学习其道就会祭祀其人，大概还没有确定祭祀者。东京虽然以圣人和先师礼敬周公孔子，但还未建有庙，庙祀孔子于学（国子学）实际上是从唐代开始的。穷尽天地之性，明晓帝王之道，修定《六经》，扶起五伦之教，是自古所宗承继的，有若说自天生万民以来，没有入孔子这么盛大的。历代严格祭祀礼仪服饰，这不是应该的吗？现在国家建立太学孔庙，两京皆此，崇祀孔子之仪式乐章，光耀寰宇。现在皇上注重正名，礼敬先师，孔子之地位封号日益显隆，所谓质诸鬼神而无疑，百世以俟圣人而不惑"。

汉代京师虽然没有孔子庙，后魏太和十三年（489年）开始立庙于京师。唐高祖武德二年（619年）于国子监立周公、孔子庙各一，四时致祭。贞观二年（628年），唐太宗听从左仆射房玄龄建议，停周公祭，升孔子为先圣，专祀孔子，历代相因。元代置宣圣庙于燕京，旧枢密院所在地。明太祖初平江淮，即诣学拜谒孔子，后建国学于金陵，建造先师庙，于是亲行释菜之礼。每岁春秋上丁，则降御香，遣官致祭。此后明代各皇帝，视学释奠，敦行典礼。

郭鎜对于嘉靖是推崇祭孔释奠之礼予以了高度肯定，他认为，到了嘉靖皇帝，独再标举，二丁祭祀非辅弼大臣不派遣，所以现在庙址虽因循元旧，而制度之崇高、典礼之周密，则非前代所能及。但实际情形并非如此，明代祭孔在成化、弘治年间一度升为大祀，可见成化、弘治皇帝对于祭孔释奠之重视程度。嘉靖皇帝开始时还是比较重视祭孔释奠的，祭孔时用传制特遣之礼，高于其他中祀，但嘉靖九年（1530年），世宗朱厚熜听从张璁之建议，厘定祀典，尊孔子为"至圣先师"，取消谥号、封号，同时，祭孔规格再次降为中祀，即笾豆各十，舞用六佾。这明显是借助皇权对于孔子地位之打压，怎么能说是嘉靖皇帝特别推崇祭孔释奠典礼呢？这明显是为皇帝讳了。后王世贞欲恢复礼乐之旧，认为张璁这样做，是认为师不敢与君抗礼，这真是诛心之论。

二、清朝时期的国家祭孔

清代祭孔更是登峰造极，祭孔仪式也随之愈来愈完备而隆重，根据据《清史稿·志五十九·礼三（吉礼三）》所载：

崇德元年，建庙盛京，遣大学士范文程致祭。奉颜子、曾子、子思、孟子配。定春秋二仲上丁行释奠礼。世祖定大原，以京师国子监为大学，立文庙。制方，南乡。西持敬门，西乡。前大成门，内列戟二十四，石鼓十，东西舍各十一楹，北乡。大成殿七楹，陛三出，两庑各十九楹，东西列舍如门内，南乡。启圣祠正殿五楹，两庑各三楹，燎炉、瘗坎、神库、神厨、宰牲亭、井亭皆如制。顺治二年（1645 年），定称大成至圣文宣先师孔子，春秋上丁，遣大学士一人行祭，翰林官二人分献，祭酒祭启圣祠，以先贤、先儒配飨从祀。有故，改用次丁或下丁。月朔，祭酒释菜，设酒、芹、枣、栗。先师四配三献，十哲两庑，监丞等分献。望日，司业上香。

正中祀先师孔子，南乡。四配：复圣颜子，宗圣曾子，述圣子思子，亚圣孟子。十哲：闵子损、冉子雍、端木子赐、仲子由、卜子商、冉子耕、宰子予、冉子求、言子偃、颛孙子师，俱东西乡。西庑从祀：先贤澹台灭明、宓不齐、原宪、公冶长、南宫适、公皙哀、商瞿、高柴、漆雕开、樊须、司马耕、商泽、有若、梁鳣、巫马施、冉孺、颜辛、伯虔、曹卹、冉季、公孙龙、漆雕徒文、秦商、漆雕哆、颜高、公西赤、壤驷赤、任不齐、石作蜀、公良孺、公夏首、公肩定、后处、鄡单、奚容蒧、罕父黑、颜祖、荣旗、句井疆、左人郢、秦祖、郑国、县成、原亢、公祖句兹、廉洁、燕伋、叔仲会、乐欬、公西舆如、狄黑、邦巽、孔忠、陈亢、公西蒇、琴张、颜之仆、步叔乘、施之常、秦非、申枨、颜哙、左丘明、周敦颐、张载、程颢、程颐、邵雍、硃熹，凡六十九人；先儒公羊高、榖梁赤、伏胜、孔安国、毛苌、后苍、高堂生、董仲舒、王通、杜子春、韩愈、司马光、欧阳修、胡安国、杨时、吕祖谦、罗从彦、蔡沈、李侗、陆九渊、张栻、许衡、真德秀、王守仁、陈献章、薛瑄、胡居仁，凡二十八人。

启圣祠，启圣公位正中，南乡。配位：先贤颜无繇、曾点、孔

鲤、孟孙氏，东西乡。两庑从祀：先儒周辅成、程□、蔡元定、朱松。

九年（1652年），世祖视学，释奠先师，王、公、百官，斋戒陪祀。前期，衍圣公率孔、颜、曾、孟、仲五氏世袭五经博士，孔氏族五人，颜、曾、孟、仲族各二人，赴都。暨五氏子孙居京秩者咸与祭。是岁授孔氏南宗博士一人，奉西安祀。

十四年（1657年），给事中张文光言："追王固诬圣，而'大成文宣'四字，亦不足以尽圣，宜改题'至圣先师'。"从之。

康熙六年（1667年），颁太学中和韶乐。二十二年（1683年）[1]，御书"万世师表"额悬大成殿，并颁直省学宫。二十六年，御制孔子赞序、颜曾思孟四赞镌之石，揭其文颁直省。

五十一年（1712年），以朱子昌明圣学，升跻十哲，位次卜子，寻命宋儒范仲淹从祀。

雍正元年（1723年），诏追封孔子五代王爵，于是锡木金父公曰肇圣，祈父公曰裕圣，防叔公曰诒圣，伯夏公曰昌圣，叔梁公曰启圣，更启圣祠曰崇圣。肇圣位中，裕圣左，诒圣右，昌圣次左，启圣次右，俱南乡，配飨从祀如故。

二年（1724年），视学释奠，世宗以祔飨庙庭诸贤，有先罢宜复，或旧阙宜增，与孰应祔祀崇圣祠者，命廷臣考议。议上，帝曰："戴圣、何休非纯儒，郑众、卢植、服虔、范甯守一家言，视郑康成淳质深通者有间，其他诸儒是否允协，应再确议。"复议上。于是复祀者六人：曰林放、蘧瑗、秦冉、颜何、郑康成、范甯。增祀者二十人：曰孔子弟子县亶、牧皮，孟子弟子乐正子、公都子、万章、公孙丑，汉诸葛亮，宋尹焞、魏了翁、黄幹、陈淳、何基、王柏、赵复，元金履祥、许谦、陈澔，明罗钦顺、蔡清，国朝陆陇其。入崇圣祠者一人，宋横渠张子迪。寻命避先师讳，加"邑"为"邱"，地名读如期音，惟"圜丘"字不改。

四年（1726年）八月仲丁，世宗亲诣释奠。初，春秋二祀无亲

---

① 注：应为二十三年（1684年）。参见《清实录·卷之一百十七》记载："（康熙二十三年）十一月己卯，至大成殿。……特书万世师表四字，悬额殿中。"《清史稿·卷七本纪七》所载相同："（康熙二十三年甲子十一月）戊寅，上次曲阜。己卯，上诣先师庙，入大成门，行九叩礼。至诗礼堂，讲易经。上大成殿，瞻先圣像，观礼器。至圣迹殿，览图书。至杏坛，观植桧。入承圣门，汲孔井水尝之。顾问鲁壁遗迹，博士孔毓圻占对甚详，赐官助教。诣孔林墓前酹酒。书"万世师表"额。留曲柄黄盖。"

祭制，至是始定。牺牲、笾豆视丁祭，行礼二跪六拜，奠帛献爵，改立为跪，仍读祝，不饮福、受胙。尚书分献四配，侍郎分献十一哲两庑。明年（1727 年），定八月二十七日先师诞辰，官民军士，致斋一日，以为常。又明年，御书"生民未有"额，颁悬如故事。十一年，定亲祭仪，香案前三上香。

乾隆二年（1737 年），谕易大成殿及门黄瓦，崇圣祠绿瓦，复元儒吴澄祀。三年，升有子若为十二哲，位次卜子商。移朱子次颛孙子师。

是岁上丁，帝亲视学释奠，严驾出，至庙门外降舆。入中门，俟大次，出盥讫，入大成中门，升阶，三上香，行二跪六拜礼，有司以次奠献。正殿，分献官升东、西阶，入左、右门，诣四配、十二哲位前，两庑分献官分诣先贤、先儒位前，上香奠献毕，帝三拜，亚献、终献如初。释奠用三献始此。其祭崇圣祠，拜位在阶下，承祭官升东阶，入左门，诣肇圣王位前上香毕，分献官升东、西阶，入左、右门，分诣配位及两庑从位前上香，三跪九拜。奠帛、读祝，初献时行。凡三献，礼毕。自是为恒式。

十八年（1753 年），改正太学丁祭牲品，依阙里例用少牢，十二哲东西各一案，两庑各三案。崇圣祠四配，两庑东西各一案，十二哲位各一帛，东西共二筐。其分献，正殿东西，翰林官各奠三爵；西庑国子监四人，共奠三爵；十二哲两庑奉爵用肄业诸生。定两庑位序，按史传年代先后之。

三十三年（1768 年），葺文庙成，增大门"先师庙"额，正殿及门曰"大成"，帝亲书榜，制碑记。选内府尊彝中十器，凡牺尊、雷文壶、子爵、内言卣、康侯爵、鼎盟簋、雷纹觚、召仲簋、素洗、牺首罍各一，颁之成均。

五十年（1785 年），新建辟雍成，亲临讲学，释奠如故。嘉庆中，两举临雍仪。

道光二年（1822 年）诏刘宗周，三年汤斌，五年黄道周，六年陆贽、吕坤，八年孙奇逢，从祀先儒。八年，湖北学政王赠芳请祀陈良，帝以言行无可考，寝其议。未几，御史牛鉴以李颙请，部议谓然，帝斥之。十六年，诏祀孔子不得与佛、老同庙，是后复以宋臣文天祥、宋儒谢良佐侑飨云。

咸丰初（1851 年），增先贤公明仪，宋臣李纲、韩琦侑飨。

三年二月上丁，行释菜礼（应为释奠），越六日，临雍讲学，自圣贤后裔，以至太学诸生，圜桥而听者云集。

七年（1857年），增圣兄孟皮从祀崇圣祠，先贤公孙侨从祀圣庙，宋臣陆秀夫、明儒曹端并入之。

十年（1860年），用礼臣言，从祀盛典，以阐圣学、传道统为断。馀各视其所行，分入忠义、名宦、乡贤。至名臣硕辅，已配飨帝王庙者，毋再滋议。

同治二年（1863年），御史刘毓楠以祔祀新章过严，如宋儒黄震辈均不得预，恐酿人心风俗之忧，帝责其迂谬。

是岁鲁人毛亨，明吕柟、方孝孺并侑飨。于是更订增祀位次，各按时代为序。乃定公羊高、伏胜、毛亨、孔安国、后苍、郑康成、范甯、陆贽、范仲淹、欧阳脩、司马光、谢良佐、罗从彦、李纲、张栻、陆九渊、陈淳、真德秀、何基、文天祥、赵复、金履祥、陈澔、方孝孺、薛瑄、胡居仁、罗钦顺、吕柟、刘宗周、孙奇逢、陆陇其列东庑，穀梁赤、高堂生、董仲舒、毛苌、杜子春、诸葛亮、王通、韩愈、胡瑗、韩琦、杨时、尹焞、胡安国、李侗、吕祖谦、黄幹、蔡沈、魏了翁、王柏、陆秀夫、许衡、吴澄、许谦、曹端、陈献章、蔡清、王守仁、吕坤、黄道周、汤斌列西庑，并绘图颁各省。七年，以宋臣袁燮、先儒张履祥从祀。

光绪初元（1875年），增入先儒陆世仪，自是汉儒许慎、河间献王刘德，先儒张伯行，宋儒辅广、游酢、吕大临并祀焉。

二十年（1894年）仲秋上丁，亲诣释奠，仍用饮福、受胙仪。

三十二年（1906年）冬十二月，升为大祀。先师祀典，自明成化、弘治间，已定八佾，十二笾、豆。嘉靖九年，用张璁议，始釐为中祀。康熙时，祭酒王士禛尝请酌采成、弘制，议久未行。至是命礼臣具仪上，奏言："孔子德参两大，道冠百王。自汉至明，典多缺略。我圣祖释奠阙里，三跪九拜，曲柄黄盖，留供庙庭。世宗临雍，止称诣学。案前上香、奠帛、献爵，跪而不立。黄瓦饰庙，五代封王。圣诞致斋，圣讳敬避。高宗释奠，均法圣祖，躬行三献，垂为常仪。崇德报功，远轶前代。已隐寓升大祀至意。世宗谕言：'尧舜禹汤文武之道，赖孔子以不坠。鲁论一书，尤切日用，能使万世伦纪明，名分辨，人心正，风俗端，此所以为生民未有也。'圣训煌煌，后先一揆。近虽学派纷歧，而显示钦崇，自足收经正民兴巨效。"疏上，于是文庙改覆黄瓦，乐用八佾，增武舞，释奠躬诣，有事遣亲王代，分献四配用大学士，十二哲两庑用尚书。祀日入大成左门，升阶入殿左门，行三跪九拜礼。上香，奠帛、爵俱跪，三献俱亲行。出亦如之。遣代则四配用尚书，余用侍郎，出入自右门，不饮福、受胙。崇圣祠本改亲王承祭，若代释奠，则以大学士为之。分献配位用侍郎，西庑用内阁学士，馀如故。三十四年，定文庙九楹三阶五陛制。

至于衍圣公在清代之册封与礼遇，参见孔祥峰、彭庆涛《衍圣公册封与孔庙祭祀》：

入清后，顺治元年（1644 年），清世祖成人衍圣公在明代享受的全部特权，第六十五代衍圣公孔胤植仍任衍圣公加太子太傅。朝见时衍圣公仍列内阁大臣之上。顺治三年，清世祖在北京太仆寺街赐给衍圣公府一座，七年授衍圣公孔兴燮为太子少保，八年又晋升为太子太保兼太子少保。康熙七年（1668 年），六十七代衍圣公孔毓圻进京朝见，当时孔毓圻年仅 12 岁，清圣祖康熙特许衍圣公孔毓圻由皇宫中间的御道上退出。康熙十四年又晋升衍圣公为太子少师。雍正元年（1723 年），雍正帝追封孔子上五代祖王爵，衍圣公进京朝谢，病死北京。雍正帝命令大学士会同礼臣优议卹典，遣大臣及三品以上汉族官员吊丧，命皇三子及庄亲王护送灵柩，雍正亲自撰写碑文。同年第六十八代衍圣公孔传铎封衍圣公。

……衍圣公与朝廷的密切关系，到乾隆时期达到巅峰，乾隆皇帝曾多次来曲阜，并颁御书"与天地参""时中立极""化成悠久"等匾额，重建棂星门，易木为石。

清代衍圣公备受皇恩，直到清末，第 76 代衍圣公进京为慈禧太后祝寿时，又赏戴双眼花翎，宣统二年（1910 年）孔令贻又赏穿戴滕貂褂。民国二年（1913 年），袁世凯下令所有衍圣公暨陪祀圣哲后裔所受清代的荣典一切照旧，颁给衍圣公孔令贻一等大绶宝光嘉禾章。孔令贻于 1919 年病逝北京。[①]

清顺治二年（1645 年），世祖福临加尊孔子为"大成至圣文宣先师"，祀孔规格又上升为上祀，奠帛、读祝文、三献、行三跪九拜大礼，俨然与天、地、社稷和太庙的规格平起平坐；十四年又改称"至圣先师"（祀孔规格又恢复为中祀），该年，顺治帝曾在弘德殿祭先师孔子。康熙帝时，大成殿的悬额为"万世师表"。清雍正元

---

① 孔祥峰、彭庆涛《衍圣公册封与孔庙祭祀》，中国孔庙保护协会编《中国孔庙保护协会论文集》，北京燕山出版社 2004 年 9 月版，第 10—11 页。

年，雍正帝更追封和祭祀孔子五代先祖，[1] 对孔子及其家族真可谓备极优渥、无以复加。乾隆时，施行二跪六拜之礼。光绪三十二年（1906年）十一月十五日，西太后赞颂孔子"德配天地、万世师表"，将孔庙祭祀规格由中祀升为大祀，拟将孔庙全部改为黄瓦，后因"物力维艰、良材难得，若从新工程改造，巩固恐不及前，不如择要修理，以示尊崇"（《孔府档案》5011卷）。中祭用六佾，大祭则用八佾；中祭为地方最高行政长官主祭，大祭则是皇帝及皇亲成员亲临；中祭用绿琉璃瓦，大祭则用黄琉璃瓦。据韩国赵骏河先生考察："文庙的房顶使用黄瓦，八佾舞中又加进了武舞，释奠当中帝王亲身前行，行三跪九拜之礼，上香及祭奠帛和爵时，都是跪坐着进行的，并且三献皆由帝王亲行，文庙也开始实施九楹·三阶·五陛制度。"[2]

清代释奠先师礼制沿革的历史，参见《清史稿·志第五十七·礼一（吉礼一）》，有详细记载，兹不赘述。又据《钦定大清会典事例》卷1077太常寺之"礼节"：

乾隆元年议准，先师庙脯醢宜丰。鹿脯鹿醢，加增鹿二，正位四配及崇圣祠正位仍用兔醢，十一哲两庑。崇圣祠配位两庑，易兔醢为醓醢，加增豕二。再祭先师庙于前一日陈设，与各处例不画一。交太常寺照例办理，二年奏准。先师庙祭祀时，向有爵无垫，嗣后于奠献时增用爵垫。……

道光二十年奉旨，嗣后致祭先师。着太常寺将满汉大学士协办大学士六部尚书通行开列，具题请旨。

光绪二十年奉旨，文庙礼节内添入饮福受胙，钦此。遵旨议奏。增添唱赐福受胙官一员，立于东旁本寺司爵官之次，奉福酒福胙应用光禄寺堂官二员，立于东旁本寺司香官之次，均西向。接福酒福胙用侍卫二员，立于西旁东向，其福胙卓，陈设在大成殿内东旁樽卓之北稍次，西向。接福胙卓，陈设在西旁樽卓之北稍次，东向。

可知乾隆元年（1736年），议准先师庙脯醢宜丰鹿脯鹿醢，加

---

① 雍正元年，追封孔子五世祖木金父为"肇圣王"，高祖祈父公为"裕圣王"，曾祖防叔公为"诒圣王"，祖伯夏公为"昌圣王"，父叔梁公为"启圣王"。事见文庆、李宗昉纂修、郭亚南等点校《钦定国子监志》卷首一《圣谕、天章》，第11—13页，北京古籍出版社2000年3月版。

② 赵骏河《朝中释奠与祭孔大典》，《孔学论文集（一）暨孔子圣诞2553周年，曲阜祭孔纪念特刊》，马来西亚孔学研究会，2002年9月25日—10月2日，第533页。

增鹿二。二年奏准，先师庙祭祀时，向有爵无垫，嗣后于奠献时增用爵垫。道光二十年（1840年）奉旨：嗣后致祭先师，着太常寺将满汉大学士协办大学士六部尚书通行开列。光绪二十年（1894年），文庙礼节内又增添了饮福受胙一项内容（此礼节应为皇帝亲祀礼节）。

关于道光十三年之前的孔庙从祀情况，可以参考《钦定国子监志》①。下面笔者主要对道光十三年（1833年）之后的孔庙从祀情况，做一下论述。

道光二十九年，予宋儒谢良佐从祀圣庙，位列东庑宋儒杨时之次。② 二十九年，诏以文天祥从祀。③

咸丰元年，谕礼部议覆福建巡抚徐继畬等奏请以李纲从祀文庙一折。宋丞相，谥忠定。李纲立朝，守正风，节凛然，迹其生平，谠论忠言具详奏牍，实能扶危定倾，明体达用，以天下安危为己任，而不为身图，亮节纯忠，炳著史册，允宜特予表章，敦崇风教。李纲着照部议从祀文庙西庑，列于先儒胡安国之次，以奖忠义而激懦顽。

二年，谕礼部议覆调任河南巡抚李僡等奏请以韩琦从祀文庙一折。宋臣韩琦，历仕三朝，勋业彪炳，其生平学问经济原本忠孝，我世宗宪皇帝、高宗纯皇帝谕旨论赞，迭赐褒嘉，洵为千古定论。宜应懋典，俾列宫墙。韩琦着照部议从祀文庙东庑，列于先儒陆贽之次，以励忠诚而崇实学。

三年，又予先贤公明仪从祀圣庙，位列东庑先贤县亶之次。

六年，河南学政俞樾奏定文庙祀典记（臣）樾言：昔孔子周流列国，同时贤大夫其克协圣心者，于卫则有伯玉，于郑则有子产。而观论语所载，则于子产尤称道弗衰。盖孔子在郑，尝以兄事之。及其卒也，为之流涕。今文庙从祀有蘧瑗，而无公孙侨，非所以遵循圣心修明祀事也。（臣）比因校士，再至郑州，登东里之墟，渡溱洧之水，缅怀遗爱，想见其人。夫附骥益显，未必及其门。卫郑两贤，事同一体。瑗既从祀，侨胡独遗？（臣）愚以为，先贤郑大夫公

① 【清】文庆、李宗昉纂修，郭亚南等点校《钦定国子监志》（上册），北京古籍出版社2000年3月版，第56—102页。

② 《清朝续文献通考·卷九十八·学校五》。

③ 【清】何绍基撰《光绪重修安徽通志》卷八十七"历代祀礼崇封考"，清光绪四年刻本。

孙侨宜从祀文庙大成殿两庑。又按孔子有兄曰孟皮，故论语称孔子以兄子妻南容，而史记弟子列传有孔子兄子孔忠，盖皆孟皮之子也。孟皮言行无所表见，然既为孔子之兄，则亦祀典所不可阙者。孔子曰：所求乎弟以事兄，未能也。今以孔子为帝王万世之师，京师郡县莫不崇祀。上及其祖，下逮其孙，而独缺其兄，揆之至圣之心，或者犹有憾乎？（臣）愚以为，孟皮宜配享文庙崇圣祠。奏上，诏下其议于礼部。佥曰：宜如（臣）樾言。爰定公孙侨从祀大成殿西庑，位林放上。孟皮配享崇圣祠，位西向第一。

七年，议定：圣兄孟皮增入崇圣祠从祀。

八年，以宋儒陆秀夫从祀文庙，位列西庑文天祥之次。

十年，以明儒曹端从祀文庙，位列东庑胡居仁之上。

又议定：从祀章程，例无明条，应以阐明圣学，传授道统为断。嗣后，除著书立说、羽翼经传，真能实践躬行者，准胪列事实，奏请从事外，其余忠义激烈者，入昭忠祠，言行端方者，入乡贤祠。以道事君泽及民庶者，入名宦祠，概不得滥请从祀圣庙。其名臣贤辅，已经配享历代帝王庙者，亦勿庸再请从祀，以示区别。①

同治二年，奏准祔飨，朝廷祀典至巨，应饬各省督抚学政恪遵咸丰十年定章。如为必应从祀之先贤先儒，方准督抚同学政详加考核，奏明请旨，并将其人生平著述事迹送部查核。其钦定书籍中引用若干条，论赞若干条，先儒书籍中引用若干条，论赞若干条，详细造册，饬大学士九卿国子监会同礼部议奏。

又予鲁人毛亨从祀圣庙，位列东庑伏胜之次，明臣吕柟从祀圣庙，位列西庑蔡清之次。

又予明儒方孝孺从祀圣庙，位列西庑陈澔之次。

又于刘毓楠奏请祔祀两庑新章再行复议：奉谕先儒升祔学宫，久经列圣论定，至为精当。咸丰十年酌定章程，以示限制。原以宫墙巍峻，祀典至崇，必其学术精纯，足为师表者，方可俎豆馨香，用昭勿替。该御史以新章过严，如宋儒黄震等均经礼部议驳，谓士人皆以圣贤为难，几必至人心风俗日流于奇邪异端，而不及觉。推该御史之意，必将古人之聚徒讲学，着有性理等书者，悉登两庑之列，方足以资兴起。而德行之儒，平日躬行实践，师法圣贤为身后从祀之计，议论殊属迂谬，所奏着毋庸议。

① 以上咸丰年间从祀引自《清朝续文献通考·卷九十八·学校五》。

又礼部议定先贤先儒祀典次序，绘图颁发各省。

又奏准今先贤中，增祀公孙侨、公明仪二人。公孙侨年先于蘧瑗，应在蘧上，拟公孙侨移东庑第一位，蘧瑗移西庑第一位。林放与蘧瑗并称，拟移东庑第二位，而移澹台灭明于西庑第二位，牧皮为孔子弟子，公明仪为曾子弟子，拟移牧皮于东庑三十五位，公明仪于西庑三十五位。其余悉仍其旧，以省东西移易。先儒增祀者十五人，其位次随时拟定。限于东西多寡之数，于时代不无参差，今合原定从祀与续经增祀之儒，各就时代，按其生平，一东一西，以次排列，庶无凌躐之虞。

又奏准先儒东庑位次，公羊高、伏胜、毛亨、孔安国、后苍、郑康成、范宁、陆贽、范仲淹、欧阳修、司马光、谢良佐、罗从彦、李纲、张栻、陆九渊、陈淳、真德秀、何基、文天祥、赵复、金履祥、陈澔、方孝孺、薛瑄、胡居仁、罗钦顺、吕柟、刘宗周、孙奇逢、陆陇其，西庑位次穀梁赤、高堂生、董仲舒、毛苌、杜子春、诸葛亮、王通、韩愈、胡瑗、韩琦、杨时、尹焞、胡安国、李侗、吕祖谦、黄干、蔡沈、魏了翁、王柏、陆秀夫、许衡、吴澄、许谦、曹端、陈献章、蔡清、王守仁、吕坤、黄道周、汤斌。

七年，又予宋臣袁燮送死圣庙，位列西庑宋儒吕祖谦之次。

十年，予先儒张履祥从祀圣庙，位列东庑明儒孙奇逢之次。①

光绪元年，又予先儒陆世仪从祀圣庙，位列西庑明儒黄道周之次。

二年，国子监司业汪鸣銮奏为汉儒有功圣经请祀文庙以光巨典而崇实学折：窃维圣人之道垂诸六经，而经之义理，非训诂不明。训诂非文字不著。周公作尔雅。雅者，正也，所以正文字也。古者曰文，今世曰字。孔子论政必先正名，且极之礼乐刑罚。然则文字所系，顾不重乎？汉太尉、南阁祭酒许慎，生东京中叶，去古稍远，俗儒或诡更正文以耀于世。慎于是著说文解字十四篇，五百四十部，九千三百五十三文，叙篆文，合以古籀。古圣人剙造书契之意得不尽泯者，赖有此书之存。后汉书儒林传称，慎性笃学博。又曰：五经无双。许叔重其为当时推敬，亦可概见。伏读高宗纯皇帝钦定四库全书总目，于说文一书，称其推究六书之义，分部类从，至为精密，然则士生今日欲因文见道，舍是奚由夫？说文之学，至我朝而

---

① 以上同治年间从祀引自《清朝续文献通考·卷九十八·学校五》

始大显，如惠栋、朱筠、钱大昕、王念孙、段玉裁、戴震、孙星衍、严可均、阮元、桂馥等，诸家撰述，各有发明，称极盛矣，而春秋有事文庙未有议及配享者。（臣）愚以为两汉经传之功，莫大于郑康成，而郑康成注礼尝征征引许书。郑之于许，年代未远，而其书已为刺取，其服膺可知。四库总目谓两汉经学极盛，若许若郑，尤皆一代通儒，非后来一知半解者所可望其津涯。圣谕煌煌，允为千秋定论。许郑并称，无所轩轾。雍正二年，已复郑康成从祀，士林金称盛举。而许慎大儒，事同一例，则慎之应从祀者一也。训诂之学，首推毛氏，善承毛学者惟许慎。古说之文义，往往与毛传相合，四库总目定诗传为毛亨所撰。同治二年，允御史刘庆之请，列祀毛亨于东庑，而慎独未与，则慎之应祀者二也。汉人说经，喜用谶纬，虽大儒犹或不免。惟说文一书，不杂谶纬家言。其称易孟氏、书孔氏以及论语孝经，皆古文也。凡古文旧说，散失无传者，犹存什一，于千百七十子之微言大义，赖以不坠。魏晋以来，注书者奉为科律，往往单辞片义，引用者多至十余家，他传注所未有。其有功于经训，诚非浅鲜，则慎之应从祀者三也。朱子崛出南宋，躬行实践，上承孔孟之传，而四书集注引用说文者不可枚举。朱子语类云：读书不理会字画音韵，却枉费无限词说。牵补而卒，不得其大义，甚害事也。是宋儒之讲求义理，非本训诂文字，而亦无由以明。说文解性情二字独主性善之说，与孟子董仲舒之言相表里，则慎之应从祀者四也。综其网罗古训，博采通人、天、地、山川、王制、礼仪，靡不毕贯，实足为圣经之羽翼，示后学之津梁。下礼部议。奏：议准汉儒许慎从祀文庙，位列东庑后苍之次。

又吴大澄奏明儒王建常请祀文庙，下礼部议奏。

三年，江苏巡抚吴元炳奏：据娄县绅士，前户部主事姚光发等呈称，伏读家语七十二弟子解：叔仲会，鲁人，少孔子五十岁，与孔璇年相比。每孺子之执笔记事于夫子，二人迭侍左右。孟武伯见孔子而问曰：此二孺子幼也，于学岂能识于壮哉？孔子曰：少成若天性也，习惯若自然也。然则两贤执笔记事，亲承声咳，有功于赞修删定，实无浅深轻重之差。而有祀，有不祀，推原其故，叔仲会之从祀，昉于唐开元二十七年。其时但凭史记为断，而史记未列孔璇之名。后司马贞所注史记索隐，仍引家语原文，以补其阙。国朝检讨朱彝尊孔子弟子考，于孔璇事实内亦据家语之言，谓惟因二子合传，故不复标璇名，则公论自不可掩。夫孔子微言大义，炳若日星，天下万世，得以循诵习传，系两贤之力居多。叔仲会久经从祀，惟孔璇未与斯列，此历朝之阙典，有待盛世之表章。呈请具奏（臣）案家语叔仲会、孔璇同侍圣门，执笔记事，信而有征。又查家语叙列杏坛弟子秦祖以下，祇存姓名。他如申绩，即申枨，薛邦，即郑国，均已备列两庑。如先贤孔璇者，日侍面丈，确有事实。且叔仲会早已从祀而孔璇祀典独遗，似应一体配祀宫墙，以光俎豆。下礼部议奏。

又予河间献王刘德从祀圣庙，位列西庑董仲舒之次。

四年，予先儒张伯行从祀圣庙，位列东庑陆陇其之次。

五年，予宋儒辅广从祀圣庙，位列西庑黄干之次。

十一年，谕前因陈宝琛奏请，将黄宗羲、顾炎武从祀文庙，当令礼部议奏。据该部会同大学士九卿具奏：请勿庸从祀。又据潘祖荫等另奏，请旨准行，着大学士六部九卿翰詹科道再行详议具奏。

十二年，谕前因礼部会奏议，驳陈宝琛奏请以黄宗羲顾、炎武从祀文庙，与尚书潘祖荫等另折请准从祀，意见两歧，当令大学士等议奏。兹据额勒和布等仰稽列圣垂谟，参考廷臣议论，请照礼臣原奏议驳等语，黄宗羲、顾炎武即着勿庸从祀文庙，仍准其入乡贤，以重明禋而昭矜式。

十八年，谕礼部议覆福建学政沈源深奏请以宋儒游酢从祀文庙一折：宋儒游酢，清德望重。在当时已与程朱诸贤为人心所共推重。所著《论语杂解》《中庸义》《孟子杂解》《易说》《诗二南义》等书，足以阐明圣学，羽翼经传。其生平出处，史传昭垂，允为躬行实践，宜膺茂典，俾列宫墙。游酢着从祀文庙，位在西庑杨时之次，以崇实学而阐幽光。

二十一年，谕礼部议覆陕西学政黎荣翰奏请将宋儒吕大临从祀文庙一折：宋儒吕大临，纯修正学，与游酢杨时诸贤同列程子之门。所著《易经章句》《大易图像》《易传指归》《礼记传注》《论语中庸解》《孟子章义》等书，皆足发明圣学，羽翼经传。其生平尤邃于孔，为朱子所引重，洵属制义诚笃，无愧纯儒。吕大临着从祀文庙，位在东庑谢良佐之次，以崇实学而光茂典。[①]

参光绪三十四年（1908年）《礼部令奏遵议先儒从祀请旨裁定折》：

---

① 以上光绪年间从祀引自《清朝续文献通考·卷九十八·学校五》。

上年正月二十八日，准军机处片交御史赵启霖奏请将国初大儒王夫之、黄宗羲、顾炎武从祀文庙一折，奉旨礼部议奏，钦此。钦遵到部（臣）等谨按：古无所谓从祀也，惟《礼记·文王世子》云"凡学，春秋释奠于其先师"，郑注："若汉《礼》高堂生，《乐》有制氏，《诗》有毛公，《书》有伏生，亿可以为之。"由汉时尚无从祀之事，故举立在学宫，置有博士者，亿度为之。至唐贞观间，始定配享，而伏胜、高堂生、毛苌，悉预其列。且有代用其书，垂于国胄之诏。盖取祭义祀先贤于西学。注：先贤有道德王所使教国子者之义，就周制祀于学者以当袷享庙庭，似亦相近。而当时经典即以德行道艺为言，后世凡议从祀所当恪守。是以我朝定制亦遵斯道。伏读道光九年圣训，先儒升袝学宫，祀典至巨，必其人学术精纯、经纶卓越，方可俎豆馨香，用昭崇报。咸丰十年，（臣）部议奏先儒从祀，亦以阐明圣学、传授道统为断。谕旨允准，着于功令。今考王夫之、黄宗羲、顾炎武等生当明季，鉴宋以后讲学家空谈性命、不根故训之弊，毅然以穷经为天下倡。而后德性问学，尊道并行。（臣）等尝谓我朝经学昌明，比踪两汉，实由东南之间炎武、宗羲最为大师，宗派流行，驯至于遍天下。夫之著书行世较晚，而咸丰、同治以来，中兴名臣，大半奋迹衡湘，则亦未始非其乡先生教择之所留贻。若援明臣宋濂《孔子庙堂议》，学者各祭其先师，非其师弗学，非其学弗祭之义，则两庑之间早当位置。乃道光时，朝士大夫议建炎武祠于京师，春秋致祭。而宗羲、炎武仅祀于其乡者，非弟子之忘先师也，抑夫之、宗羲之于炎武，其学不无轩轾于其间。（臣）等因是求之祖训而《钦定国史儒林传》以炎武为首，宗羲、夫之次之。当称宗羲之学，出于蕺山诚意慎独之说，缜密平实。又称夫之神契张载《正蒙》之说，演为《思问录》内外二篇，而于炎武称敛花就实，扶弊就衰。国朝学者有根柢者，以炎武为最。似该故儒等学派久在，列圣洞鉴之中，又求之士论。而道光间两广总督阮元所刊《皇清经解》，首列炎武《左传杜解补正》《〈易〉〈诗〉本音》《日知录》诸书。至今年江苏学政王先谦奏刻《经解续编》，以夫之《周易》《诗经》《春秋》《四书稗疏》次炎武《九经误字》之后。而管学大臣张百熙等《奏定京师大学堂章程》亦以宗羲所辑《宋元名儒学案》列入伦理科中，似该故儒等著述录于通人达士者亦已流传不废。盖该故儒等皆有阐明圣学、传授道统之功，而炎武尤醇乎其醇者。独其从祀文庙，二百年来尚与夫之、宗羲同无定论，以至于今，亦议礼诸臣责无可辞者也。往者署礼部左侍郎郭嵩焘、湖北学政孔祥霖先后奏请夫之从祀，江西学政陈宝琛又奏请宗羲、炎武从祀，均经（臣）部议驳在案。（臣）等向闻斯议，知前部（臣）之慎重明禋也。乃取该故儒等全书以考其言，而炎武所著《宅京记》《肇域志》《郡国利病书》所言，皆天下大计，卓然名论。惟夫之所著《黄书》，其《原极》诸篇，既托旨于《春秋》，宗羲所著《明夷待访录》，其《原君》《原臣》诸篇，复取义于《孟子》，狃于所见，似近偏激意。夫瞽宗俎豆矜式方来，恐学子昧于论世知人，将以夫之、宗羲为口实，至于流传刊本，间留墨匡疑涉指斥，或为该故儒病，则祖宗之世早垂明训。恭译雍正十一年四月上谕。①

三十四年，又礼部奏上年御史赵启霖奏请将国初大儒王夫之、黄宗羲、顾炎武从祀文庙一折，交（臣）等议奏。考王夫之、黄宗羲、顾炎武等，生当明季，鉴宋以后讲学家空谈性命，不根故训之弊，毅然以穷经为天下倡，而后德性问学尊道并行。此次奉旨交议，诚宜博访周咨，以求至当。于是奏请仿照会议政务章程，移会各衙门，将该故儒等应准应驳之处，开具说帖，送交（臣）部议奏。奉谕旨，允准，旋经各署堂司开送说帖都二十六条，其主王夫之、黄宗羲、顾炎武并准从祀者十居其九。（臣）等以为是非听诸天下，固见公论于人心。予夺出于朝廷，尤待折衷于宸断，拟将顾炎武从祀，请旨准行。其王夫之、黄宗羲应否与顾炎武一律从祀之处，恭候圣裁奉旨。礼部会奏。遵议。先儒从祀分别请旨一折，顾炎武、王夫之、黄宗羲均从祀文庙东庑，夫之位列孙奇逢之次，炎武位列王夫之之次，西庑宗羲位列黄道周之次。②

宣统元年，庚申。谕军机大臣等、给事中陈庆桂奏：明儒湛若水讲明正学。请从祀孔庙一折。着礼部议奏。寻奏：湛若水学问著述。未足当精纯之目。立朝大节亦尚不无遗议，各衙门说帖主驳者多。从祀之处，拟毋庸议。从之。③

又都察院代奏候选训导王元稑呈请以汉儒赵歧从祀文庙。④

二年，直隶总督陈夔龙奏：元儒刘因学术精纯，志行卓越。前明请从祀者其次，均格于时议。自胜国以迄，昭代儒臣，迭有论辨。

---

① 《大清光绪新法令》第十二类《礼部令奏遵议先儒从祀请旨裁定折》。
② 《清朝续文献通考·卷九十八·学校五》。
③ 《大清宣统政纪》卷之十三。
④ 《清朝续文献通考·卷九十八·学校五》。

前修未泯，公论益彰。应请俯准将其从祀文庙以阐幽潜而资坊表。①

三年，以汉儒赵歧、元儒刘因从祀文庙，歧位列杜子春之次，因位列赵复之次。

又御史萧丙炎奏请将宋儒周必大从祀孔庙，着礼部议奏。

由都察院奏，学部咨议官刘师培呈称：东汉大儒贾逵，学行卓绝，请从祀文庙，下礼部议奏。②

（宣统三年）谕军机大臣等、御史张瑞荫奏：请将明儒鹿善继从祀孔庙，着礼部议奏。③

我们可以知晓，道光十三年以后，截止到宣统年间，新增从祀人数为 23 人（另民国年间又新增 2 人，即颜元和李塨于 1919 年作为先儒从祀孔庙），崇圣祠咸丰六年新曾配飨 1 人（孔子之兄孟皮）。具体从祀先贤先儒情况，详见附表一、附表二。

附表一：道光十三年后新增从祀先贤先儒一览表

姓　名	从祀时间
文天祥	道光二十三年（1843 年）
谢良佐	道光二十九年（1849 年）
李　纲	咸丰元年（1851 年）
韩　琦	咸丰二年（1852 年）
公明仪	咸丰三年（1853 年）
公孙侨	咸丰七年（1857 年）
陆秀夫	咸丰九年（1859 年）
曹　端	咸丰十年（1860 年）
毛　亨	同治二年（1863 年）
方孝孺	同治二年（1863 年）
吕　柟	同治二年（1863 年）
袁　燮	同治七年（1868 年）
张履祥	同治十年（1871 年）
陆世仪	光绪元年（1875 年）
辅　广	光绪三年（1877 年）

---

① 《清朝续文献通考·卷九十八·学校五》。

② 《大清宣统政纪》卷之五十一：（宣统三年）甲子，谕军机大臣等、御史萧丙炎奏、请将宋儒固必大从祀孔庙一折，着礼部议奏。

③ 《大清宣统政纪》卷之五十。

姓　名	从祀时间
刘　德	光绪三年（1877 年）
张伯行	光绪四年（1878 年）
游　酢	光绪十八年（1892 年）
吕大临	光绪二十一年（1895 年）
王夫之	光绪三十四年（1908 年）
顾炎武	光绪三十四年（1908 年）
赵　歧	宣统三年（1911 年）
刘　因	宣统三年（1911 年）

附表二：清代文庙从祀先贤先儒情况一览表①

（一）从祀先贤表

姓名	时代	说明（东庑）	姓名	时代	说明（西庑）
公孙侨	东周	清 1857 年祀，孔子同时郑国人。	蘧　瑗	东周	739 年祀，1530 年罢，1724 年复。
林放	东周	739 年祀，1530 年罢，1724 年复。	澹台灭明	东周	唐 739 年从祀，孔子弟子。
原宪	东周	唐 739 年从祀，孔子弟子	宓不齐	东周	同上。
南宫适	东周	同上，孔子侄女婿。	公冶长	东周	同上，孔子的女婿。
商　瞿	东周	唐 739 年从祀，孔子弟子。	公皙哀	东周	唐 739 年从祀，孔子弟子。
漆雕开	东周	唐 739 年从祀，孔子弟子。	高　柴	东周	唐 739 年从祀，孔子弟子。
司马耕	东周	同上。	樊　须	东周	同上
梁　鳣	东周	同上。	商　泽	东周	同上

---

① 转引自孔庙和国子监博物馆《孔庙历史沿革展》。

姓名	时代	说明（东庑）	姓名	时代	说明（西庑）
冉 孺	东周	同上。	巫马施	东周	同上。
伯 虔	东周	同上。	颜 辛	东周	同上。
冉 季	东周	同上。	曹 卹	东周	同上。
漆雕徒父	东周	同上。	公孙龙	东周	同上。
漆雕哆	东周	同上。	秦 商	东周	同上。
公西赤	东周	同上。	颜 高	东周	同上。
任不齐	东周	同上。	壤驷赤	东周	同上。
公良孺	东周	同上。	石作蜀	东周	同上。
公肩定	东周	同上。	公夏首	东周	同上。
鄡 单	东周	同上。	后 处	东周	同上。
罕父黑	东周	同上。	奚容蒧	东周	同上。
荣 旂	东周	同上。	颜 祖	东周	同上。
左人郢	东周	同上。	句井疆	东周	同上。
郑 国	东周	同上。	秦 祖	东周	同上。
原 亢	东周	同上。	县 成	东周	同上。
廉 絜	东周	同上。	公祖句兹	东周	同上。
叔仲会	东周	同上。	燕 伋	东周	同上。
公西舆如	东周	同上。	乐 欬	东周	同上。
邽 巽	东周	同上。	狄 黑	东周	同上。
陈 亢	东周	同上。	孔 忠	东周	同上。孔子之侄。
步叔乘	东周	同上。	公西蒧	东周	唐 739 年从祀，孔子弟子。
琴 张	东周	同上。	颜之仆	东周	同上。
秦 非	东周	同上。	施之常	东周	同上。
颜 哙	东周	同上。	申 枨	东周	同上。
颜 何	东周	739 年祀，1530 年罢，1724 年复。	左丘明	东周	唐 647 年先儒，明 1624 年升先贤。
县 亶	东周	1724 年从祀，孔子弟子。	秦 冉	东周	739 年祀，1530 年罢，1724 年复。
牧 皮	东周	1724 年从祀，孔子弟子。	公明仪	东周	清 1853 年从祀，颛孙师门人。

姓名	时代	说明（东庑）	姓名	时代	说明（西庑）
乐正克	东周	1724 年从祀，孟子弟子。	公都子	东周	清 1724 年从祀，孟子弟子。
万 章	东周	同上。	公孙丑	东周	清 1724 年从祀，孟子弟子。
周敦颐	宋	宋 1241 年、元 1313 年先儒，明 1642 年升先贤。	张 载	宋	宋 1241 年、元 1313 年先儒，明 1642 年升先贤。
程 颢	宋		程 颐	宋	
邵 雍	宋	宋 1267 年先儒，明 1642 年先贤。			

（二）从祀先儒表

姓名	朝代	说明（东庑）	姓名	朝代	说明（西庑）
公羊高	东周	唐 647 年从祀。	谷梁赤	东周	唐 647 年从祀。
伏 胜	汉	同上。	高堂生	汉	同上。
毛 亨	汉	清 1863 年从祀。	董仲舒	汉	元 1330 年从祀。
孔安国	汉	唐 647 年从祀。孔子十一代孙。	刘 德	汉	清 1877 年从祀。
毛 苌	汉	唐 647 年从祀。	后 苍	汉	明 1530 年从祀。
杜子春	汉	同上。	许 慎	汉	清 1875 年从祀。
郑 玄	汉	647 年祀，1530 年罢，1724 年复。	赵 歧	汉	清 1910 年从祀。
诸葛亮	蜀汉	清 1724 年从祀。	范 宁	晋	唐 647 祀，1530 罢，1724 复。
王 通	隋	明 1530 年从祀。	陆 贽	唐	清 1826 年从祀。
韩 愈	唐	宋 1084 年从祀。	范仲淹	宋	清 1715 年从祀。
胡 瑗	宋	明 1530 年从祀。	欧阳修	宋	明 1530 年从祀。
韩 琦	宋	清 1852 年从祀。	司马光	宋	宋 1267 年、元 1313 年从祀。
杨 时	宋	明 1495 年从祀。	游 酢	宋	清 1892 年从祀。
谢良佐	宋	清 1849 年从祀。	吕大临	宋	清 1895 年从祀。
尹 焞	宋	清 1724 年从祀。	罗从彦	宋	明 1619 年从祀。

姓名	朝代	说明（东庑）	姓名	朝代	说明（西庑）
胡安国	宋	明 1437 年从祀。	李 纲	宋	清 1851 年从祀。
李 侗	宋	明 1619 年从祀。	张 栻	宋	宋 1261 年、元 1313 年从祀。
吕祖谦	宋	南宋 1261 年、元 1313 年从祀。	陆九渊	宋	明 1530 年从祀。
袁 燮	宋	清 1868 年从祀。	陈 淳	宋	清 1724 年从祀。
黄 榦	宋	清 1724 年从祀。	真德秀	宋	明 1437 年从祀。
辅 广	宋	清 1877 年从祀。	蔡 沈	宋	同上。
何 基	宋	清 1724 年从祀。	魏了翁	宋	清 1724 年从祀。
文天祥	宋	清 1843 年从祀。	赵 复	元	同上。
王 柏	宋	清 1724 年从祀。	金履祥	元	同上。
刘 因	元	清 1910 年从祀。	陆秀夫	宋	清 1859 年从祀。
陈 澔	元	清 1724 年从祀。	许 衡	元	元 1313 年从祀。
方孝孺	明	清 1863 年从祀。	吴 澄	元	1435 祀，1530 罢，1737 复。
薛 瑄	明	明 1571 年从祀。	许 谦	元	清 1724 年从祀。
胡居仁	明	明 1584 年从祀。	曹 端	明	清 1860 年从祀。
罗钦顺	明	清 1724 年从祀。	陈献章	明	明 1584 年从祀。
吕 柟	明	清 1863 年从祀。	蔡 清	明	清 1724 年从祀。
刘宗周	明	清 1822 年从祀。	王守仁	明	明 1584 年从祀。
孙奇逢	明	清 1827 年从祀。	吕 坤	明	清 1826 年从祀。
黄宗羲	清	清 1908 年从祀。	黄道周	明	清 1825 年从祀。
张履祥	清	清 1871 年从祀。	王夫之	清	清 1908 年从祀。
陆陇其	清	清 1724 年从祀。	陆世仪	清	清 1875 年从祀。
张伯行	清	清 1878 年从祀。	顾炎武	清	清 1908 年从祀。
汤 斌	清	清 1823 年从祀。	李 塨	清	民国 1919 年从祀。
颜 元	清	民国 1919 年从祀。			

明嘉靖九年（1530 年），张璁建议于学校内另建启圣祠奉祀孔子父亲，而以四配等人之父配祀，这个建议被朝廷采纳，于是全国各级学校一律单建启圣祠，主祀孔子父亲叔梁纥，以颜回之父颜无繇、曾参之父曾蒇、子思之父孔鲤和孟子之父孟孙激配享，以程颢和程颐之父程珦、朱熹之父朱松、蔡沈之父蔡元定从祀。明万历二

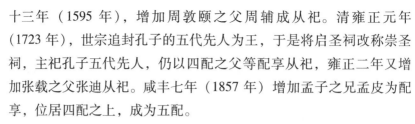

十三年（1595年），增加周敦颐之父周辅成从祀。清雍正元年（1723年），世宗追封孔子的五代先人为王，于是将启圣祠改称崇圣祠，主祀孔子五代先人，仍以四配之父等配享从祀，雍正二年又增加张载之父张迪从祀。咸丰七年（1857年）增加孟子之兄孟皮为配享，位居四配之上，成为五配。

崇圣祠正面奉祀孔子的五代先人，五代祖肇圣王木金父居中，高祖裕圣王祈父和祖父昌圣王伯夏位于东侧，曾祖诒圣王防叔和父亲启圣王叔梁纥在西侧，五圣王前面东侧奉祀孔孟皮、颜回之父颜无繇和子思之父孔鲤，西侧奉祀曾子之父曾蒧和孟子之父孟孙激。从祀的先儒周辅成、程珦和蔡元定在东庑，先儒张迪和朱松在西庑。①

如李俊领在其硕士论文《中国近代国家祭祀的历史考察》中所评论的："晚清时期文庙从祀变化进程复杂多样，既显示出专制权力对儒家命运力不从心的掌控，又透露出理学经世派与主敬派、满族与汉族、政治与文化之间纵横交错的矛盾。"②

三、小结

明初，太祖朱元璋比较重视尊师重道，明太祖朱元璋在明朝还未建立之时，便已经开始礼遇孔子，如"（元至正十六年）九月戊寅，如镇江，谒孔子庙"。明洪武元年（1368年）二月丁未，朱元璋尊孔循礼，下诏以"太牢"之礼祀先师孔子于国学，释奠用"六佾之舞"，曲阜孔庙祭祀也和国学释奠同等规格。朝廷遣使者前往曲阜孔庙致祭，规定每年仲春和仲秋的第一个丁日，皇帝降香，遣官祀于国学，以丞相初献、翰林学士亚献，国子祭酒终献。

洪武二年（1369年）十月辛卯，诏天下郡县立学。学皆立孔庙，礼延师儒，教授生徒。洪武三年，正诸神封号，惟大成至圣文宣王及配享从祀诸贤、儒如故。洪武四年秋，更定孔庙释奠祭器礼物。初，孔子之祀，像设高座，而器物悉陈于座下。至是各置高案，笾豆、簠、簋、登铏悉用瓷，牲用熟，酒三献，并祭酒行礼，乐六

---

① 参见孔祥林、孔喆《世界孔子庙研究》（上），中央编译出版社2011年3月版，第203—305页。

② 李俊领《中国近代国家祭祀的历史考察》，山东师范大学硕士学位论文，2005年，第55页。

奏，则监生及文臣子弟在学校者充乐舞生，预教习之。据《明志》，洪武四年，改初制笾豆之八为十，笾用竹，簠簋登铏豆"悉易以瓷"，"牲易以熟"。洪武六年，开始由太常协律郎冷谦与詹同二人制定天下（各省府、州、县学）孔庙乐章和乐谱。洪武七年正月，定上丁遇朔日日食者，改仲丁致祭。二月戊午，修曲阜孔子庙，设孔颜孟三氏学。

洪武十五年（1382年）四月丙戌，诏天下通祀孔子，"并颁释奠仪注"，国子监大成殿成，用木圭，不设像。洪武十六年，正月，令祭酒朔、望行释菜礼，郡邑如府式，始定舞用六佾，乐用登歌。洪武十七年，"敕每月朔望，祭酒以下行释菜礼，郡县长以下诣学行香"，可知释奠与释菜之区别。洪武二十年，罢武成庙，独尊孔子。

永乐四年（1406年）三月辛卯朔，视太学，服皮弁，四拜。

明英宗正统三年（1438年），禁天下祀孔子于释老宫。正统九年春，新建北京太学成。三月，临视，行释奠礼。

明成化以前，祭孔属诸侯的规格。笾豆各十件，舞用六佾。孔庙当时属中祀。成化元年（1465年），视学，行释奠礼。成化十二年，祭孔达帝王规格，规定笾豆各十二，舞用八佾。明孝宗弘治元年（1488年）三月，视学，释奠先师，用太牢，加币。改分献为分奠。弘治九年，"增乐舞为七十二人，如天子之制"。

明嘉靖九年（1530年），世宗朱厚熜厘定祀典，尊孔子为"至圣先师"，取消谥号、封号，同时，祭孔规格再次降为中祀，即笾豆各十，舞用六佾。嘉靖十年，以厘正祀典，服皮弁谒庙，用特牲，奠帛，行释奠礼。迎神、送神各再拜，乐三奏，文舞六佾。配享从祀及启圣祠分奠用酒脯，亦遣官致祭于南监及阙里。

崇祯戊辰春，躬行释奠礼。辛巳八月，复行释奠礼。十七年甲申二月春祭，遣大学士魏藻德行礼，竟不能成礼而罢。

清代祭孔更是登峰造极，祭孔仪式也随之愈来愈完备而隆重。崇德元年，建庙盛京，遣大学士范文程致祭。奉颜子、曾子、子思、孟子配。定春秋二仲上丁行释奠礼。顺治二年（1645年），定称大成至圣文宣先师孔子，春秋上丁，遣大学士一人行祭，翰林官二人分献，祭酒祭启圣祠，以先贤、先儒配飨从祀。有故，改用次丁或下丁。月朔，祭酒释菜，设酒、芹、枣、栗。先师四配三献，十哲两庑，监丞等分献。望日，司业上香。九年，世祖视学，释奠先师，王、公、百官，斋戒陪祀。前期，衍圣公率孔、颜、曾、孟、仲五

氏世袭五经博士，孔氏族五人，颜、曾、孟、仲族各二人，赴都。暨五氏子孙居京秩者咸与祭。是岁授孔氏南宗博士一人，奉西安祀。十四年，给事中张文光言："追王固诬圣，而'大成文宣'四字，亦不足以尽圣，宜改题'至圣先师'。"从之。

康熙六年（1667年），颁太学中和韶乐。二十三年，御书"万世师表"额悬大成殿，并颁直省学宫。二十六年御制孔子赞序、颜曾思孟四赞镌之石，揭其文颁直省。五十一年，以朱子昌明圣学，升跻十哲，位次卜子，寻命宋儒范仲淹从祀。

雍正元年（1723年），诏追封孔子五代王爵，于是锡木金父公曰肇圣，祈父公曰裕圣，防叔公曰诒圣，伯夏公曰昌圣，叔梁公曰启圣，更启圣祠曰崇圣。二年，视学释奠，世宗以祔飨庙庭诸贤，有先罢宜复，或旧阙宜增，与孰应祔祀崇圣祠者，命廷臣考议。于是复祀者六人，增祀者二十人，入崇圣祠者一人。寻命避先师讳，加"邑"为"邱"，地名读如期音，惟"圜丘"字不改。

四年（1726年）八月仲丁，世宗亲诣释奠。初，春秋二祀无亲祭制，至是始定。牺牲、笾豆视丁祭，行礼二跪六拜，奠帛献爵，改立为跪，仍读祝，不饮福、受胙。尚书分献四配，侍郎分献十一哲两庑。明年，定八月二十七日先师诞辰，官民军士，致斋一日，以为常。又明年，御书"生民未有"额，颁悬如故事。十一年，定亲祭仪，香案前三上香。

乾隆二年（1737年），谕易大成殿及门黄瓦，崇圣祠绿瓦，复元儒吴澄祀。三年，升有子若为十二哲，位次卜子商，移朱子次颛孙子师。是岁上丁，帝亲视学释奠，释奠用三献始此，自是为恒式。十八年，改正太学丁祭牲品，定两庑位序，按史传年代先后之。三十三年，葺文庙成，增大门"先师庙"额，正殿及门曰"大成"，帝亲书榜，制碑记。选内府尊彝中十器，颁之成均。五十年，新建辟雍成，亲临讲学，释奠如故。嘉庆中，两举临雍仪。

道光二年（1822年）诏刘宗周，三年汤斌，五年黄道周，六年陆贽、吕坤，八年孙奇逢，从祀先儒。十六年，诏祀孔子不得与佛、老同庙，是后复以宋臣文天祥、宋儒谢良佐侑飨云。咸丰元年（1851年），增先贤公明仪，宋臣李纲、韩琦侑飨。三年二月上丁，行释菜礼（应为释奠），越六日，临雍讲学，自圣贤后裔，以至太学诸生，圜桥而听者云集。七年，增圣兄孟皮从祀崇圣祠，先贤公孙侨从祀圣庙，宋臣陆秀夫、明儒曹端并入之。十年，用礼臣言，从祀盛典，以阐圣学、传道统为断。余各视其所行，分入忠义、名宦、乡贤。至名臣硕辅，已配飨帝王庙者，毋再滋议。

同治二年（1863年），御史刘毓楠以祔祀新章过严，如宋儒黄震辈均不得预，恐酿人心风俗之忧，帝责其迂谬。是岁鲁人毛亨，明吕柟、方孝孺并侑飨，于是更订增祀位次，各按时代为序。七年，以宋臣袁燮、先儒张履祥从祀。

光绪初元（1875年），增入先儒陆世仪，自是汉儒许慎、河间献王刘德，先儒张伯行，宋儒辅广、游酢、吕大临并祀焉。二十年仲秋上丁，亲诣释奠，仍用饮福、受胙仪。三十二年冬十二月，升为大祀。于是文庙改覆黄瓦，乐用八佾，增武舞，释奠跪诣，有事遣亲王代，分献四配用大学士，十二哲两庑用尚书。崇圣祠本改亲王承祭，若代释奠，则以大学士为之。分献配位用侍郎，西庑用内阁学士，余如故。三十四年，定文庙九楹三阶五陛制。

道光十三年之前的孔庙从祀情况，可以参考《钦定国子监志》。道光十三年以后，截止到宣统年间，新增从祀人数为23人，崇圣祠咸丰六年新曾配飨1人（孔子之兄孟皮）。至此，孔庙除了大成殿至圣先师神位及四配、十二哲神位外，西庑先贤39位，先儒37位，计76位；东庑先贤40位，先儒38位，计78位；东西庑先贤先儒共计154位。[①]

截止清末，崇圣祠正面奉祀孔子的五代先人，五代祖肇圣王木金父居中，高祖裕圣王祈父和祖父昌圣王伯夏位于东侧，曾祖诒圣王防叔和父亲启圣王叔梁纥在西侧，五圣王前面东侧奉祀孔孟皮、颜回之父颜无繇和子思之父孔鲤，西侧奉祀曾子之父曾蒇和孟子之父孟孙激。从祀的先儒周辅成、程珦和蔡元定在东庑，先儒张迪和朱松在西庑，即除崇圣祠正殿主祀5人外，配祀及东西庑从祀先贤先儒共计10人。

常会营（孔庙和国子监博物馆　副研究员）

---

① 民国年间又新增2人，即颜元和李塨于1919年作为先儒从祀孔庙东、西庑，最终，孔庙东西庑先贤先儒人数上升为156位。

浅谈北京四合院

◎ 温思琦

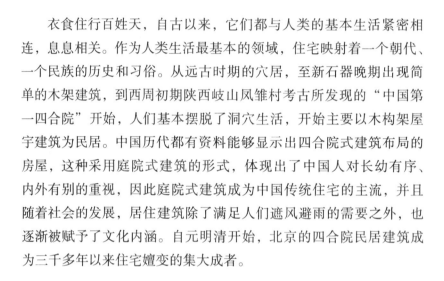

衣食住行百姓天，自古以来，它们都与人类的基本生活紧密相连，息息相关。作为人类生活最基本的领域，住宅映射着一个朝代、一个民族的历史和习俗。从远古时期的穴居，至新石器晚期出现简单的木架建筑，到西周初期陕西岐山凤雏村考古所发现的"中国第一四合院"开始，人们基本摆脱了洞穴生活，开始主要以木构架屋宇建筑为民居。中国历代都有资料能够显示出四合院式建筑布局的房屋，这种采用庭院式建筑的形式，体现出了中国人对长幼有序、内外有别的重视，因此庭院式建筑成为中国传统住宅的主流，并且随着社会的发展，居住建筑除了满足人们遮风避雨的需要之外，也逐渐被赋予了文化内涵。自元明清开始，北京的四合院民居建筑成为三千多年以来住宅嬗变的集大成者。

一、兼容并蓄——北京四合院的历史

在探讨北京四合院的历史之前，不得不先探讨一下中国四合式居住的产生。中国考古学家在距今六千余年前的新石器时代的陕西西安仰韶文化半坡遗址发现了"前堂后室"的一座一百余平米的方形住宅，这一住宅可以说是四合式居住形式的雏形。1974年在河南偃师二里头商代遗址中发现的宫室建筑有开间、有回廊、大门，大门两侧有两个房间，门前还有影壁的遗址，表明合院式空间体系最晚已经于商代出现。到西周时期，考古发现的陕西岐山凤雏遗址由两进院落组成，中轴线上依次排列着影壁、大门、前堂、穿廊、后室，院落两侧是厢房和檐廊，大门两侧是塾，因此到西周时期中国四合式居住已经趋于成熟。汉代此类特点的民居更多，有的以坞壁形式出现，有的则以多重院落形式出现。隋唐、宋代均有表现庭院式住宅的画像石、明器以及绘画。到了元代，效法宋代住宅，而北京四合院就是诞生在元代。

北京四合院，是人文内涵丰富、久负盛名的民居建筑形式，是中国传统居住建筑中的典型代表，它以居住舒适、体现温馨和谐的环境氛围、浓浓的传统人情，为世人所关注、所颂扬，向今人传递者富于丰富感性美好的人文居住理念。北京四合院的形成，从简单中带出复杂的身世，既融合了自古而成的居住习惯，更结合自南宋以来中华传统趋于内敛的作风，强调四面合围的平面布局，在自成天地的一方小圈子内营造自得其乐的居住环境，并将这一影响延续至后世清代，成为四合院的重要特征。

（一）四合之始——北京四合院的形成

北京建城始于西周时期，公元前 11 世纪，武王伐纣取得胜利后封帝尧之后于蓟，封召公奭于燕，蓟与燕均位于今天的北京城内。唐代北京称为幽州，是北方重要的军事重镇，辽代幽州改称南京作为辽陪都之一。公元 1153 年金海陵王吞并辽南京改称中都，作为金代都城。

元灭金后，在金中都的东北部修建了元大都，元大都的总体规划比附《周礼·考工记》，街道有如棋盘，分大街、小街、胡同，三者宽度都有所规定，大街宽 24 步，小街宽 12 步，胡同宽 6 步。应该说北京城是中国古代城市规划最后的经典之作，是儒家思想的完美体现。元代建国之初，元世祖忽必烈让刘秉忠营建大都，刘秉忠比附儒家经典《周礼·考工记》修建了元大都。《周礼·考工记》成书于距今两千五百多年前，书中所述"匠人营国，方九里，旁三门，国中九经九纬，经涂九轨，左祖右社，面朝后市，市朝一夫"描绘了理想城市建设的布局模式和营造制度，刘秉忠依照此书并在此基础上将元大都衍生出商业区、生活区及其他城市功能区域。

提到胡同，这一词通常认为是从蒙古语中得来。对于"胡同"一词的解释通常有四种说法，其一为蒙古人称镇为"浩特"，比如现在的"呼和浩特"，蒙古族入主中原后将城市街道就称之为胡同了。其二为"胡同"本意为水井，元代每条胡同都有水井，因此人们将"水井"用作了街道的代称。其三为取自胡人大同的说法。其四为东南地区称巷为"火衖"，北京的胡同是"火衖"的谐音。

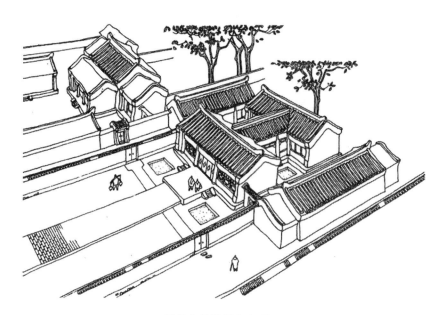

后英房遗址想象复原图

总之，胡同指的是在两条南北走向的大街之间的东西走向的较窄通道，北京四合院就是平行分布于胡同两侧的四周合围式住宅。根据考古发现表明，北京四合院最早可以追溯到元代后英房遗址。蒙古族作为一个游牧民族都城没有固定地点，忽必烈继任可汗后将蒙古的政治军事中心分别定在开平、燕京，并采用汉民族的居住方式——定居，因此元代居住方式的汉化是北京四合院形成的历史契机。

（二）四方有序——北京四合院的繁荣

1368 年，明灭元后将大都改称北平府，将大都城北部缩去 5 里修筑了北面城墙，1419 年将大都南面城墙向南开拓 1 里。明代迁都北平后改称北京，嘉靖年间修建了北京外城城墙，从南部开始，由于资金等问题工程仅修了南面城墙，形成了北京独有的凸字形轮廓，清人关后沿用明代城池。而北京四合院就是受元大都规划制约，经明清两代修建以及民国以后修建改建逐渐发展繁荣起来的，并且享誉海内外。

明清北京四合院在元代基础上得到进一步发展，并吸收山西民居和南方民居的特点，逐渐发展演变成为最终北京四合院的定型形式，其在历史上延续时间最长，型制也最为规范。元代后英房遗址前院面积远远大于后院，而明清北京四合院恰好相反，前院呈扁长型，并且取消了前堂、穿廊、后寝连成的工字型布局，代之以东西厢房、正房、抄手廊和垂花门，构成了我们今天所说的名副其实的北京四合院格局。这一时期的四合院在长幼有序、尊卑有别、恪守制度方面体现的最为突出。根据四合院的布局组合方式可以将四合院分为基本型、纵向复合型、双向复合型、花园住宅等。

最简单的四合院只有单座院落，院落至少三面以上用房围合，具备明显的中轴对称关系。纵向复合型四合院，住宅各主要院落沿纵深方向排列，住宅平面呈狭长状，通常分两进院、三进院、四进院。双向复合型四合院主要分为三种形式，即一主一次（跨）式、两组联立式和多院组合式。大型四合院往往附带花园，居住部分布局严谨，花园部分则较为自由，风格多效仿江南园林，采用"换景"与"借景"的手法，在有限的空间内给人营造出切合主人心意的感觉。少用水景，以山石建筑为主，以符合北方地区特点。

（三）西风东渐——西方对北京四合院的影响

1840 年第一次鸦片战争，西方列强的舰炮轰开清王朝闭关锁国的大门，此后部分贵族的宅邸以西风为时尚，在保持四合院的基本型制前提下，西洋特色的建筑构件、建筑装饰手法渐为采用，具有十分显著的时代特征。

（四）阶层分明——北京四合院的分布特征

清代顺治年间实行满汉分治，直接导致北京四合院分布中明显的区域性。王府多集中在内城西北、东北，较好的四合院多分布于内城以及崇文门、宣武门一带。内外城根和外城大部分区域多分布一些一进、两进的四合院，多户居民合用一院。

二、宁静致远——北京四合院的建筑文物

北京四合院的围墙，围出的不仅仅是一个居住范围，还是一方不容他人染指的、属于一个家庭的私密小天地。其中的一砖、一瓦、一石、一木，饱含着北京人对于生活的美好追求，寄托着朴素的祈愿。同样，宅门、门礅儿、楹联大门、门簪、木饰……它们的装饰内容，都饱含着祈福、吉祥、富贵、和合的愿望，用几近白描的方式向世人倾诉着内心的渴望。

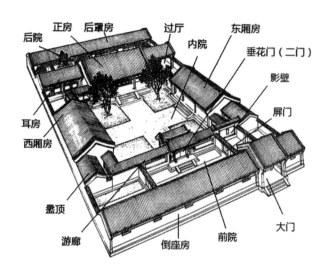

后院　正房　后罩房　过厅　内院　东厢房　垂花门（二门）　影壁　屏门　耳房　西厢房　盝顶　游廊　倒座房　前院　大门

（一）故宅撷珍——大门

在北京四合院中住宅大门不光起到了过渡内外空间的作用，更重要的是体现了户主人的社会地位，我们现在常说"门当户对"，明清时期江南地区建筑中的门框因左右互相对当，所以称为"门当户对"，姚承祖《营造法原》中讲到将军门时提到门之顶施额枋，枋连于柱以代上槛；额枋以上，脊枋连机以下，其间装高垫板。因开间较宽，故除抱柱之外，复于门旁立门框，左右相对，称门当户对。可见宅门在四合院当中占据有重要地位，并且通过大门可以窥见主人的身份地位。

按构造方式，北京四合院大门可分为屋宇式和墙垣式。屋宇式大门构造上与房屋大体相同，利用的是倒座房其中的一间或几间房屋，包括广亮大门、金柱大门、蛮子门、如意门、窄大门。广亮大门门扉设在中柱之间，一般有自己的山墙，是具有相当品级的官宦人家采用的宅门形式。金柱大门门扉设在前檐金柱之间，而不是中柱之间，并由此而得名，型制上略低于广亮大门。蛮子门的门设置在前檐柱的位置，级别更低，是商人富户常用的一种屋宇式宅门。如意门是北京四合院普遍采用的一种宅门，在前檐柱间砌墙，在墙上留门洞，安装门框、门槛等。如意门不受等级制度限制，可依主人的兴趣、财力而随意装饰。

墙垣式大门就是直接在院墙上开门，通常应用在较小的简陋的四合院中，包括小门楼、栅栏门、西洋式门楼。小门楼，取消进深，大门与院墙基本齐平。栅栏门，将两根木柱用梁枋连接，再装上像栅栏一样的门。西洋式门楼在清代中期以后出现，吸收了西方建筑文化的某些元素，也被人称为"圆明园式门"。

1. 大门楹联

相传，北京最早的门联出现在元代。门联的内容，通常包括警示、希冀、忠告，以劝诫子孙多读书、做人要忠厚、忠君爱国的内容居多，通常内容有"忠厚传家久，诗书继世长""为善最乐，读书便佳""传家有道惟存厚，处世无奇但率真""修身如执玉，积德盛遗金""廉俭世泽，忠厚家风""忠厚留有余地步，和平养无限天机""门庭清且吉，家道泰而昌"等。通过门联，我们可以窥探主人的处世哲学和对子孙后代的期许，有的门联内容甚至成为这户人家祖祖辈辈的家训。

2. 门礅儿

"小小子儿，坐门礅儿，哭着喊着要媳妇儿……"门墩儿，是对承载门框和院门的门枕石俗称，是老北京独有的称呼，体现着北京地方特色文化。门礅儿表面，通常雕刻中国传统吉祥图案、民间

故事、宗教典故，体现着人们对于美好生活的追求和祝福。图案包括"九世同居""五福捧寿""连年有余""麒麟纹""天马海马纹""暗八仙""荷莲纹""草木花卉"等。

门礅儿按照器型可以分为四大类，分别为圆门礅儿、方型门礅儿、滚礅石以及基本式门枕石。

圆门礅儿由竖立的圆形鼓身，前后凸出各一个小鼓的卧座、须弥座（含门槛槽、海窝）组成，主要用在广亮门、金柱门、蛮子

门，户主多为当时的官绅，因此门礅儿材质大多采用汉白玉和大小青石。鼓型门礅儿中，有将传说中龙生九子之一——椒图镌刻在门礅儿圆鼓正面的做法，以铺首衔环为其形象，或者是鼓身顶部蹲、卧一只威猛的小狮子，两者都具有辟邪和震慑作用。方型门礅儿器身为竖直长方箱状，座身较低矮，须弥座三面有包袱角，质地多为大小青石，多用于小如意门、窄大门、小门楼等。滚礅石形状颇像两个相反对接的圆门礅儿，器座为方形，多用在王府、官宅、衙门或寺庙道观等处单梁式垂花门和木影壁下，起稳固的作用。普通门枕石是支撑门的下轴的构件，质地有木质、石质等，以石质为主，应用于小门楼或随墙门体量窄小、门扉自重相对较小的四合院门楼，多分布于南城。

3. 大门砖雕

砖雕是北京四合院建筑装饰的重要组成和表现形式，多用于门楼、影壁等处，主要雕刻手法包括平雕、浮雕、透雕三种，图案以动物、花卉树木、几何图形为主。用于门楼的砖雕，往往显示户主殷实富有的家境。根据雕刻部位的不同，可分为门楣砖雕、戗檐砖雕、垫花砖雕、博缝头砖雕。门楣砖雕应用在如意门上，是北京四合院宅门装饰的代表。

北京四合院砖雕图案丰富，多利用谐音、寓意方式表达自己的价值观，也表达了对于美好生活的向往和对未来的希冀。纹饰多为"博古纹""草木花卉"、以及寓意吉祥的图案，如"鹤鹿同春""马上封侯""喜鹊登梅"等。

4. 门簪

门簪安置在宅门中槛之上，起到约制门扇的作用。明清时，大门用四个，小门用两个，许多官员和一些殷实人家为了追求美观使用四个门簪，门簪也就成为身份和社会地位的象征。门簪的表现内容，主要包括四季花卉、团寿字、吉祥、平安、福寿等吉辞，采用贴雕方式，雕刻的图案粘贴在门簪正面，让实用的门簪具有了装饰效果。

5. 上马石、拴马桩

旧时官吏与有财势的人家出行多以骑马代步，因此在门前常设有上马石。上马石为台阶形，通常除了踩踏面外，其余可见部分均雕有图案。住宅门前有没有上马石，也是宅邸等级一个划分标准。

拴马桩有两种形式，一种是在倒座房临街一面的檐柱上穿凿铁环，以供拴系；另一种则是户外独立的石柱，柱头多用狮子、猴等雕刻装饰，柱身上凿有孔穴供拴马用。

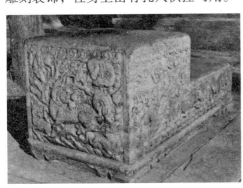

（二）大门以里——倒座房

倒座房位于宅院的前部、大门以西，后檐墙临街，一般不开窗，有露檐、封护檐之分。靠近大门的一间多用于门房或男仆居室，面对垂花门的三间供来客居住，倒座房西部常用墙和屏门分出一个小跨院，内设厕所。

（三）别有洞天——影壁

影壁，也叫照壁，正对四合院门楼，可在门楼前也可在院内，用于遮挡四合院建筑物，以示内外有别。加之中国古建筑特别忌讳直来直去，因此影壁还起到风水学上的避煞的作用。影壁分大门内外两种形式。大门外影壁有一字形和八字形，大门内影壁有独立式和跨山式。

影壁砖雕非常精美，特别是院内影壁，其中心和四角"中心四岔"常刻有精美图案。影壁心多将方砖斜砌，在中心雕刻各式花卉和蕃草图案，四角雕刻岔角花，一般体现四时花卉，寓意吉祥。

（四）内外有别——垂花门

作为区分内外宅的关键标志，垂花门既有四合院建筑群中的实用功能，旧时未婚女孩"大门不出二门不迈"，因此垂花门也被称为"二门"，同时垂花门也代表着宅院主人的身份，它是四合院中装饰最为华丽、雕刻最为精美的建筑。

垂花门最为突出的特点，就是正面有两根不落地的悬柱，柱下端做成莲蕾式样的垂珠，称为垂莲柱，垂花门因此得名。垂珠有圆柱头和方柱头两种形式，圆柱头最常见的是莲瓣头、二十四气柱头；方柱头是在垂柱头四面贴雕，以四季花卉为主。除垂莲柱上有雕刻外，在花板、骑马雀替等部位采用透雕，镂刻寓意吉祥的图案纹饰，纹饰多用喜鹊登梅、岁寒三友、子孙万代、四季花草和蕃草纹等。

（五）峰回路转——廊

通常意义的四合院都有廊，根据位置不同，廊可分为四种：位于房屋前部的檐廊、位于垂花门两侧的抄手游廊、位于建筑转角处的窝角廊、纵穿两进院落的穿廊。四合院中的游廊多为一面为墙，一面开敞，墙面上设有什锦花窗。

（六）长幼有序——内宅

四合院这种居住形式，体现着中国封建宗法血缘传统家庭的居住要求。内宅是北京人生活的主要场所，宅院主人起居生活之处，具有极强的私密性，真正地关起门来自成天地。这里上演着一幕幕的悲欢离合，长幼有序、宗法礼教在这一小方天地中体现得一览无余。

厅房与普通住宅最大的区别，在于采用前后两面开门开窗，有的四面均开门开窗。厅房可以分为过厅，仅供穿行之用；厅堂，中间供人穿行，两侧作为起居或招待客人；花厅，主要供宴客游憩之用。

正房是四合院的主房，在全宅所处地位最高，因此其开间、进深、高度都较其他房间大，装修等级也居全宅之首。正房的间数为奇数，通常为三间和五间，七间的很少。通常，一家之长居于正房。房的次间中左为上，家长的卧室在东，正妻也住在东次间，妾居于西次间。

内院两侧为厢房，间数多为三间，屋顶常与正房一样，多采用硬山式屋顶。东侧为东厢房，西侧为西厢房。旧时，长子居东厢，次子居西厢。

正房两侧较为低矮的房屋称耳房，相较正房来说，耳房的进深要浅，台基也要低，开间为一间或两间，耳房一般作为佛堂、祖堂使用。

后罩房位于四合院最深处，通常是最北部，是女眷居住的地方，它在等级上低于厢房，后檐墙同倒座房一样临街。

（六）四合院室内外装饰与做法

四合院中除了主要建筑和构件外，起到辅助装饰作用的构件也同样寓意吉祥，制作精美，它们同样体现着宅院主人对幸福美好生活的追求。

四合院民居的隔扇门安装在正房或厢房的正中一间，主要以自然花草和吉祥图案为主，有的也雕刻人物故事。比较常见的有子孙万代、鹤鹿同春、岁寒三友、福在眼前以及二十四孝图等。其格心的花格和棂条多为几何图案，如步步锦、龟背锦、冰裂纹、盘长、卍字不到头等图案。

落地罩分花罩、圆光罩等样式，采用双面透雕，有时会加入螺钿镶嵌工艺手段，使画面更加丰富多彩，熠熠生辉，一般作为两室之间的分隔标志，雕刻题材多为岁寒三友、富贵满堂、松鹤延年等。

四合院屋顶分为悬山顶，次之的为硬山顶，再次之的为卷棚顶，屋脊可分为元宝脊、清水脊、皮条脊等，建筑等级不同，屋脊也不同。

由屋脊铺至屋檐的瓦称为筒瓦、板瓦，屋檐处的瓦为了便于排水将瓦头挑伸出来做成封闭状，称为瓦当。铺于屋顶檐口处，顶端附有一块向下的瓦头，便于排泄屋面上的积水，称为滴水，多呈上平下尖的三角形，为了美观，滴水两边做成如意曲线形。

传统四合院的房屋和院子都用砖墁地，晚清时期，釉色鲜艳、纹饰精美的瓷砖进入普通人家之中。

三、风水宝地——北京四合院的风水与风俗

北京四合院在发展过程中，与传统文化形成千丝万缕的密切关联，处处彰显着中国传统文化中天人合一、关注自然的思想。无论是建造者还是使用者，都会依照传统文化中的各种观念规范自己的行为、体现文化的意志，因此北京四合院是体现老北京传统民俗的重要场所。

（一）堪舆之道——北京四合院中的风水术

北京四合院从选址、定方位就与风水紧密相连，其中影响北京四合院营造的深受《易经》的影响，《易经》有云"易有太极，是生两仪，两仪生四象，四象生八卦，八卦定吉凶，吉凶生大业"。《易经》当中所说的两仪就是我们通常所说的阴阳，四象即为太阳、太阴、少阳、少阴，秦汉以后四象变为我们熟悉的四神——东方青龙、南方朱雀、北方玄武、西方白虎，八卦即乾、坤、巽、震、坎、离、艮、兑。住宅体现着人们对于生活的美好追求，人们希望自己的家宅平和无灾，因此为了趋吉避凶北京人在四合院中将八卦应用在各建筑位置。

北京四合院同北京这座城一样中轴对称，但我们不难发现整个院落当中有一处非常重要的建筑并不在中轴之上，它就是四合院的大门。大门偏于中轴线，位于东南角。产生这一现象的原因，东南

属巽位，《易·巽卦疏》对于巽的解释为"巽，入也。盖以巽是象风之卦，风行无所不入，故以入为训"。因此巽位为通风之处，可以通天地之气。巽又有入的含义，因此由此处入宅最适宜不过了。确定了大门位置为巽位，那么正南的离位、正北的坎位、正东的震位均属于吉位，这三个位置就应该修建高大的房屋。其他方位正西兑位、西南坤位、西北乾位、东北艮位均属不吉，只能修建较小的房屋。像在四合院当中厕所一般修建在西南部的坤位，这个位置民间认为是脏位、煞位，此处有白虎星，民间认为白虎星可以给人带来灾祸，视为灾星，因此在坤位修建厕所最为合适，达到以恶制恶的效果。

四合院当中的厨房一般设置在东北或东南，古人通常在厨房供奉灶王爷，希望灶王爷能"上天言好事"，而灶王爷的全衔为"东厨司命九灵元王定福神君"，加之在风水学上认为厨房一定要坐煞向吉，因此厨房通常设置在东面。四合院的排水一般多采用东向，因东属青龙，而青龙喜水。

四合院择地之时，首先考虑的是宅地不能缺角。宅院墙面对着道路要冲，就要在缺角处、宅院正对道路要冲处或是倒座房和后罩房外部墙体处竖立石敢当。石敢当，又称泰山石敢当，泰山在中国人心中为神山，为五岳之首，在石敢当前加泰山二字借以泰山神力，抵挡任何邪侵，用来镇鬼压灾。

（二）风土人情——北京四合院中的风俗礼数

旧时稍有富裕家境的人家，便过上雍容、闲散、不紧不慢的生活，老北京的俚语"天棚、鱼缸、石榴树，先生、肥狗、胖丫头"，正是北京四合院生活的写照。夏必凉棚，院必列磁缸以养文鱼，排巨盆以栽石榴。无子弟读书，亦必延一西席，以示阔绰。

北京的夏天炎热，殷实人家就会在院中搭起凉棚，棚下放置石桌、木桌、石椅、木椅，棚上爬蔓葡萄藤。炎夏之日，摇着蒲扇、泡一壶浓茶，听着蝉鸣鸟语，凉棚俨然成为消暑避温的妙处。

鱼象征着幸福，象征着年年有余，因此北京人喜欢养金鱼。院子当中摆放鱼缸，夏季金鱼养在其中，冬季时移进室内过冬，等待来年回春。

北京人爱好花木，而且非常讲究。院中种植海棠，象征着兄弟和睦，丁香清幽淡雅，石榴、葡萄象征着多子多孙，柿子树象征事事如意。花卉多种植牡丹，代表着富贵。一些因发音不吉利的植物，就不会栽种，体现趋利避害的本意。

结束语

北京四合院，是中国传统文化厚重的物质载体，是北京地方文化的一颗璀璨明珠，它传承着北京的历史，体现着北京的文化，寄托着老北京人浓郁的人文情怀。它是一个纽扣，扣住了居住在这里的每一个人，几代人聚集在这个小小天地中，那种其乐融融的氛围带给我们心灵温暖，也带给了我们无尽的温馨记忆。北京人建造了四合院，四合院塑造了北京人，保护好这颗明珠，是生活于北京这座城市的人们应尽的传承历史文化的责任。

温思琦（北京古代建筑博物馆陈列保管部　文博馆员）

参考书目：

1. 陆翔、王其明. 北京四合院. 中国建筑工业出版社 1996年版.

2. 高巍. 四合院. 学苑出版社 2007 年版.

3. 马炳坚. 北京四合院建筑. 天津大学出版社 1999 年版.

观"北京四合院展"有感

◎ 苏 振

"北京四合院展"于北京古代建筑博物馆开幕之后，闲暇时间，我参观了几次。展览主要包括老北京四合院的建设格局、装饰风格等，特别是对门墩、砖雕也做了不少介绍。身为一个住在胡同里20多年的老北京人，通过参观这次展览，以及引用一些风水相关的内容，我想分享一些关于老北京四合院建筑格局的愚见。

中国一直非常重视风水，战国时代就比较完善了，几乎宫殿、住宅、村落、墓地的选址、座向、建设等方法及原则都会引用这门玄学。之所以使用这门学问，是因为风水是自然界的力量，是宇宙的大磁场能量。风就是元气和场能，水就是流动和变化，它是一种研究环境与宇宙规律的哲学，追求人与自然的辩证关系，从而达到"天人合一"的境界。纵观中国数千年历史，人们一直都在追求"天道"，这表现在衣食住行等各方个面。因此，四合院的建筑格局，也必遵循了这一点。

在这之前，我需要先说明一个概念——很多时候，同一个概念，只是说法不同。举一些简单的例子：中国人说的北方，英语语种的国家会说 north，"上天""GOD""LORD"等用唯物主义的观点可以理解为"真理"；道家说的阴阳，从物理角度上来说即可理解为带正电质子与带负荷的电子，当然阴阳中和即为"道"，如同质子电子如果中和（压力极大温度极高，导致电子冲破原子核）即变为中子。这些例子可以说明一个问题：无论何种说法或者何种现象，他们所最终目的是要反映事物的本质的，其实说法不同，但反映的都是同一事物。

中国古代将世界划分为八类：分别以坎、离、震、兑、巽、艮、乾、坤来区分。

相传先天八卦为体，后天八卦为用，并经实践，所有预测之法用后天八卦才为之准确。

所以，以周文王的后天八卦（相传）为例，将世界划分如下：

道：中 、土、九、、、戊己、……
坎：北 、水、一、休、子、壬癸、……
艮：东南、山、七、生、丑寅、、……
震：东 、雷、三、伤、卯 、甲乙、……
巽：东北、风、四、杜、辰巳、、……
离：南 、火、八、景、午 、丙丁、……
坤：西南、地、二、死、未申、、……
兑：西 、泽、六、惊、酉 、庚辛、……
乾：西北、天、五、开、戊亥、、……

以上内容简单的概括了以"道"为中心，向四面八方的大致分类，这是中国流传至今的一种分类方式。风水的核心为"易"（变化，只有变化起来，确定自己的卦，才能推断其他事），但相对建筑来说，却是固定的定式。因此，结合现实，确能发现不少和以上内容相合之处。

那么，不如就从四合院建筑展这个说起吧。

四合院有一定的规制，大致可分为大四合、中四合、小四合三种。所谓四合，"四"指东、西、南、北四面，"合"即四面房屋围在一起，中心空旷敞亮。它将很多元素，包括精神的和物质的都"合"在了一起形成一个"口"字形，这与奇门术的九宫样式不谋而合，有着"天地都在一院中"的寓意。

老北京的四合院一般依东西向的胡同而坐北朝南，基本形制是分居四面的北房（正房）、南房（倒座房）和东、西厢房，四周再围以高墙形成四合。这里尤其要说说正房：正房坐北朝南，位于院落正北"坎"位。古有云：坎虽然象征危险重重的地方，但只要有诚信规范人心，就能亨通，行为高尚。一般正北房都为一家之主，或家中的长辈，不仅能镇住此宅，更能运势亨通。家中的晚辈不能入住正北房，从风水角度上来说，年岁尚轻，涉世尚短，积累尚浅，修为不足，心智不稳。入坎位正中阴柔危险之地，不仅无法镇宅、顺服人心，更可能让自己落入凶险。四合院的厕所一般建于院子西南角，厨房常位于东边的一间房中。除了一些传说中的说法："坤卦卦位，代表大地，将分辨积于大地（位）祈求丰收。安灶西面子孙良，向南烧火无祸殃。中国古代地图的方位是上南下北，所以上厕下厨"等说法，这与奇门术中的方位也很有关系。死门居中西南坤宫，属土。生门相对，万物春生秋死，春种秋收，故命名为死门。如果在奇门术推测事宜，则为凶门，不利吉事，只宜吊死送丧，刑戮争战，捕猎杀牲。故建筑格局中，事实上西南角不宜开门通行。死门属土，旺于秋，也有终结之意，然万物轮回不止，终结之后也象征着重生。将厕所建于死门，囤积终结之物，恰可顺应天道，而其余功能的住房，放于此地则不合时宜。厨房位于东方也是有一定的规律，古时说厨房不宜安置吉门，而四合院中东方为"震"位，也是八门中的伤门，与死门一样，亦属凶门。从五行上来说，东方属木，旺火。厨房位于东方，是十分有利的。相对的，位于西则卸力，北则受克，南则过旺反而物极必反。厨艺很重要一点就是掌握火候，火候不足或者过旺都无法达到理想效果。那么厨房的选址也一样，有"震"位生"火"，同时避免出入伤门，而造成诸事不顺。从这方面看，四合院中厨房和厕所的规划并不随意，恰恰是深有研究的。

　　四合院的开门也十分有讲究，一般开一个门。大门辟于宅院东南角"巽"位。静态地看，"巽"位方位上为"杜"，属"平门"，一般主（意思是）进退自如、出入平安之位。那么有人会问，虽然"休、伤、死"门因上述理由已被占据，那为何不开在"生、景、惊、开"这几个位置？首先说"生、开、景"三个位置，分别位于东北、西北与正南。生门属土，居东北方艮宫，正当立春之后，万物复苏，阳气回转，土生万物，所以古人命名为生门。开门属土，居西北乾宫，经历世事之后终有结果，并开向四通八达。此二门为吉门，宜起居。若开门于吉门，则居住位便运势平平或处于凶位，往来者出入此门，其实也有"带不来晦气，也带不走福气"之意。

景门属火，正当日升中天、大放光明之时，但烈日炎炎，虽夏季景色美丽，但难免有酷暑之忧；所在离宫正南方与正北坎宫休门相对，一个万物闭藏休息，一个万物繁茂争长，故古人命名为景门，此为平门。古时测算此门宜于献策筹谋，选士荐贤，拜职遣使，火攻杀戮，余者不利，所以一般此位置适合作为书房、客房，或者索性不建房间（受经济条件所限）。惊门属金，正当秋分、寒露、霜降之时，金秋寒气肃杀，居西方兑位。惊门表面属一凶门，主惊恐、创伤、官非之事。奇门术中若身处惊门：适宜斗讼、掩捕、盅惑、设伏等，其余诸事不宜。一般出入惊门，多有不顺，但总归有惊无险。实际次方位应属平门，一家人中，晚辈因为阳气较盛，心思活跃，入住南房，以此方位去其戾气，亦可达到平衡的目的。另外，因受到地域所限，北京的胡同一般是东西走向的，主要以走人为主，胡同北边的四合院门一般开在院子的东南角，南边的四合院门一般开在院子的西北角，即分别出入巽位与开位。其实中国位于北半球，坐北朝南风水极好，但坐南朝北出入开位的，现在看实在有些不得已而为之了。

深思了四合院的建筑结构，我自己也有一个疑问，假设中国自古就位于现在的南半球，又会如何呢？这一切可能就是个镜像了（之所以不说相反，是因为只是南北相反，东西并不冲突），即使，这正印证了"易"的博大之处，于是，我不得不承认，到底什么是风水？中国经历数千年的历史，历经风雨，这种"静态"的，或是一成不变的方位设定就真的一定适合现在吗？八卦会因各种原因而"易"变，奇、门、遁甲又会根据时间的转移而发生位移，所以说，到底应该以什么方法去推演？天下奇人虽多，但百家之言又应寄信于谁呢？也许这一秒我们所谓的"真相"，下一秒就变成了"假象"。

我发现，用逆向思维去推敲整个过程，就会发现其中的真理（因为不符合规律的现象早已被历史所淘汰，根本无法流传至今）。

先农坛的部分建筑布局：位于先农坛的北京古代建筑博物馆里，主建筑群就是太岁院落。如果仔细观察，就会发现这虽然属于宫殿一类级别的建筑，但格局依然很符合风水，换句话说，是风水决定了某些格局。正北休门坎位的拜殿，是先农坛核心，这个地方明朝就是拜神之处，后经历了很多很多，即便不是研究历史的人，也知道，至少它挨过了二战。新中国成立后，这个大殿曾经一度成为仓库。直到现在，它又基本恢复了以前的样貌，甚至还多了很多功能（比如科普）。我想就结局说明一个问题，这个大殿，至今来说都是先农坛的核心位置，数百年来都不以人的意志为转移。因为，它的使用者虽然不停更迭，但真正受益者，可能正是人们口中的神吧。这给我一个概念，就是宫殿北面就应该是一座大房子，大房子里面应有一位德高望重的先知。这个概念，不是我订的，是摆在那里的，甚至已经摆在那里数百年了。无论人做什么样的改变，甚至把它变为民房与仓库，最终都会被历史洗刷掉，不符合天道规律的格局，将会被时间洗刷得一干二净。现在的太岁院落，设有四个门，一吉一死并两平门。因为某些历史原因，吉门的事暂且不提。坤位的死门处，我5年未见打开一次，甚至，以前那里的办公室，现在也搬离那个位置了。巽位的杜门，偶尔有人进出，进出之人运势现在看来也相当不错。位于离位的景门，因展览的原因，一年四季进出参观者，并无什么特别。神厨院落、西办公区院落、西小院院落甚至神仓院落等，基本上也独出一折。其实不妨对号入座，或许有更多的"巧合"也说不定。

其实不止先农坛，很多古建筑群基本上都遵循这个"巧合"，这些"巧合"对于我们追求的真理来说，有真相也有假象，不过，大家公认的某种哲学不是统称它们为"真理"吗？

当然，今天的"真相"，可能随着天道的变化，从而变成"假象"，而今天的"假象"，可能在不久的将来，就会被飞速发展的时代所湮灭。

无论举多少例子，或者只有一个例子，对于张三来说这风水布局就非常，而李四就觉得诸事不顺。原因也与张三、李四自身属性有关（例如金命身弱之人宜身处兑位，比肩旺其身，但金命身强之人不宜此位，否则属性过旺物极必反……因为不是讨论命理，不再赘述）。无论起源与过程如何，凡事自有定数，天下万物自有定时，当某种现象已经真真正正摆在你眼前的时候，这就是一种本质的反映！我们很多时候无须追根溯源，艺术方向上更多需要追求的是创造者的一种综合的感悟。用一句白话来说，当你觉得某件事物或格局顺眼顺心的时候，它也许就符合风水——客观规律，反之，它真的就不符合客观规律。当然，这种不符合，是以你（受众）为中心的。无论哪种学问，都是有范围限制的。对于自己住宅风水的设定，还是要以自身感知为出发点。正如爱因斯坦相对论虽然能计算宇宙繁星，但并不太适用地球上，至少，算法过于复杂了。我们日常生活中，还是需要那个被苹果砸了脑袋的最终研究神学的科学家。如果有一天，世界真的不再需要他的三大定律，甚至忘了有这样一个人存在，再甚人类都会在某一时刻不存在了，但这三大定律，都不会因为人的意志而改变。因为，人，根本无法改变规律。只能遵循规律，利用规律，从而改变自己。即使人类消失，另一个类人物种也会重新走一次这样的探索之路。

突然想到了老子的道德经核心：道法自然。这其中之意就是"道"（真理）所反映出来的规律是"自然而然"的，即源于自然而反映在我们眼中的。我们的所见所闻，都是真理的一部分，那些"假象"，帮助我们找到"真相"，然而"真相"与"假象"的总和，才是"真理"。也许我们的一生，甚至人类灭亡那天都无法找到"真理"，但我想人类应该珍惜身边所有的"像"，坚持不懈地走向"真理"。

这就是"北京四合院展"给我带来的启迪。

苏振（北京古代建筑博物馆计划财务部）

浅谈传统村落的保护和开发利用

◎ 黄　潇

　　随着中国城镇化步伐的不断加快，乡村的土地被侵占，乡村的居民争做"城里人"，乡村的无形消失每天都在发生，其中的传统村落更是在加速消亡。传统村落，是指保留了较大的历史沿革（民国以前建村），建筑环境、建筑风貌、村落选址未有大的变动，具有独特民俗民风，虽经历久远年代，但至今仍为人们服务的村落。传统村落传承着中华民族的历史记忆、生产生活智慧、文化艺术结晶和民族地域特色，维系着中华文明的根，寄托着中华各族儿女的乡愁。保护传统村落，就是在保护千百年来中华民族生产生活实践总结而来的农耕文明，它是华夏儿女以不同形式延续下来的精华浓缩并传承至今的一种文化形态，应时、取宜、守则、和谐的理念已广播人心，所体现的哲学精髓正是传统文化核心价值观的重要精神资源。近年来，越来越多的人开始认识到保护传统村落的重要意义，在政府的主导下，保护工作有序开展，其中"以旅游发展反哺遗产保护"的模式被广泛运用，特别是将传统村落整体打造成旅游景区的类型，但因为理念、规划、利益等原因，大部分并没有达到理想的效果，然而，精品民宿这一方兴未艾、相对小众的旅游产品类型，经过近几年的实践，对传统村落保护的积极作用已经显显。我们应该以此为出发点，创新保护模式，解决以传统村落为代表的文化遗存开发利用与传承保护之间的矛盾，让人们看的见"过去"，记得住乡愁。

一、传统村落的现状概况

　　1949 年，中国城镇化率为 10.64%，到 1978 年改革开放初年，中国城镇化率为 17.92%，30 年时间城镇化率只提高了 7 个多百分点；1988 年中国城镇化率为 25.81%，2008 年城镇化率达到 46.99%，30 年时间城镇化率提高了近 30 个百分点。近 10 年来，中国城镇化速度不断加快，城镇化率每年新增 1 个多百分点。2013 年，中国的城镇化率达到53.7%，与此同时，中国传统村落正在加速消亡。住建部联合文化部、财政部、国家文物局组成的专家委员会2013年公布的调查结果显示，2000年，我国自然村总数为363万个，到2010年锐减为271万个，每天至少消失100个村落；2005年存量为5000个的传统村落，目前只剩不足3000个，对于传统村落的保护迫在眉睫。

2012年9月，住建部、文化部、国家文物局、财政部联合成立了传统村落保护和发展专家委员会及工作组，标志着国家正式启动了传统村落保护工作。2012年12月20日，通过全国第一次传统村落摸底调查，经传统村落保护和发展专家委员会评审认定，公布了第一批共646个中国传统村落名录。在此之后，截止到目前，共公布了三批名录，进入中国传统村落名录的村落共有2555个，其中，还有276个保存文物特别丰富，具有重大历史价值或纪念意义，且能较完整地反映一些历史时期传统风貌和地方民族特色的村落被评选为中国历史文化名村。

二、传统村落保护的关键

（一）保护传统建筑与环境

散落于村镇中、富有地方特色的传统建筑是传统村落的重要构成元素，除了一般的居民住宅外，还包括与人民生活息息相关的祠堂、商铺、作坊、桥梁等建筑。它蕴涵着丰富的历史、科学和艺术价值，直接表达民族、地域的个性特征，体现了中华文化的多元性。村落的选址、各类建筑布局、路网格局等都体现着人与自然的和谐共生关系，蕴涵着古代先民的哲学观，一定程度上反映着礼制规范和伦理道德。

此外，乡村是传统农业社会的产物。乡村赖以存在的基础就是务农的村民和他们耕耘的农田，没有农业就没有乡村。传统村落如果因为开发或是城镇的侵占而失去了农田或是果林等村民赖以生存的生产要素，也就很难称之为村落了。

（二）保护与传承民俗文化

传统村落是民俗文化的重要载体，民俗文化是长期居住在村落中的居民创造与传承的，也是最能体现村落中差异与特色的元素之一，建筑可以修复、可以仿古，但有些民俗文化一旦失去了，就很难找回，或者一旦脱离了它们的原生地就很难传承。以与我们日常生活中接触最多的饮食文化为例，很多传统村落的村民都会以自己特色的农产品作为经济收入的主要来源之一，例如苹果、栗子、核桃等，如果因为传统村落的衰落、破坏、人员的"出走"，而导致农作物不能正常的种植；还有很多特色的食品，如果不用当地的水、特有的原材料或是因地制宜的烹饪方法等，也很难做出应有的味道，属于村落的特色文化又消逝了一部分。而现在很多过度开发的村落，就是因为失去了自身的民俗文化，而变成了千篇一律的仿古商业街，所以民俗文化的保护应该是保护传统村落的重要工作之一，在开展保护工作规划时，研究和挖掘传统村落的民俗文化，在笔者看来，民俗文化主要有以下几类：（1）宗祠文化：村庄中的村民们往往都源自一个家族，家族成员为了祭祀祖先而修建宗祠，它既是族人举行婚丧嫁娶等重要礼仪活动的地点和议事厅，又是举办年节、演戏等活动的娱乐空间和招待宾客的社交场所。宗祠还有教化或奖惩族众等功能，凡一切有关宗族的事务都可能在祠堂里办。可以说，宗祠是连结姓氏血缘关系的纽带，记录着一个村庄、一个家族的辉煌与传统，是村落的重要组成部分以及最独特的文化符号。（2）饮食文化：这其中就包括当地种植的农作物、水果等，还有具有当地特色或是必须用当地的水、当地的食材才能制作出来的食品、小吃，以及它们的制作方法，例如石屏豆腐、雷山鱼酱等；（3）民间礼俗：在历史悠久的传统村落中，生育、婚嫁、破土建房等习俗风情浓郁，生活即民俗，这些习俗正是人们生存状态和生活风貌的具体展现，具有鲜活的生命力；（4）众多的民间技艺和娱乐形式：如民间乐舞和剪纸、泥塑等等民间美术、技艺；（5）民间故事、文学：作为历史悠久的传统村落，它的村名、地名以及山水风物或多或少会有一些传说故事，除了前面提到的祠堂，村中的老宅子、老学堂、老商铺等也有着可溯的发展历史和故事，还有就是村中走出去的名人，都可以算作是丰富的资源。

（三）留住人

传统村落的文化是通过人来表达出来的，带有强烈的人的烙印，是人通过世代的繁衍和发展赋予了不同村落的不同文化韵味，也形成了其独特的魅力，要想保护与传承这些文化，关键也还是得靠人，特别是世代生活在这里的人。但现在的很多村落中的原住民在逐渐远离祖居，远离他们本应引以为傲的文化底蕴，特别是年轻人，都倾向于拥抱大城市，那里有他们向往的便捷的现代生活，有他们认为更多的机会和金钱，这都使得他们忽略自身所处环境的珍贵和文化传承的重要。只有留住这些关系到传统村落未来发展的人，使他们认识到传统村落的价值，意识到自己肩负的责任，才能真正地保护好传统村落。

三、传统村落旅游开发中的常见问题

伴随着社会经济的飞速发展，人们的文化素养和文化消费需求日益增长，传统村落的深厚文化底蕴，历史、艺术和科学价值得到广泛认同，当人们认识到其价值所在时，传统村落旅游日益成为旅游开发的热点，"以旅游发展反哺遗产保护"的模式深入人心，通过旅游开发获得经济效益，从而为文物保护提供资金，进而形成良性循坏。在这方面起步比较早，成为全国先进典范的就是安徽省黟县的西递、宏村，据统计，2006年西递、宏村共接待游客107.3万人次，门票直接收入达4626.4万元，比1999年分别增长388.6%和8.6倍，旅游业成为村民增收的重要途径，西递、宏村景区农民收入75%以上来自旅游业。旅游业的发展，不仅让村民得到了实惠，保持了村落的和谐稳定，同时旅游收入反哺了文化遗产保护，县政府每年从旅游门票收入中征收20%文物保护资金，即有效保护了濒临倒塌而居民却无力承担维修费用的古民居，又丰富了传统村落旅游产品体系。[①] 但是，每个地区都有自身的特点，主导开发的政府、企业的水平与实力也不尽相同，这种模式在实践与发展过程之中，也因为理念、规划、利益等原因，而产生了一些问题，需要引起我们的注意并加以改进。

（一）建筑内涵的缺失

在开发过程中，最基础的一步就是要对村落中的古建筑的进行

---

① 李岚《西递、宏村的保护和旅游开发模式借鉴》，《云南电大学报》2010，12（2）。

修复，对已经腐蚀的柱体、屋瓦等结构进行更换，而为了保护古建筑原有的风貌与底蕴，应该尽可能用原有的材料、原来的工艺去换，这无疑是一项十分耗费精力、财力和人力的事情，优质的木料是稀缺资源，有经验的建筑工匠也越来越少，所以很多时候为了节约成本、节省时间，对古建筑的所谓"修复"变成了一般的建筑施工，随便用一些板材搭一搭，"雕梁画栋"也全都变成了千篇一律的机器活儿、印刷品，甚至有的是直接把旧的建筑推倒，然后用钢筋水泥重新再建一个仿古的建筑。只有外形而缺乏文化内涵的仿古建筑，完全没有起到保护古建筑的作用，反而破坏了传统村落的整体风貌。

（二）商业气息过重

在将传统村落进行旅游开发时，难以避免的问题就是现代经济的冲击，村落的主要通道通常都变成了繁华的商业街，而且售卖的东西大多并没有什么当地的特色，或者是大部分商家卖的东西都大同小异，对游览者缺乏足够的吸引力；或者是民房都被改造成了咖啡馆、酒吧，此外，出于经济利益，在开发中往往只关注于房子，无论是改建或是新建，有了房子就可以收房租或是开店，而忽视了对周边农田、果林等乡村景致的统一规划。漫步村中，很难感受到村落独特的规划与淳朴的民风，这大大降低了传统村落的文化、艺术价值，影响其社会、经济效益。

以曾有着"中国第一水乡"的周庄为例，最初它以水乡特有的恬淡气质而闻名于世，而闻名之后面临的现状是在仅有的 0.47 平方公里的古镇，接待日均 6000 人以上的游客，旅游旺季时日均接待量超过 2 万人。古镇原有的恬淡宁静早已被打破，浓厚的商业氛围、井喷式的游客，让周庄早已失去了江南古镇的气息。

（三）原住居民参与度不高

因为房屋年久失修、基础设施和配套现代生活设施不够完善，也为了追求更的机会与收入，很多原住村民特别是年轻人，都搬到城镇去生活，留下的多数都是老人。同时，由于开发理念、整体规划、利益分配等原因，旅游开发没有给村民带来预期的收益与机会，对离开家乡在外拼搏奋斗的人们并没有足够的吸引力，政府、旅游企业与当地居民的关系有待进一步融洽。以宏村为例，原住村民们作为古民居的世代居住者和产权所有者，普遍感到被排斥在旅游业之外，没有从旅游经营收益中享受到应有的份额，从而不断引起了当地村民与旅游企业之间、村民与当地政府之间的矛盾和冲突，发生了不利于传统村落持续发展的事情，如拒绝让游客参观，或是私下带游客逃避检票口进入旅游景点等。经营者常因当地居民的不接纳、不配合、不断上诉、上访等而疲惫不堪，政府部门也因所出现的问题而焦头烂额。[①]

四、旅游开发中的新兴类型——民宿

民宿是指利用自用住宅空闲房间，结合当地人文、自然景观、生态、环境资源及农林渔牧生产活动，以家庭副业方式经营，提供旅客乡野生活之住宿处所，而这些恰巧解决了上述旅游开发中常见的问题。此外，不同于一般的"农家乐"，精品民宿的开发与经营者，通常都是高知识、高文化素养的高级白领、文化人等，他们最初开发民宿，除了基本的利益需求外，大多数也是想给自己找一个宁静的"避世"之所。随着中国经济社会的高速发展，越来越多久居城市，工作、生活压力大的人们，追求生活品质的同时，想要寻求一份宁静，一份彻底的放松，寻找儿时的简单生活。他们有一定的价格承受能力，对传统文化有偏好，对服务品质要求高，坐落在传统村落中的精品民宿正好可以满足他们的所有需求。

正是因为经营者与目标消费者有着同样的诉求，所以在精品民宿的开发中，经营者们更加专注于民宿的文化气息与底蕴，民宿的建筑基本都是当地的老屋，且在改造过程中不遗余力地保留原始风貌与结构特点，同时注重民宿与周围整体环境的和谐，彻底融入村落之中，身处民宿中所看到的风景，走出民宿的所见所闻，都是一派恬静的乡村景致，这可以说是实现旅游开发对传统村落保护与可持续发展的积极作用的一个有效方式。

（一）保留建筑原始风貌

老屋与当地的人文和自然环境原本就浑然一体，尽量旧物利用，原地取材，既符合低碳环保的理念，也能造就本土民宿的真正竞争

---

① 卢松、陆林等《西递旅游居民的环境感知研究》，安徽师范大学学报（自然版）2005，28（2）。

北京古代建筑博物馆文丛

第三辑 2016年

154

力。各个民宿在建筑之初秉持的原则就是尽量保留原始风貌、亲近自然、就地取材的原则，将老屋改造成民宿时，不改变建筑的梁架结构，甚至梁都是采用老梁（在结构稳定的前提下），保持当地民居的特色，老屋中原有的元素也被妥善地保存和合理地再利用，例如，将原本的木制楼梯作为复式楼梯，将村民原先架猪圈的板变为天花板吊顶，将晒东西的筲笼作为墙面的装饰。它们原本就是这片土地的产物，沉淀着属于这里的时间，历经岁月风霜之后，依然默默矗立，讲述着属于这里的故事。

以有中国的"布达佩斯大饭店"之称的御前侍卫艺术精品酒店为例，它通过经营者的精心设计与细工慢琢，使一座几乎成为废墟的古老建筑重焕了光彩。著名电影人张震燕先生，因为拍戏深深地爱上了古徽州这片沃土，特别是各式古老的徽派建筑，他想开一家属于自己的特色民宿，定居于此，偶然间，他在安徽黟县屏山村发现了一处清代老祠堂御前侍卫，据说是雍正年间，御前侍卫舒琏因救驾有功被御赐的，由于年久失修，许多部位已损毁严重，仅一张门脸孤存于世（图一）。张震燕将其买下来，几经周折找到了同一时期的另一座濒临拆掉的老祠堂迁移于此，耗时三年将它重建和维修，让这座老祠堂重获新生，御前侍卫艺术精品酒店从此呈现于世人面前（图二）。

图一　修复前的御前侍卫祠堂

图二　御前侍卫艺术精品酒店大堂

（二）惠及当地村民

精品民宿的前期投入大，定价自然也比较高，平均房价在1000 ~2000元，远高于村民开发的农家乐50~100元的房价，但因为它瞄准了现今在大都市工作生活，快节奏、压力很大的中高收入人群的需求，所以它的客房通常都是供不应求的，很多民宿提前一个月就会满房，有的甚至需要提前半年预订。它的备受欢迎为民宿的经营者带来了很好的收益，同时，也带动了所在地区农村经济的发展与村民的收入。

以浙江省湖州市德清县境内的莫干山地区为例，2013年，莫干山精品民宿达40余家，实现经济总收入1.46亿元，2014年70多家，实现直接营业收入2.36亿元，同比增长61.7%；莫干山镇的农村人均收入也从2007年的8000多元，增长至2015年的接近2.5万。村民的收益体现在各个方面，村里的妇女们因为手脚麻利、会做农家菜而炙手可热，精品民宿都抢着请她们去帮工，帮工的收入为每月3000多元，年终还有奖金，有的老板还会请她们外出旅游；作为本地土生土长农民的沈蒋荣原先多年在外开餐馆，当他看到自己的身边就有这么好的商机时，回到家乡，将自己的老宅进行了改造，所有的改造都是由这个仅有小学文化的中年人自己构思设计的，他能改造成功完全是来源于自身对老屋以及村落的眷恋和理解，随后在与周边成熟的精品民宿经营的学习与交流中，逐渐越做越好，目前已经开了4家店，村里的村民们看到和自己一样的农民可以把精品民宿做得这么好，与其把房子租给外人，不如自己来干，也纷纷跟他取经，或是想要与他合作。

不同于年轻人，作为住在老房子里一辈子、不愿离开家乡的老年人来说大多不愿离开自己的故土，精品民宿的经营者们在租下当地村民的房子后，也希望房子原先的主人可以继续住在里边，因为他们的日常生活成为乡间民宿的最大吸引力之一，而对于老人们来说，他们居住的条件得到很大改善的同时，还增加了一笔可观的收入，这可谓是实现了经营者与房东之间的双赢。

（三）有助提升村民的文物保护意识

随着精品民宿的发展，不管是为了什么目的，以什么样的方式，越来越多的村民的观念，特别是年轻人的观念在改变，他们意识到了传统建筑价值、自身所处环境的宝贵。他们会劝阻自己的父辈、邻居不要把自家的老屋推倒，会把那些以前看似"废品"的老物件、老石块保留起来。最初他们也许大多还是出于经济效益的考虑，觉得城里人喜欢这些东西，这些老东西可以为自己带来收益，但总之这些东西总算是被保存下来了，同时，在此基础上，再由有关部门向村民们普及文物保护的知识，他们会更加容易理解保护自己生活的村落以及文物保护的重要意义。

五、关于传统村落保护和开发利用的思考

文化遗存的开发利用与传承保护，似乎永远就这么让人矛盾、令人纠结。如果没有利益驱动，地方政府很难有热情加强文化遗产修缮保护。然而，一旦商业利益过度介入其中，又往往出现急功近利、竭泽而渔的后果。那些历史悠久、传统深厚、景致动人的传统村落，等待着人们去发现与欣赏，同时它们又容不得人们冒失地闯入，肆意地玩弄，任其自生自灭是破坏，过度开发更是破坏。

传统村落的保护是一项系统工程，涉及到的方面非常的多，所以，对于传统村落的保护不可能一蹴而就，而应该是一项持续性很强的工程，需要很长周期的工程。因此，对于其保护所做的工作不可以短视，要以可持续发展的思路去工作，短周期换取短效果的做

法决不可取，要难得住寂寞，要做很多的辅助性工作，可能短时间内都看不到效果，但是传统文化有其顽强的生命力，只要给它适当的环境、发展空间和时间周期，它是能够做到一定程度上的自我修复的，所以要尊重发展的规律性，不可盲目求快。同时，传统村落的保护有其特殊性，不同村落之间的差异性还是非常大的，因此，对于其的保护不可以一刀切，要探索出适合每一个村落独特的保护方法。传统村落之所以魅力那么大，其各具风采的特点和独特的人文景观是非常重要的，如果变成了千篇一律就没有意思了，也就失去了保护的意义。保护的重点就是留存其固有的文化风貌和维护其固有的人文环境，所以对于传统村落的保护要因地制宜，要有针对性，这对于保护工作来说是一个挑战，对于系统保护传统村落这项工程是一项巨大的工作量，但却是对保护其原始风貌的重要工作。

过去对于传统村落的保护工作和现阶段开展的各项工作都是对保护传统文化做出的有益尝试，无论成功与否，这种对传统村落逐渐重视、对传统文化的不断敬畏都是值得肯定的。但是，随着保护手段的丰富和前一阶段保护效果的体现，要着重做好总经经验教训的工作，对于之前的工作中存在的问题和取得的成绩要善于总结，并把有益的经验推广开来，成为其他传统村落保护的参考。要勇于尝试新的保护方法，不要拘泥于现有的成绩和经验，要勇于创新，敢于创新，善于创新。

总之，传统村落的保护和开发利用，还是一个刚刚起步不久的事业，依然存在着很多的问题和矛盾，也对保护方法和保护思路具有很大的挑战性，但是随着人们对传统文化价值的深入挖掘，对传统村落重视程度的不断提高，更先进的保护技术的涌现，未来，对于传统村落的保护一定会探索出一条适宜其发展的独特道路，并持续发展下去，为人类的优秀文化遗存贡献力量。

黄潇（北京古代建筑博物馆古建宣传部　中级人力资源师）

谈中国古代城市发展的历程

◎ 凌 琳

关于城市的概念，学术上有很多不同类型的定义。地理学认为城市是"一个相对永久性高度组合起来的人口集中的地方，比城镇和村庄规模大，也更重要"，经济学则把城市看作是"工业、商业、信贷的集中地"，对于社会学家来说，城市是"当地的共同风俗、情感、传统的集合"，是人类文明进步和发展到一定程度的产物。而从最简单的字面意义来理解，城市由"城"和"市"组成，真正意义上的城市是人类工商业文明发展的产物。《说文解字》中，对"城"解释为"以盛民也""从土成"，可见"城"的主要概念是一定范围内的民众的聚集地；对"市"的解释为"买卖所之也""市有垣"，可见"市"是在规定范围内买卖之所，总之，这两者都有一个明确的范围概念。

中国古代城市的形成是一个漫长的历史过程，在这个过程中，"城"与"市"随着社会的发展与进步，从萌芽到形成，由各自独立、分离的个体发展成合二为一的复合体，在中国历史上经历了三个阶段：第一阶段是乡村式阶段，时间大约从原始社会末期到夏初，"城"的作用表现为军事及其他防御功能，这时"市"还没有出现。第二阶段是城、市分离阶段，时间大致从夏初到西周前期，这时"市"虽已产生，但城的防御功能与市的买卖交换功能是各自分离、独立的。第三阶段是城、市结合一体化的阶段，时间从西周开始，城与市在逐渐有机地融合以后，所表现出来的集合性特点与综合性功能日益显现，最终表明中国古代历史上具有真正意义的城市的形成。

一、中国古代城市发展的萌芽和形成期

按照中国古代城市规划发展的规律，把夏商周时期的城市发展阶段划作萌芽期，秦汉时期的城市发展阶段划作形成期。

中国早期，带有一定规模的城市是从都城开始的。都城的概念是对国家而言，最早的都城也就是最早的国家的首都。一般来说，中国历史上的"文明时代"是以夏朝为原点开始的，因此，夏朝不仅是中国国家形成的标志，也是中国都城出现的开端。

早期都城建造的主要目的是"筑城以卫君，造郭以守民"，即都城的中心区是统治者的所在地，筑"城"的目的是为了守卫君王，然后向外是官府的所在地，官府的外围是百姓居住地，"郭"的建造可以守卫民众。可见，都城的首要任务是为宫殿服务，不仅要突出统治权威，更要起到保卫君主安全的作用。因此，都城的基本特点是大城套小城：最外围是一圈大城墙，里面是一圈小城墙，在最中间还有小城，就是所谓的宫城—宫殿之所在。这种早期都城的规划理念由夏商发轫，到西周时已发展成为一套较成熟的规整谨严、中轴对称得模式，在建筑史上此时期最为重要的都城是西周的陪都——洛邑，后来洛邑成为东周的都城。

洛邑是河南名城洛阳的发祥地，始建于周成王即位的当年。"洛"即洛河，"邑"意为城市。在洛邑建城的设想，最初是由周武王提出的，可惜未及实施周武王便去世了，接着由其子周成王即位，当时周成王年幼，洛邑建城的重任就落在了周武王之弟周公的身上。营建之前，周公还绘制了洛邑的规划图，相传此为中国也是世界现知的最早的一份城市规划图。周公选好一大批精壮劳力，又挑选了良辰吉日破土动工营建洛邑。整个洛邑的兴建，只用了不到一年时间。《考工记—匠人》篇记载了洛邑成的规模："匠人营国，方九里，旁三门。国中九经九纬，经涂九轨，左祖右社，面朝后市，市朝一夫……"洛邑城的平面近于长方形，北城墙全长2890米，城墙外挖有城壕；西城墙迂曲向南，全长约4200米。四面城墙上各有三个城门，共十二门。城内有经、纬道路各九条，这些街道很宽，每条大街都可以并行九辆马车。王宫建在中央大道上，共有五门，内有六寝。王宫左边建有宗庙，右边建有社坛；宫前是朝会用的殿堂，宫后是商业市场。

其实，这座著名王城的建筑规模，如今看来并不算大，建筑格局也并不精巧，但从当时的生产技术水平来看，它却堪称完美。

夏商周是中国建筑的一个萌芽时期，无论建筑形式还是城市规划，对中国建筑的发展都影响深远。夏商周时期的都城不仅在宣纸上善于因地制宜，一举各自不同的自然条件，结合地形和实际的需要来进行规划和建设，还创造出极为丰富多样的城市面貌；在城垣防御系统、道路系统、水稻沟渠系统的建设方面，所表现出的完善和科学，都标志着当时的城市建设的技术水平已达到了相当的高度。东周之后的春秋时期，诞生了名垂青史的七国官书《考工记》，通过查阅《考工记》等文献，最晚在春秋战国时期，中国古代城市已形成了严谨统一规划的整齐布局，城市的规划思想不仅强调防御与城市整体布局，还强调城市与自然的结合，强调统治阶级和其他阶级之间严格的等级观念。

在经历了夏商周时期后，都城的发展礼制既定。而中国古代城市的规模，在先秦时期已基本形成并完善，城市的组成要素有宫殿区、祭祀坛庙区、手工业和商业区、居住区、城垣和壕沟等防御设施，还有宗教寺院、园林、仓库等为城市生活服务的内容。"重天子之威"是秦汉时期城市布局的指导思想，秦都城和建筑的规模等级也都有了很大的提高。秦都咸阳曾经是世界上最为华丽雄伟的一座都城，昔日规模之大，宫室殿阁之壮伟，是各国都城无可比拟的。

二、中国古代城市发展的发展期

三国两晋南北朝是中国历史上一个动荡的时期，这段时期战争不断，民生窘困，汉代积累了数百年的城池建筑，也在战火中消弭殆尽。但由于各朝代更替频繁，每一个朝代都有陈旧图新的历程，因此从整体上看，营造数量并不少，而且旧与新之间不仅有继承关系，更有革新进步，这个时期是中国古代城市规划发展的发展期。

作为中国古代都城规划重要特征的中轴线格局，就是在这个时期出现的，三国曹魏邺城是其代表作。东汉时期的洛阳，中轴线已初具雏形，当时的洛阳宫城有南北二座，之间有大道连接，大道形成的轴线贯穿全城，但是，同时也带来了城市交通的不便。曹魏邺城继承并发展了中轴线的布局，吸取洛阳的经验，取消南北二宫的设置，将邺城宫城建在城市的北部中央区，改变《考工记》中宫城在城市正中央的规则，这种布局是中国古代城市规划中的一个重要转折点。

文献记载，邺城平面呈长方形，城垣东西长7里，南北宽5里，里外有两重城垣：郭城和宫城。城中有一条东西干道连通东西两城门，将全城分成南北两部分，干道以北地区为统治阶层所用地区，干道以南为一般居住区，即平民区，等级分明。南北区内又均有棋盘状的道路将大区划分为若干小区，便于交通和管理。主要道路正对城门，干道丁字形相交于宫门前；邺城的宫城中轴线向南一直延伸到郭城，是城市中等级最高的一条道路。这条城市纵轴线不仅使整个城市变得主次分明，更烘托了宫城至高无上的地位。

把中国古代一般建筑群的中轴线对称的布局手法扩大应用于整个城市，全城街道整齐对称，结构严谨，分区明显。这种布局方式承前启后，意义重大，在后来的南北朝时期的都城规划中得到继承和发展，对此后的都城规划都有着很大的影响。

这种城市的新规划在三国、南北朝时期得以保持。南朝时期的都城——建康，其纵轴线到达郭城后继续向南延伸，总长超过7里；纵轴线的两侧还布置了官署，这是邺城所没有的布局。再到北魏时期洛阳城，继续在继承建康城中轴线两侧布置官署的基础上，又在纵轴线最南端的两侧分别设置"左祖"和"右社"，使中国的礼制建筑更加完整。

从曹魏邺城、南朝建康到北魏洛阳，城市规划间有明显的继承和发展的关系，可以说北魏洛阳是三国两晋南北朝时期都城发展的一个顶端，对隋唐有着重要和直接的影响。

三、中国古代城市发展的成熟期

隋唐时期是中国历史上的繁华盛世。从隋代开始，中国进入了一个空前的大发展时期，建筑也随之进入了发展高潮。隋唐长安城是我国都城发展史上的重要里程碑，唐长安城与元大都和明清北京城，被称为中国三大帝都，在中国城市发展史上占有重要地位。

隋唐长安城的布局规划继承了古代城市传统礼制思想，更直接接受曹魏邺城和北魏洛阳规划的影响。隋唐长安既像传统规则实现了城垣规整、街道整齐，又出现了因功能而生的非均衡布局：城市虽轴线对称却不是中心对称，宫城是结合地形和当时的军事形势建设的，如北魏洛阳那样设置在城市的北端，形成了以宫城为起始点的轴线对称格局。以宫殿和官署为重心，规整的方格网街道，居民小区似统一的里坊制和城市集中布局的集市，形成了隋唐时期城市的布局特点。

北宋的汴梁城的城市布局与隋唐长安城相比，相同之处都是外

郭城、宫城、皇城三城相套的布局，城市内也是由棋盘状的从横轴线划分的行政区。不同之处是汴梁的宫城在全城的中央，不在城北；由于城市规模较小，城市里不再修筑坊墙。所以，宫城位置居城中，废除了里坊制，是北宋汴梁城区别于之前的都城的最大特征，同时开启了元、明、清各代的先例，在中国古代城市规划史上具有重要意义。

四、中国古代城市发展的繁荣期

元、明、清时期是中国古代城市规划史上的繁荣期。元大都始建于1267年，1272年建成，命名"大都"。

元大都的规划设计严格遵守《考工记》的原则，是中国历史上形制最接近此书所记载的王城之制的城市，即三重城垣、前朝后市、左祖右社，九经九纬的街道、标准的纵街横巷制的街网布局。由于元大都是在开辟的平地上新建起来的都城，其规划不受旧格局的约束，所以建成后规模很大：平面呈长方形，东西长6700米，南北长7600米，面积约51平方千米。共有城门11座，除了北城墙开两个城门外，其余三方向城墙均开三个城门，相对的城门之间都有大道相通。元大都的城市最主要中轴线为南北向，起点是城南端的丽正门，向北穿越皇城郑重的崇天门及大明门、大明殿、延春门、延春阁、清宁宫、厚载门，尽头是位于大都城中心的大天寿万宁寺中心阁，这条南北中轴线一直沿用到明清北京城和今天的北京城。

明清北京城是中国古代最著名的城市，其严谨紧凑、抑扬顿挫的整体规划，在世界城市规划史上有着极高的地位和声誉。

明清北京在规划思想、布局结构和建筑艺术上继承和发展了元大都的基本格局，但在建筑艺术水平上比元大都时期有明显提高。

明北京城包括内城和外城，北京城的平面呈"凸"字形，"凸"字的上半部是内城的位置，内城的中心区域是宫城区，外城占据了"凸"字的下半部。内城的规划多继承自元大都，规整有序；外城为后来增建，多为扩展前自发形成的，比较零乱。北京的外城于明嘉靖三十二年（1553年）开始修建，又称"外郭"，外城东西长近8公里，南北长3公里，城墙总长约14公里，高7~8米，修建的十分牢固。和内城一样也是砖包城墙，城墙外有护城河围绕，东南角左安门附近因为要避让水洼而向内曲折。内城城墙总长度约24公里，所围合的区域基本成东西宽的方形，唯有西北缺一角，加之外城的城墙也有一角不规则，两个现象被附会为女娲补天"天缺西北，地陷东南"之意。

宫城，即紫禁城居全城核心位置，宫城的正门与内城及外城的正门形成一条城市中轴线。明北京城的规划贯穿着礼制思想和"天人合一"的理念：宫城内采取传统的"前朝后寝"制度，布置着皇帝听政、居住的宫室和御花园；宫城南门前方两侧布置太庙和社稷坛，再往南为伍府六部等官署；宫城北门外设内市，还布置一些为宫廷服务的手工业作坊，这种布置方式完全承袭了"左祖右社""面朝后市"的传统王城形制。

居住区分布在皇城的四周，商业区分布的密度大，明代在东四牌楼和内城南正阳门外形成繁荣的商业区。

清代北京城基本沿袭了明朝北京城的格局，但改变了皇城内的一些布局，如将明代皇城内大量内廷供奉机构改为民居，并将内城的大量衙署、府邸、仓库、草厂区也改为民居，同时将内城改为八旗居住区，令汉人迁往南部外城居住。清代还在北京城内修建了大量黄教寺庙、王府，并在西郊修建了三山五园等皇家园林区。

明清北京城是在元大都的基础上加以改造而成，其布局因势利导，贯穿了传统的宗法礼制思想，继承了历代都城的规划传统经验——整个都城以皇城为中心，皇城前左建太庙，右建社稷坛，并在城外四方建天、地、日、月四坛；在城市中强调南北向中轴线，自最南端的城门永定门起，向北一直到鼓楼、钟楼，轴线长达15里，这是世界上最长的、堪称最美的城市轴线。

明清北京城的城市街道系统在元大都的基础上进行了扩建，但基本格局相同，仍是棋盘式道路网，街道走向大都为正南正北、正东正西。城内主要干道是宫城前至永定门的大街和宫城通往内城各城门的大街，外城有崇文门外大街、宣武门外大街以及连接这两条大街的横街。由于皇城居中，把内城分成东西两部分，东西向交通受到一些阻隔，方格式路网中出现了不少丁字街。明清北京城大城市街道平直整齐，府邸、寺院、道观、商业区和风景区错落有序地分布，礼制建筑向四面次第展开，外围布置以皇家苑囿、皇陵、长城，自内向外井然有序，体现了皇权至上的观念，使其庄严宏伟程度远远胜于元大都。在城防方面，北京城以砖石城墙为基础，箭楼、角楼、瓮城、敌台、闸楼、城壕等为依托，组成了平面和立体的综合防御体系，是中国古代城市建设史上防备最完善的都称之一。

北京是中国历史上最后一座帝都，它作为两个朝代的国都有400余年的历史，长期以来是中国封建王朝的政治、文化、军事和经济中心。北京城体现了中国古代城市规划和城市建设的最高成就，集中国历代都城建设精化于一身。它的城市布局不但做到了"象天法地，天人合一"，又气魄宏伟，逻辑严谨，还不失世俗繁华特有的生机盎然。整个城市犹如一件完美杰出的艺术珍品，其建筑艺术在世界上享有崇高的声誉。

最后，用两位外国著名的城市规划学家对北京城的评价作为结束语——"北京可能是人类在地球上建造的最伟大的单项作品……它的设计是这样的光辉灿烂，为我们今天城市提供了丰富设计意念的一个源泉"，"整个北京是一个卓越的纪念物，象征着一个伟大文明的顶峰。"

凌琳（北京古代建筑博物馆陈列保管部　文博馆员）

斗 拱

——传统建筑结构的精华

◎ 陈晓艺

斗拱，是中国建筑特有的一种结构。大木是指建筑物一切骨干木架的总名称，大小形制有两种，有斗拱的大式，和没有斗拱的小式。那么斗拱到底是什么？古代建筑中主要的承重部分是柱和梁，其间的过渡部分则称之为斗拱，在本馆太岁殿展厅西侧也展示和讲解了斗拱的演变及其构造。

一、斗拱的基本含义

斗拱，又称枓栱、斗科、欂栌、铺作等，是中国汉族建筑的一种结构。在立柱顶、额枋和檐檩间或构架间，从枋上架起的一层层探出成弓形的承重结构叫拱，拱与拱之间垫的方形木块叫斗，合称为斗拱。

斗拱的产生和发展有着非常悠久的历史。从两千多年前战国时代采桑猎壶上的建筑花纹图案，以及汉代保存下来的墓阙、壁画上，都可以看到早期斗拱的形象。中国古典建筑最富有装饰性的特征往往被皇帝攫为己有，斗拱在唐代发展成熟后便规定民间不得使用。

斗拱，是汉族建筑上特有的构件，是由方形的斗、升、拱、翘、昂组成。是较大建筑物的柱与屋顶间之过渡部分。其功用在于承受上部支出的屋檐，将其重量或直接集中到柱上，或间接的先传至额枋上再转到柱上。一般，只有非常重要或带纪念性的建筑物，才有斗拱的设计。

斗拱使人产生一种神秘莫测的奇妙感觉，在美学和结构上它也拥有一种独特的风格。无论从艺术或技术的角度来看，斗拱都足以象征和代表中华古典的建筑精神和气质。斗拱中间伸出部仍叫作要头，雕着一个立双式的青色龙头，其两旁的垫拱板雕半立体火焰珠一粒，象征吉祥如意。成立于1953年的中国建筑学会将抽象的斗拱作为会徽。

二、斗拱的演变

希腊的"爱奥尼克"（Ionic）柱式（如下图）是柱头的冠板向下弯曲，在四角构成螺旋式卷耳（Volute）。在构造上，也是由柱头的托架帽转变而来。有趣的问题在于中国柱头（如右图）上的横木向上弯曲成了斗拱，而希腊的柱头向下弯曲撑了纯粹的柱头装饰。向下弯曲的构造让这个建筑部分与其他的构件没有了接触，从而变成了纯粹的装饰图案。而古代建筑中的斗拱则变成重要的结构构件，从而也达到了装饰的作用。

有人推测斗拱是由树杈的形状启示而来，最近有人提出斗拱是由擎檐柱转变而成。其实，结合所有文字和实物资料来看，正确地理解斗拱的产生应该是由柱头部分构造演变而成。从构造的观点来看，水平与垂直杆件结合的时候，在夹角部分很自然会加上斜撑用来加固接点，并保持整个构架的稳定，栾栌就是这种构造观念的发展，或者说是一种与没管相结合的较高阶段的发展形态。最初的"栌"是比柱身还打的斗状柱头，栾为了与栌的比例相配合，也就颇为粗大。这种设计形式并不能满足装饰上的要求，因而它们自身必然会另加装饰，古代有"雕栾镂楶"之句，就表明当时的柱头还有雕饰和彩画。

斗拱的演变大体可分三个阶段：第一阶段为西周至南北朝。西周铜器拱令簋上已有大斗的形象，战国中山国墓出土的铜方案上有斗和45°斜置拱的形象，汉代的石阙、明器、画像石和画像砖上也有大量斗拱的形象。从汉高颐阙和四川牧马山、山东高唐出土的汉明器陶楼上可以看出，柱顶有斗拱承托檩、梁或楼层地面枋，挑梁外端的斗拱承托檐檩，各个斗拱间互不相连。汉代以后开始在柱间用斗拱，最初是一种在现代称为人字拱的斗拱，即在额枋上立一个叉手，上置一斗，承托檐檩。在使用上，斗拱不但用于外檐，也用于内檐。早期的建筑内檐斗拱使用较多，自唐代之后便逐渐减少，明代只剩一小部分，清代除重要建筑外，内檐多不设斗拱。

汉朝时期斗拱的结构、形态更加丰富，其多样化多表现于栌斗，起形态至少有五种：（1）一斗二升；（2）一斗三升；（3）一斗二升，两侧附加支点承托；（4）重叠多重横拱；（5）横拱形状，有平直形的"枅"、弓形的"栾"（曲枅）、折线形、曲线形的异形枅，此时的斗拱还增加了减少弯矩和剪力的作用。柱头斗拱在发挥承托作用、悬挑作用的同时，由于扩大了支座，增添了支点，改善了节点构造，可以增加梁身在同一净跨下的荷载力（）从而有效地缩短了梁、枋构件的计算跨度，明显减少了构件的弯矩应力和剪应力。随着建筑物柱间距的增大，为争取檐枋的跨中支点，建筑中又逐渐形成了补间斗拱。山东日照两城山画像石中，已显现出额枋上设置叠涩形补间的形象。

两晋、南北朝时期斗拱的主要分件——斗与拱的形式，逐渐趋于规范。其补间斗拱的构造与形式，继汉代的传统加以改革与创新，出现了华拱与人字拱两种。这些补间铺作均不出跳，其作用只限于增添檐枋的跨中支点，以减少檐枋的弯矩和挠度。人字拱也由直线逐渐演变为曲线，表现出对斗拱艺术效果的积极追求，作为结构构件的斗拱逐渐增强了审美的装饰作用，并已经用两跳的华拱承托出檐。

晚唐时期的佛光寺大殿除了在第四跳上多了一个新构件——要头外，其外檐也采用了四跳的七铺作双抄双下昂斗拱，檐口挑出约4米，充分显示了斗拱出跳支持深远出檐的结构功能。从这个实例看，唐代斗拱一般都较为硕大，起着重要的结构性和支撑性作用。我们从佛光寺大殿可以看到，它的外槽柱头铺作和内槽柱头铺作，都有柱头方和扶壁拱重叠成井干状。这种重叠的柱头枋左右连接形成了内外槽的两圈纵架，把柱头铺作，连同转角铺作、补间铺作在左右方向拉接起来。同时，在内外槽铺作之间，也采取了两个拉接措施，第一是以明乳栿的头部和尾部分别插入外槽柱头铺作和内槽柱头铺作，形成第二跳华拱，第二是以素枋的前端插入外槽柱头铺作，引

出第四跳华拱，尾部插入内槽柱头铺作，形成第四跳华拱。这样，通过明乳栿和素方的上下两层连接，是外槽与内槽之间有了拉接的横梁。通过上述纵架连接，整个内外槽铺作组成了坚实的如同水平框架的铺作层。这个铺作层，上承屋架层，下接柱网层，对保持殿堂型构架的整体性起到了关键作用。唐代斗拱普遍壮硕，雄伟，这些斗拱不仅在做法上、组合上显现合理的力学关系和清晰的结构逻辑，而且在造型上形成了合理的、规范化的形式，这为宋代《营造法式》的编修提供了良好的技术支撑。

五代时期的建筑斗拱没有很大的改变，其仍然沿袭唐代斗拱风格，雄浑大方、简洁明快、技艺统一、格调高迈、华不纤巧，斗拱在整体布局中变化多种多样，错落有序、别开生面。

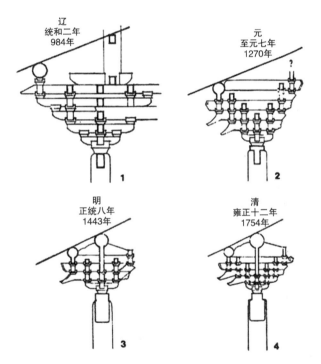

宋（辽金）元时期是我国封建社会建筑发生较大转变的时期，这时期的斗拱形象开始走向柔美绚丽，一般用料较小。整个铺作的组合比较复杂，斜拱开始普遍使用，其斗拱的作用开始减小，趋于装饰性。宋代建筑的主要代表是山西太原晋祠的圣母殿，柱头和补间所用的斗拱形式趋于统一，不过还用量较少，每间一朵，有时明间两朵。明代补间铺作数量开始增加，逐渐增加至四至六朵，清代最多达到八朵，这时候对斗拱的看法主要就是一条华丽的装饰性檐口线了。

明清时期，由于科学技术的进步，建筑材料由易腐蚀的夯土、木材逐渐被砖石所代替，这使得屋檐悬挑的深度明显减小。当挑檐桁挑出距离相应收缩时，整个斗拱尺度也显著缩小，其结构性能亦逐渐退化。除此之外，明清时期建筑斗拱的特征还有乳栿变成挑尖梁，尺度硕大的挑尖梁不是插入，而是压在柱头科斗拱上，梁头直接承托正心街，柱头科支撑挑檐的作用已被挑尖梁所取代，外檐斗拱的悬挑功能明显退化。

三、斗拱的种类及名称

斗拱的样式粗略看起来似乎都很相似，但实际上他的种类和做法是非常繁多的。每个时代、每种类型的建筑物都会有其特殊的制式和变化。

（一）按斗拱在建筑物上所处的部分可以分为两大类

1. 外檐斗拱，主要包括五种

（1）柱头斗拱。直接座于柱头上，宋代叫作"柱头铺作"，清代称"柱头科"。

（2）柱间斗拱。位于两柱之间的额枋或平板枋上，宋代叫作"补间铺作"，清代称"平身科"。

（3）转角斗拱。位于角柱上，宋代叫作"角铺作"，清代称"角科"。

（4）镏金斗拱。在明清时期由带下昂的平身科斗拱转化而来。

（5）平座斗拱。位于平座下面，用于支撑平座。

每一组斗拱，宋代叫作"一朵"，清代称"一攒"。

2. 内檐斗拱。主要包括品字科斗拱和隔架斗拱两大类。

（二）拱的分类及各部分名称

1. 按拱所处的结构位置可分为两大类。现以外檐斗拱为例做介绍。

（1）正心拱。凡是位于檐柱中线上的拱，都叫"正心拱"。正心拱一面向外一面向里。在拱的纵中线上需加宽 0.3~0.25 斗口的槽口，用以安放拱垫板，所以正心拱的厚度要比其他的拱多一个拱垫板的厚度。

（2）单材拱。凡不在檐柱中心线上的拱都叫"单材拱"。在檐柱中心线以外的单材拱又叫"外拽拱"，在檐柱中心线以内的单材拱又叫"里拽拱"。

2. 按拱的长短尺寸可分为三类：瓜拱、万拱和厢拱。瓜拱最短，厢拱次之，万拱最长，这是清代的规定。瓜拱和万拱常相叠并用，瓜拱在下，万拱在上，瓜拱托着万拱。位于正心拱位置上的瓜拱叫作"正心瓜拱"（宋代称泥道拱），位于正心拱位置上万拱叫作"正心万拱"。位于单材拱位置上的瓜拱和万拱，分别叫作"单材瓜拱""单材万拱"。又可以分为"外拽瓜拱""外拽万拱"和"里拽瓜拱""里拽万拱"。

厢拱总是安放在最上层翘或昂两端，外拽厢拱承托挑檐枋，里拽厢拱承托天花枋。在正心拱位置不会出现厢拱，所以厢拱没有正心和单材之别。

瓜拱、万拱、厢拱是清代的名称，在宋代瓜拱称"瓜子拱"，万拱称"慢拱"，厢拱称"令拱"。

3. 拱的各部分名称

在拱的中间部位有与翘、昂或要头相交的卯口，拱的两端有承托升的分位。在升与卯口之间，拱向下弯曲的位置叫作"拱眼"，拱的两端下面曲卷处叫"弯拱"。弯拱的曲度在清代《营造法式》里有"瓜四""万三""厢五"的规定，使拱弯分成几小段直线，以便制作。

（三）翘、昂的分类与斗拱出跳

1. 翘与昂的分类

（1）翘。凡是向内、外出跳的拱清代叫作"翘"，宋代称"华拱"。宋代把出跳叫作"抄"，每出一跳叫作"一抄"。例如"双抄"即出华拱两跳。

（2）昂。昂也是斗拱向外出跳的构件，只是形式与翘不同，昂头部伸出特别长。

①下昂。下昂是向下倾斜的构件。下昂的作用在于使斗拱出挑长度和华拱相同时，减低斗拱抬升高度。这样可使屋檐伸出较深远时，斗拱不至于抬升过高。

②上昂。上昂是斗拱向外上方斜出的构件，它可以在斗拱挑出长度与华拱相同时，增加斗拱高度。

2. 斗拱出跳

翘（华拱）或昂每向内或向外挑出一层，宋叫"一跳"，清叫"一踩"；每升高一层，宋叫"一铺"。以正心拱为中，每向内、外出跳一层，清代又叫作"一拽架"。

按宋代和清代的规定，斗拱向内外各出一跳，宋叫"四铺作"，清叫"三踩"；出两跳，宋叫"五铺作"，清叫"五踩"；出三跳，宋叫"六铺作"，清叫"七踩"；出四跳，宋叫"七铺作"，清叫"九踩"；出五跳，宋叫"八铺作"，清叫"十一踩"。

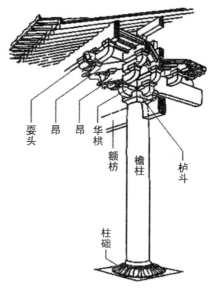

宋式柱头铺作

宋代斗拱出跳的铺作数为出跳数加3，即 N（铺作数）= X（出跳数）+3（长数项）。

清代斗拱出跳的踩数是指一攒斗拱中横拱的道数。清式斗拱每拽架都设有横拱，所以每攒斗拱里外拽架数加正心位上的正心拱枋，即为每攒的踩数。唐宋时期，里外拽斗拱上常有不设横拱的做法，这种做法叫作"偷心造"，而里外拽上设横拱的做法作"计心造"。

宋代对斗拱的表示方法为"几铺作几抄几昂"，如"五铺作单抄单下昂""七铺作双抄双下昂"等。清代对斗拱的表示方法为"几踩几翘几昂"，如"五踩单翘单昂""七踩单翘重昂"等。最简单的斗拱为不出跳者，分别有"一斗三升"等形式。

无论一攒斗拱出几跳，在最里、最外两跳上只有一层厢拱（令拱）。外拽厢拱上托着挑檐枋，挑檐枋上座着挑檐桁，里拽厢拱上托着天花枋。其余各踩都只有两层拱，瓜拱在下，万拱在上。万拱之上，就是枋子，在正心的叫"正心枋"，在里、外拽位置上的叫"拽枋"（宋称"罗汉枋"）。无论踩数多少，正心万拱以上就用层层的枋子叠上，一直到正心桁下。

3. 翘昂的构造做法

以清式五踩单翘单昂平身科斗拱为例。翘与拱的做法完全相同，只是方向不同。

昂向外伸出一端为昂嘴，向里挑出一端或曲卷如翘，或者做成"菊花头""霸王拳"一类的雕饰。在最上层翘昂的上面，还有两层与翘昂平行的构件，下面的叫"耍头"，上面的叫"撑头"。耍头里外两端均外露，外端往往做成"蚂蚱头"，里端做成"六分头"。撑头外端不露出，抵住挑檐枋，后尾露出刻座"麻叶头"。

（四）斗和升的分类及各分部名称

1. 斗和升的分类

（1）大斗。汉代称"栌"，宋代叫"栌斗"，清代也叫"坐斗"。它位于全攒斗拱的最下层，直接座在柱头或额枋或平板枋（普拍枋）之上。大斗上承托正心瓜拱及头翘或头昂，所以，全攒斗拱的重量都集中在大斗上。

（2）三才生。宋代叫"散斗"，它位于里外拽拱之两端，托着上一层拱或枋子。

（3）槽升子。宋代叫"齐心斗"，它位于正心拱之两端，托着上一层正心拱或正心枋。

（4）十八斗。宋代叫"交互斗"。它位于翘或昂的两端，托着上一层翘或昂及与之相交的拱。

2. 斗与升各分部名称

（1）斗口。大斗和十八斗上，都开有装设翘昂的槽口，称作"斗口"。清代把平身科斗拱大斗的斗口作为权衡大式大木建筑各部件的基本单位。

（2）斗耳。斗口两侧突起的部分。

（3）斗腰。斗耳下面的垂直部分，宋代叫作"斗平"。

（4）斗底。斗腰下面的倾斜部分，宋代称"斗欹"。宋代规定：斗耳、斗平、斗欹的高度比为 4：2：4。

北京古代建筑博物馆文丛

第三辑

2016年

174

（五）唐宋及明清时期斗拱命名范例及斗拱的模数制

1. 唐宋斗拱名称："×抄×下昂"是度量铺作单位之一

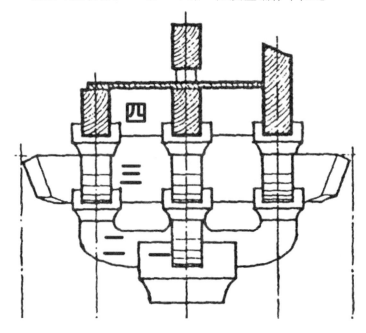

单杪四铺作（一：栌斗；二：棋；三：耍头；四：衬方头）

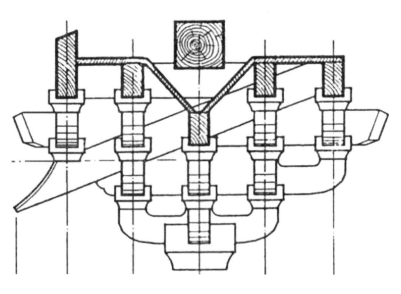

单杪单昂五铺作

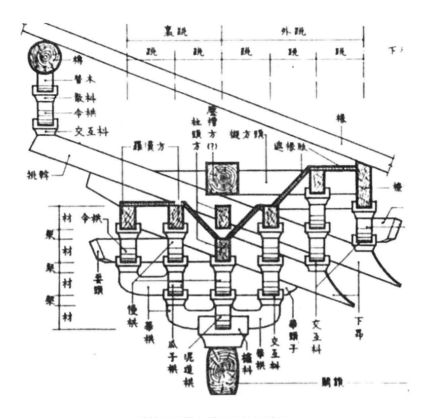

单抄双下昂六铺作里转五铺作

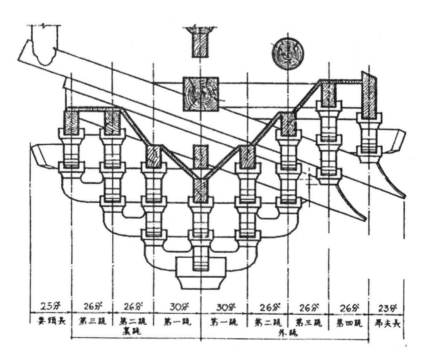

25分	26分	26分	30分	30分	26分	26分	26分	23分
要頭長	第三跳	第二跳 裹跳	第一跳	第一跳	第二跳 外跳	第三跳	第四跳	邛夫長

双抄双下昂七铺作里转六铺作

北京古代建筑博物馆文丛

第三辑 2016年

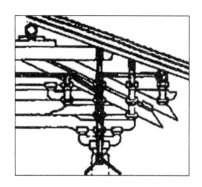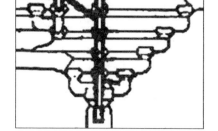

佛光寺柱头铺作一三挑偷心造　　　　佛光寺大殿内槽铺作全偷心造

2. 明清斗拱名称：一般称"×翘×昂×踩"。翘相当于宋式的杪（华拱出跳数），昂同，踩基本是出跳数乘二加一（里外同时出跳）。

踩，翘、昂每支出一层，在里面和外面各加一排拱，叫"一踩"。

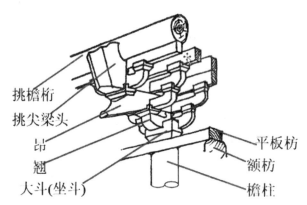

挑檐桁
挑尖梁头
昂
翘
大斗(坐斗)

平板枋
额枋
檐柱

清式柱头科主要构件名

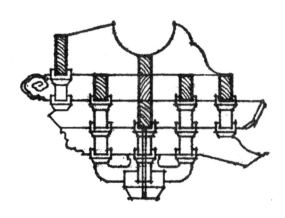

单翘单昂五踩（图中的昂为假昂）

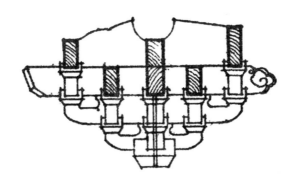

五踩重翘品字斗拱

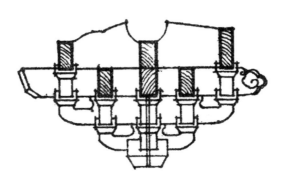

五踩重翘品字斗拱

3．斗拱的模数制

（1）宋代斗拱的模数制

宋代《营造法式》中把建筑物的长、宽、高各种构件，包括斗拱的宽和广（高），都用"份数"订出标准，称为"材份（宋写作'分'）制"，这是中国古代的模数制。这种模数制的基本单位为"分"，规定1材＝15分。另以"栔"和"足材"作为辅助单位，一栔＝2/5材＝6分，一足材＝1材＋1栔＝21分。矩形构件均为高15分度，宽10分度，即高：宽＝3：2。上下拱之间的距离为栔，高6分度，宽4分度。单材拱断面也是高15分度，宽10分度；足材拱高21分度，宽仍为10分度。《营造法式》中，按建筑物等级将"材"分为八等

（2）清代斗拱的模数制

清代工部《工程做法则例》规定以平身科斗拱中坐斗承托翘昂的卯口宽度作为模数的基本单位，叫作"斗口"。清代单材高度比为14：10，足材20：10，斗口制为宋制"分值"的十倍。斗拱按建筑等级分为十一等。由宋制和清制相比，可以看出用材普遍减小。随

着历史的发展，斗拱用材的趋势是由大变小。

四、结语

在建筑学上，不论古今，有关斗拱的技术资料都比其他部分更为详尽，由此可见斗拱受到的重视。可惜今日大多数的人们只把关注点放在斗拱的造型上，却忽略了这种结构自身的力学魅力。先农坛是清两代皇家祭祀先农诸神的场所，本馆的太岁殿的建筑形式为翘单昂鎏金斗硕，明间补间斗硕六攒，次间稍间为四攒，四周共用柱头斗硕16攒（包括4攒转角斗硕），补间斗硕64攒。补间斗硕为真下昂，挑金做法。昂后尾挑于正心檩与下金檩之间的枋下，枋上挑檐椽，枋两端通过驼峰，搁置于抱头梁或六架梁上。通过对斗拱的系统学习，再来看太岁殿的结构则会有更深的认识。作为北京古代建筑博物馆的一员，更该增加自身的专业能力从而更好地发扬和传播古建文化。

陈晓艺（北京古代建筑博物馆陈列保管部　助理馆员）

北京古代建筑博物馆文丛 第三辑 2016年

［博物馆学研究］

从公众服务看智慧博物馆建设

◎ 李 梅

　　对智慧博物馆的思考与关注已持续一段时间，而认识并未明确。在故宫博物院 90 年庆典的紫禁城论坛中，南京博物院龚良院长在此次紫禁城论坛中的论点，恰为点拨之笔，指点迷津。龚良院长用了一个比较来说明数字化博物馆与智慧博物馆的区别，前者是我们博物馆人的，是以数字化为形式的博物馆，而后者则是以公众需求为主体的博物馆，是智慧的博物馆。通过简单明了的比较，实际上完全区分了博物馆在数字化进程中的中间阶段以及实现目标。甘肃博物馆馆长俄军先生曾撰文《博物馆智慧与智慧博物馆》，文中对于智慧博物馆的兴起、内涵以及如何建设等方面进行精练阐述，提出智慧博物馆的发展方向。国家文物局副局长宋新潮先生在其《关于智慧博物馆体系建设的思考》[①] 一文对智慧博物馆的概念与内涵、智慧博物馆的特征、智慧博物馆的发展模式进行分析研究，以中外博物馆界的广阔视角阐述智慧博物馆发展建设的宏观架构，文中的重点之一是对智慧服务的阐释与解析。

　　如今的时代是技术大发展的时代，数字化的发展、大数据的时代，云计算的突起、物联网的世界，都为博物馆的发展提供了全新的技术支撑，传统形式的博物馆发展来到了新的智慧博物馆阶段。如何利用新技术手段为博物馆建设所用，为博物馆公众服务所用，成为博物馆研究的一个内容。以"智慧博物馆到底是谁的"这一问题推理，本文关注博物馆公众自觉意识的觉醒，公众个性化需求、公众的主导需求日益增强的今天，智慧博物馆建设以为公众服务为核心目标之一。"从公众服务看智慧博物馆建设"这一想法思考许久，以之为智慧博物馆的一个方向。

---

　　① 宋新潮《智慧博物馆的体系建设》，《中国文物报》2014 年 10 月 17 日第 5 版《遗产保护周刊》。

一、明确几个概念

公　众

公众作为公共关系的基本构成要素，是公共关系学中一个相当重要的概念，最初由英文 Public 一词翻译而来，有泛指公众、民众的含义，也有特指某一方面公众、群众的含义。在公共关系学中，一般把公众理解为因面临共同的问题与特定的公共关系主体相互联系及相互作用的个人、群体或组织的总和。公众因共同的兴趣、共同的需求、共同的目的、共同的背景、共同的意向、共同的问题等多种共同性而形成相似的态度、看法，并采取较一致的行为，这就构成了组织面临的一类公众。公众是具有多层次的立体结构，由个人、群体和社会组织三个部分构成，因此具体的公众形式可以是个人，可以是群体，也可以是某些社会团体，或者是某些社会单位、部门。这种公众的多层次和多元化，就决定了公共关系是一种多维的社会关系。多维性还表现在不同的公众具有不同的需求和目的，虽然作为特定组织的公众，他们都面临着一个共同的问题，但在解决这一问题的过程中，他们所表现出来的利益追求和价值取向存在一定的差异。公众不是封闭僵化、一成不变的对象，而是一个开放的系统，处于不断发展变化的过程之中。公众具有互动性，主要表现为公众和公共关系主体之间构成某种互动关系。公众的意见和行动对一定社会组织的生存发展具有影响力和制约力，反过来，社会组织所制定的政策、所采取的行动，对公众也具有影响力和制约力。也就是说，公众与一定社会组织发生的利益关系是双向的，组织可以从公众那里获益，公众也可以从组织那里获益。正是以此为基础，才形成了组织与公众之间的公共关系活动。

作为一类社会公众组织，博物馆的服务对象被称为博物馆观众，主体首先是市民，是博物馆所在地城市的常住人口，在闲暇之余进入博物馆参观休闲活动。博物馆的第二大类观众为学生观众，博物馆的重要职能之一是教育，大量的学生观众在学校组织下参观博物馆。在北京这样的旅游城市中，各地旅行者成为博物馆人数相对较多的观众类型。以上博物馆公众即从博物馆馆场出发，以展场实地参观为主。随着数字化信息技术的发展，网络、新媒体手段越来多的应用，实际展馆内的参观服务之外，博物馆公众服务从线下到了线上，线上与线下结合，扩大了博物馆服务公众的数量、博物馆服务的层次更多，类型更丰富。

数字化博物馆

博物馆资源数字化为基础，博物馆的资源包含了丰富的含义。首先将具象的形态进行数字转换，数字资源库的壮大需要积累，可以说包含了博物馆业务的全部类型：藏品图文资料、展览资讯、图书资源。

现阶段常见的做法除了在网站上展示部分展品的图文资料等藏品数字化形式之外，还有数字化程度较高的博物馆中有专门的数字展厅，展览全部采用数字化的展出形式，与传统博物馆的展示形式完全不同，没有文物展品，无须展柜、展台等。在全数字的展厅中好像置身数字馆，2010 年上海世博会众多数字化展厅可谓数字化展示的代表。博物馆数字化建设直至数字博物馆，无论是从技术手段上，还是博物馆藏品数字化建设程度，全馆数字化建设等方面都是"走在智慧博物馆的路上"，在为建设智慧博物馆进行储备。从技术方面，平台搭建，基本信息采集、编辑，到博物馆的运行与管理理念，对新技术手段的熟悉理解及运用，以上种种均指向智慧博物馆的建设。

智慧博物馆

智慧博物馆与"数字博物馆"不同，智慧博物馆不再是仅将藏品信息数字化并上传互联网，而是"借助互联网包括物联网等技术，让博物馆里以藏品、展品、观众参观、博物馆管理运行都变得更加智慧起来"。俄军先生将智慧博物馆定义为"智慧博物馆拟在数字信息技术基础上，充分利用物联网、云计算、大数据、移动互联等新技术构建出博物馆新形态"。[①] 认为智慧博物馆的内涵是"以数字化为基础，充分利用新技术，以构建感知、互联、应用"。

物联网的时代将是一个万物相连的时代。物联网的定义之一是：通过信息传感设备，把物品与互联网连接起来，进行信息交换和通

---

① 俄军《博物馆的智慧与智慧博物馆》，《甘肃日报》2015 年 1 月 19 日第 11 版《理论》。

讯，以实现智能化识别、定位、跟踪、监控和管理的一种网络，是在互联网基础上的延伸和扩展，具有技术融合度高、产业链条长、应用领域广等特点，包括信息的采集、传输、分析和应用四个环节①。建设智慧系统以实现对信息的实时采集、自动采集、按需采集，以及对某些专项数据的深入采集为主要出发点②。带着明确目标，而非泛泛而为，将采集信息与分类整理同步进行，而形成完整有效的数据资源。智慧博物馆与数字博物馆不同，是一种更为深刻的智慧化，更为全面的互联互通。

二 博物馆为公众服务的任务

本文开端明确了博物馆以公众服务为其对象的特点。博物馆为公众的服务以文化服务为主体，同时兼顾文化宣传窗口的功能。深化文化体制改革的过程中，"三大体系"的建设摆上议事日程，"三大体系"建设即公共文化服务体系的建设、文化产业体系的建设、文化市场体系的建设。上海博物馆前任馆长陈燮君先生认为：公共文化服务体系中的博物馆的文化力量与智慧，是中国进一步发展、崛起的文化准备。历史应该敬畏，不能随意剪辑；文化贵在成长，不能轻视积累；"动静"伴随节奏，不能刻意"制造"；公共文化服务体系有自己应有的文化立场、文化尊严、文化权益、文化智慧和文化力量③。宋新潮先生认为智慧博物馆要做到智慧保管和保护、智慧展览和管理——更重要的是，为观众提供智慧型服务。

以下列举博物馆公众服务的几个类型。

利用博物馆独有的资源，为公众研究提供文物资料信息，提供文化依据与基本素材，提供图片资料、视频资料，包括物质文化遗产以及非物质文化遗产各个类型的中华优秀传统文化资源、文物资源。博物馆文化资讯类，文物藏品信息类，以文化创意产品为主的服务类等。

---

① 王如梅《物联网在博物馆中的应用》，《北京文博》2014年1期，第105—110页。

② 陈刚《智慧博物馆——数字博物馆发展新趋势》，《中国博物馆》2013年4期，第2—9页。

③ 陈燮君《公共文化服务体系中文化的力量与智慧》，《上海文博》2012年第1期，第8—26页。

服务于社会公众的专业研究需求，为专业研究人士提供资源支持，服务于社会中对文物的专业研究，促进相关领域专业发展。目前的首博文物图片资料是为社会研究人员或机构提供科研服务主要形式之一，用于科研人员出版、论文所需。

为社会爱好者服务，提供专业的文物赏鉴知识与智力支持，北京市文物局主办，在"5.18博物馆日"曾举办多场次文物鉴定会，为民间文物收藏提供鉴定、资讯等服务，这样的活动形式受到社会公众极大欢迎。现场火爆的局面也证实了社会公众需求所在，以及博物馆独特的专业资源的价值与意义。

文博类资讯实用与传播。仍以首博为例，在首博官网上有诸如"网络讲堂""免费下载超市"等，以互联网形式为广大公众提供有关北京历史、文化、艺术、民俗等专家讲座、专业书籍等资源，可以不受时间、地点、经费、距离等因素的限制，在网络空间上获取博物馆资讯服务。

多种形式的公众服务事实上是博物馆社会教育形式的延伸与内容上的扩展。根据不同资料特点，社会需求不同，对象差异，目前博物馆通常的做法是开设社会课堂，由专业人员进行文博知识的培训，例如文物鉴赏、文物保护与修复等。随着文物收藏热，这一类的社会课程需求较大，博物馆在向社会提供独特专业此为公众服务上。

三 建设智慧博物馆提升博物馆为公众服务的水平

首都博物馆数字化建设（信息化）中，有些尝试与经验。正如当年学界有如此评价："作为新建馆的代表——位于北京的首都博物馆新馆为中国博物馆的数字化提供了最新的也是最成功的案例。"[①]首博新馆是2005年底建成试运行，2006年5月18日博物馆日正式开放的现代化大型博物馆。"新首博的数字化建设从建馆之初就被赋予了重要的地位，现在的新博物馆可以说是一座全面数字化了的博物馆"。总结其特点有二："其一，博物馆信息资源建设实现了完整框架的数字化技术方式，藏品实现数字化管理；其二，展览充分利

① 李文昌《发展中的中国数字化博物馆》，译林出版社，《国际博物馆》全球中文版2008年第一期，第6—69页。

用了数字技术，多幕投影、幻影成像、虚拟现实影像、数字影片等多媒体展示项目全方位地合理利用其中，在全国率先建立了基于博物馆各专业子系统基础之上的服务于全馆各部门及观众的综合信息平台，其专业子系统包括以首博官网等多项内容"。① 诚如上述引文中所言，首都博物馆新馆建馆之初，数字化建设无论架构设计、项目设置还是技术应用与服务平台，在博物馆业内称得上在潮流之先。而今，距首博新馆开放已 10 年，在此期间，首都博物馆抑或博物馆行业的数字化建设程度如何？紫禁城论坛中热议的智慧博物馆前景如何，途径、需求及实现等多个问题，引导着众多同行的思考。怎样的博物馆才是智慧博物馆？智慧博物馆的主体包括哪些方面？智慧博物馆应当为谁而建，为何而建？如何建设为公众服务的智慧博物馆？

俄军先生认为充分利用现有信息化系统，整合现有资源，打破"信息孤岛"，应用智慧博物馆的 ROAD 特征模型，建立多维发展模式；利用馆藏特色，打造有自身特色的智慧博物馆。选取此段话中的一个关键词"打破信息孤岛"，笔者认同这一论断，打破孤岛应从博物馆内部开启，在博物馆内部逐步用物联网的思维模式构建无障碍的交流通道，打通部门局限，在各自部门职能中寻求优势的结合，这是构建智慧博物馆的基础。文物保管部的文物资源、研究成果与信息化建设部门的技术就好比是原材料和烹饪手法，想拿出一桌满汉全席，最好的材料与最合适的方法不可或缺。从这个角度上看，智慧博物馆建设是博物馆整体发展之路，并非局部可以实现。

打破博物馆内部存在的壁垒，以突破部门间的局限为关键。比如馆藏文物信息向社会研究放开，首先需要藏品保管部门与信息化建设设备与软件应用部门的紧密协作。精选一定数量、类别的文物，采集其图片，整理相关研究资料资讯信息，有后台设备的支撑，专业高效的应用程序，向公众开放端口，在外部终端上得以安全稳定高效的使用。打破信息孤岛，博物馆资讯信息实现网络化，为社会公众提供博物馆行业大数据服务。

四 现阶段智慧博物馆的建设及服务理念的发展

在物联网的时代中，大数据的发展、社会的需求下，智慧博物

---

① 同上。

馆成为博物馆行业发展的大趋势。博物馆学界对此密切关注，学术讨论密集进行，有些数字化程度较高的博物馆已经在局部尝试。现阶段而言，智慧博物馆发展中尚存在一些困难。

（一）实践经验需要积累

整体而言，智慧博物馆建设并没有成功的例子可以借鉴。有的博物馆馆藏信息数字化程度较高，从而尝试在馆藏文物信息数据使用上有所作为。还有的博物馆原本有数字展厅，可以尝试以数字展厅的资料为基础，增加智能服务功能。智慧博物馆到底应当是怎样的一种呈现、什么样的运行模式？是否在博物馆场馆之外展示展品，实现讯息互动就是智慧博物馆了？

有观点认为美国克利夫兰博物馆"第一展厅"（Gallery One）可以称得上智慧博物馆的样板。这个展厅位于克利夫兰博物馆的一层入口处，此展厅将新技术手段与文物展品完美结合，借助十余米长的触摸墙，实现了观众参观中最大自由度，以及文物研究材料较大的延伸度。由一个个PAD组成一面触摸墙，同时可以接受数十位参观者选读不同的内容。克利夫兰第一展厅使用的新技术，提升了观众的参观体验，不是单纯的为了技术而技术，技术为解读文物展品而使用，为观众参观需求而服务。参观过这里的人，都会留下深刻的印象。第一展厅是新技术在博物馆应用的代表，但基于大数据的智慧博物馆还存有一定差距。现场的体验之外，智慧博物馆还关注线下服务，博物馆的服务应实时存在。

（二）理论支撑日渐增强

《智慧博物馆的体系建设》[①] 一文，引起全国博物馆界的关注，关于智慧博物馆建设的学界讨论逐渐兴起。《公共文化服务体系中的博物馆文化的力量与智慧》《公共文化服务体系中的博物馆文化的力量——情怀与智慧》《物联网在智慧博物馆中的应用》《物联网技术在智慧博物馆建设中的应用》《智慧博物馆——数字博物馆发展新趋势》《博物馆的智慧与智慧博物馆》《博物馆智慧化》一系列论文的围绕智慧博物馆而展开。2015年博物馆传媒专业委员会年会以"互

---

① 宋新潮《智慧博物馆的体系建设》，《中国文物报》2014年10月17日第5版《遗产保护周刊》。

联网＋博物馆"为主题，分别就互联网＋博物馆、智慧博物馆的技术实现与应用、新媒体与博物馆传播和社会服务等为题展开讨论。

（三）数字化程度不一

国内各地博物馆数字化程度各不相同，差异较大。省级博物馆以及经济发展较好的市级大馆数字化有一定的基础，尤其近些年来，博物馆新馆建设中强调数字化建设的投入，信息化建设成为新建馆的重要内容。采集录入馆藏品的信息，购买管理系统，OA体系建立，官网平台运行等，一时间信息化建设繁荣起来。发展之后的维护也是重要的问题，维护资金、专业技术、使用效率等问题随之而来，如何处理后续的运行与维护不同博物馆的做法存在一定程度的差异。

（四）行业之内的共识需要构建

智慧博物馆建设不仅是一家博物馆可以真正实现的。智慧博物馆的建设对于一家博物馆而言，是个整体建设的问题，对博物馆行业而言，是整个行业发展的趋势问题。一枝独秀不是春，百花齐放的行业共识将会促进智慧博物馆建设的发展，在物联网大数据的时代发展背景中，博物馆发挥社会分工的优势与特点，为公众提供博物馆特有的智慧形态的服务。

（五）在社会文化发展潮流中的引领

与其他文化机构不同，博物馆行业的特殊价值之一在于拥有久远历史的积淀，深厚的文化遗产，多维的艺术作品，悠远而活力依旧的民俗民风，这些都是现代社会发展的珍贵养料。面对社会文化发展的潮流，面对公众文化发展的需求，智慧博物馆建设层次不应停留在当下，更多的是提升，带着历史文化的沉积，引领社会文化发展，促进社会发展在中国优秀传统文化的路上稳步前行。在建设智慧博物馆的道路上，利用物联网、云计算、大数据等技术手段的发展支撑，收集、研究观众的真实诉求，在未来科技发展的时空中，将承载着历史智慧的传统文化，通过博物馆的智慧化之路传播发扬。

李梅（首都博物馆　副研究员）

十三五期间北京博物馆事业发展的几点思考

◎ 李学军

首都北京是全国的政治中心、文化中心、国际交往中心和科技创新中心，更是一座享誉世界的历史文化名城，拥有众多的名胜古迹和高水平的博物馆。丰富的文博资源是弘扬民族优秀传统文化、建设中华民族共有精神家园的重要载体，是建设人文北京和中国特色世界城市的重要内容，是展示首都形象、提升软实力和国际影响力的重要途径。文物博物馆事业的健康发展，事关城市历史文化遗产的保护传承，事关城市经济社会的科学发展，事关城市形象和城市影响力的塑造和提升。

博物馆是社会公共文化服务体系的重要组成部分，博物馆的整体发展状况是一个国家和地区经济、文化、科技发达程度的重要标志。党和国家高度重视博物馆事业的发展，十二五期间，北京地区博物馆不断完善社会服务功能，利用博物馆这一公共文化平台，在改善博物馆基础设施条件的同时，注重完善博物馆的社会服务功能，为公众提供了众多高质量的精神文化产品。但同时也应看到，经济社会的新发展、新变化、新变革，也对博物馆行业提出了新的更高要求。

未来五年，在经济发展步入新常态、城市软实力重要性不断提升的新形势下，文博工作者应在明确认识党和国家有关博物馆事业发展的总体要求、北京博物馆事业发展现状及所面临问题的基础上，进一步明确文博工作者肩负的历史使命与责任，认真疏理十三五期间北京博物馆事业发展的总体思路，明确今后五年博物馆事业发展的具体目标及工作任务，研究各自博物馆的发展规划与工作目标，着力解决阻碍事业发展的难点问题，在新的起点上推动北京博物馆事业的科学健康发展。

一、明确认识党和国家、市政府
对于博物馆事业发展的要求

（一）明确首都的城市战略定位，坚持和强化全国政治中心、文化中心、国际交往中心、科技创新中心的核心功能，深入实施人文北京、科技北京、绿色北京战略，努力把北京建设成为国际一流的和谐宜居之都。《北京城市总体规划》（2004—2020）中明确提出，北京的城市性质"是中华人民共和国的首都，是全国的政治中心、文化中心，是世界著名古都和现代国际城市"。城市发展目标和主要职能中提出要"弘扬历史文化，保护历史文化名城风貌，形成传统文化与现代文明交相辉映、具有高度包容性、多元化的世界文化名城，提高国际影响力"。

（二）2009年11月，李长春同志在河南考察过程中，针对文化建设和博物馆事业的发展明确指出，公共博物馆实行免费开放后，要坚持贴近实际、贴近生活、贴近群众，进一步创新体制机制、创新内容形式、创新展陈手段，提高服务质量和水平，努力把博物馆建设成为爱国主义教育的重要阵地，传播先进文化、愉悦群众身心的精神家园，青少年增长知识、陶冶情操的第二课堂，旅游业发展的新兴景点，对外文化交流、推动中华文化走出去的重要窗口，学术研究和科普教育的重要平台。

（三）2012年初，国家文物局公布了《博物馆事业中长期发展规划纲要（2011—2020）》。《纲要》提出的总体目标为：到2020年，基本形成特色鲜明、结构优化、布局合理的博物馆体系，基本实现博物馆管理运行的现代化，基本建立运转协调、惠及全民的博物馆公共文化服务体系，博物馆文化深入人心，进入世界博物馆先进国家行列。《纲要》进一步确提出，到2020年，博物馆公共文化服务人群覆盖率明显提高，从40万人拥有1个博物馆发展到25万人拥有1个博物馆；科技、（当代）艺术、自然、民族、民俗、工业遗产、20世纪遗产、非物质文化遗产等专题性博物馆和生态、社区、数字博物馆等新形态博物馆得到充分发展，博物馆门类更加齐全，类型结构趋于合理；中西部博物馆基础设施条件全面改善，中小型博物馆展示服务功能全面提升，博物馆的区域分布和结构逐步优化；民办博物馆的发展环境优化，民办博物馆占全国博物馆比例逐步达到20%，涌现出一批专业化程度高、社会影响力强的优秀民办博物馆；国家一、二、三级博物馆占全国博物馆的比例达到并稳定在30%，涌现出一批世界一流博物馆，形成层次清晰、重点突出、特色鲜明的博物馆网络；国有博物馆一、二、三级文物藏品的建账建档率达到100%，国有博物馆风险单位的防火、防盗设施，藏品保存环境达标率达到100%；完成100个包括文物保护综合技术中心、文物保护修复区域中心、馆藏文物保护修复技术和成果推广服务站在内的全国可移动文物保护修复架构体系建设；博物馆教育和服务体系更加完善，公共博物馆全面免费开放。除基本陈列外，博物馆年举办展览数量达到3万个，展示水平显著提升，博物馆年观众达到10亿人次。

《纲要》还提出，要推动博物馆体系结构战略性调整，充分发挥政策指导和资源配置的作用，改善宏观调控，促进博物馆类型、层次结构与经济社会文化发展相协调；引导博物馆合理定位，强化各具特色的办馆理念，在不同层次、不同领域呈现优势，争创一流，造就一批高水平的博物馆群体；加强博物馆能力建设，创新发展理念和运行模式，大幅度提升专业化水准；发挥科技和人才支撑作用，加强博物馆领域的基础性研究，运用现代科技手段，建设高素质人才队伍，增强博物馆事业发展的创新能力；改革博物馆发展体制机制，完善博物馆管理体制，创新博物馆激励保障机制，营造博物馆可持续发展的法律制度与社会环境；着力培育一批博物馆发展的示范工程、品牌活动，发挥示范引领作用，带动博物馆事业整体繁荣。

（四）十八大以来，习近平总书记在各地考察、出国访问时，常常对文物保护工作提出要求，并身体力行推动保护文物工作。"让历史说话，让文物说话"，对历史文物的"敬畏之心"是习近平多次强调的。2013年12月30日，习近平在主持中共中央政治局第十二次集体学习时提出，要系统梳理传统文化资源，让收藏在禁宫里的文物、陈列在广阔大地上的遗产、书写在古籍里的文字都活起来。要以理服人，以文服人，以德服人，提高对外文化交流水平，完善人文交流机制，创新人文交流方式，综合运用大众传播、群体传播、人际传播等多种方式展示中华文化魅力。2014年2月25日，习近平在首都博物馆参观北京历史文化展览时曾说："搞历史博物展览，为的是见证历史，以史鉴今，启迪后人。要在展览的同时高度重视修史修志，让文物说话、把历史智慧告诉人们，激发我们的民族自豪感和自信心，坚定全体人民振兴中华、实现中国梦的信心和决心。"2014 年 3 月 27 日，习近平在巴黎联合国教科文组织总部发表演讲时说，中国人民在实现中国梦的进程中，将按照时代的新进步，推动中华文明创造性转化和创新性发展，激活其生命力，把跨越时空、超越国度、富有永恒魅力、具有当代价值的文化精神弘扬起来，让收藏在博物馆里的文物、陈列在广阔大地上的遗产、书写在古籍里的文字都活起来，让中华文明同世界各国人民创造的丰富多彩的文明一道，为人类提供正确的精神指引和强大的精神动力。2015 年 2 月 15 日，习近平在陕西省西安市调研时指出，一个博物院就是一所大学校，要把凝结着中华民族传统文化的文物保护好、管理好，同时加强研究和利用，让历史说话，让文物说话。在传承祖先的成就和光荣、增强民族自尊和自信的同时，谨记历史的挫折和教训，以少走弯路、更好前进。

"历史文化是城市的灵魂，要像爱惜自己的生命一样保护好城市历史文化遗产。"2014 年 2 月 25 日，习近平在北京市考察工作时说。北京是世界著名古都，丰富的历史文化遗产是一张金名片，传承保护好这份宝贵的历史文化遗产是首都的职责，要本着对历史负责、对人民负责的精神，传承历史文脉，处理好城市改造开发和历史文化遗产保护利用的关系，切实做到在保护中发展、在发展中保护。

（五）2016 年 4 月 12 日，全国文物工作会议在京召开，会议传达了习近平总书记对文物工作的重要指示精神："全面贯彻'保护为主、抢救第一、合理利用、加强管理'的工作方针，切实加大文物保护力度，推进文物合理适度利用，使文物保护成果更多惠及人民群众。"总书记强调，文物承载灿烂文明，传承历史文化，维系民族精神，是老祖宗留给我们的宝贵遗产，是加强社会主义精神文明建设的深厚滋养，保护文物功在当代，利在千秋，"各级文物部门要不辱使命，守土尽责，提高素质能力和依法管理水平，广泛动员社会力量参与，努力走出一条符合国情的文物保护利用之路，为实现'两个一百年'奋斗目标、实现中华民族伟大复兴的中国梦做出更大贡献。"会议指出，文物工作在培育社会主义核心价值观、实现中华民族伟大复兴的中国梦、彰显文明大国形象中的作用不可替代。要深刻把握新形势新要求，明确责任、重在保护、拓展利用、严格执法、完善保障，推动新时期文物工作迈上新台阶，为经济发展、文化繁荣和民生改善做出新的更大贡献。

（六）《北京市文物博物馆事业发展"十三五"规划（上报稿）》中提出，"十三五"时期我市文物博物馆事业迎来难得的历史机遇。首都文物博物馆工作，是服务于首都社会经济发展的"先遣队""柱基石"。工作的主要目标为："博物馆事业在文化中心建设中发挥出重要作用。充分发挥博物馆在首都精神文明建设、公共文化服务的作用，积极举办大型精品文物展览和文化活动，彰显首都文化魅力，扩大中国文化的国际影响力。"主要任务是："推进博物馆管理方式和发展方式的转变，提高博物馆公共文化服务能力。探索博物馆展览、活动项目社会化运作，引入竞争机制，提升博物馆服务效能。深入研究文物藏品的文化价值，盘活博物馆资源，通过互联网＋模式，提高文物藏品的使用展示率；开发衍生价值，打造博物馆文创产品精品，走质量效益型发展之路。创新展览、文化活动、文创产品互动的运营机制，营造有利于打造文艺精品和文化品牌的政策环境。"

《规划》进一步提出：提升博物馆的公共文化服务能力，使广大群众享受到更多更好的文博资源和公共文化服务，以互联网＋博物馆推动智慧型博物馆建设。优化高水平博物馆的区域布局，鼓励促进社区（乡村）博物馆发展，发挥社区（乡村）博物馆留住乡愁，提升社会凝聚力的作用。创新博物馆的公共文化服务内容和形式，推动文博事业和文创产业协调发展。在文物保护、博物馆展览、文化活动等方面，打造一批有示范性、旗帜性的精品项目。

（七）2016年3月4日，国务院发布了《关于进一步加强文物工作的指导意见》，其主要目标中涉及博物馆的表述为：馆藏文物预防性保护进一步加强，珍贵文物较多的博物馆藏品保存环境全部达标；文物保护的科技含量和装备水平进一步提高，文物展示利用手段和形式实现突破；主体多元、结构优化、特色鲜明、富有活力的博物馆体系日臻完善，馆藏文物利用效率明显提升，文博创意产业持续发展，有条件的文物保护单位基本实现向公众开放，公共文化服务功能和社会教育作用更加彰显。

同时《意见》着重指出：要加强可移动文物保护，实施预防性保护工程，实施经济社会发展变迁物证征藏工程。在拓展利用方面，要为培育和弘扬社会主义核心价值观服务，挖掘研究文物价值内涵，推出一批具有鲜明教育作用、彰显社会主义核心价值观的陈列展览，推动建立中小学生定期参观博物馆的长效机制；要为保障人民群众基本文化权益服务，完善博物馆公共文化服务功能，扩大公共文化服务覆盖面，将更多的博物馆纳入财政支持的免费开放范围，建立博物馆免费开放运行绩效评估管理体系；要为促进经济社会发展服务，发挥文物资源在文化传承中的作用，丰富城乡文化内涵，彰显地域文化特色，优化社区人文环境；要大力发展文博创意产业，深入挖掘文物资源的价值内涵和文化元素，更加注重实用性，更多体现生活气息，延伸文博衍生产品链条，进一步拓展产业发展空间，进一步调动博物馆利用馆藏资源开发创意产品的积极性，扩大引导文化消费，培育新型文化业态。

二、明确认识新形势下博物馆
工作者的使命与责任

（一）要主动承担传承历史文明、弘扬先进文化的重要使命。博物馆是荟萃人类历史文化的神圣殿堂，记录着一个民族成长发展的历史进程。中华民族在五千年历史上创造了灿烂辉煌的文明成果和先进文化，这些都是中华民族生命力的不竭源泉，是中华民族共有精神家园的重要支撑。把优秀历史文化、革命文化和当代中国先进文化保护好、传承好、发展好，是博物馆的光荣使命，也应当是整个文博界的责任担当。要始终坚守民族文化立场，珍视我们无比丰厚的优秀文化传统，珍视中华民族的伟大创造，薪火相传、发扬光大。要着力展示好中华历史文化，办好博物馆的基本陈列，生动反映中华民族的悠久历史和灿烂文明，引导人们深刻把握中华民族从哪里来、到哪里去的历史走向，进一步焕发爱国主义精神。

（二）要切实履行服务大众、满足人们文化需求的基本职责。为人民大众服务，是文博事业的根本宗旨，建立博物馆的初衷，就是要使民族文化瑰宝为更多人所共享。在新形势下，各种类型的博物馆以其特有的辐射力、影响力，越来越成为公共文化服务体系的重要组成部分，成为保障人民群众基本文化权益的重要平台。要把以人为本的要求贯穿到博物馆建设管理、运营服务的各个方面，充分发挥博物馆的文化传播和社会教育作用。要健全服务设施，完善服务规范，拓展延伸服务功能。要开展丰富多彩的公益性文化活动，把专业性、知识性和趣味性、观赏性有机结合，更好地普及知识、传播文化，让人们在参与中丰富参观体验、提高审美情趣，使博物馆真正成为人们共有共享的文化家园。

（三）要大力弘扬锐意改革、勇于创新的进取精神。时代在发展、社会在进步，人们的生活方式、审美观念、接受习惯也在发生新的变化，新的社会条件、社会环境对博物馆的建设与发展提出了新的更高要求。要在总结博物馆改革发展经验的基础上，积极借鉴国外博物馆运营上的成功做法，坚持解放思想、与时俱进，以改革促发展、创新增活力，使文博事业跟上时代前进的步伐。要积极推进展示内容的创新，开阔展览思路，丰富展览内容，更好地满足人们多层次多样化的文化需求。要积极推进展陈方式的创新，树立现代展陈理念，借助先进科技手段，多运用形象化的展示方式，设置互动式、体验式的活动项目，不断增强文博展示的吸引力、感染力。要积极推进管理运营方式的创新，深化博物馆内部各项制度改革，完善激励约束机制，激发广大文博工作者的积极性主动性创造性，探索建立富有效率、充满活力的现代管理模式，促进文博事业又好又快发展。

（四）要充分发挥促进文化交流、推动文化走出去的独特作用。全球化的深入发展，把不同国家和民族的文化带入同一个展示平台，合作交流是大势所趋、人心所向。博物馆既是本国文化记忆、文化传承的重要载体，也是对外展示自身文化、进行文化交流的重要窗口，要适应形势发展的新要求，坚持"请进来"与"走出去"相结合，开展多渠道多形式的对外文化交流与合作，充分发挥文化的桥梁纽带作用，让世界更好地了解中国、感知中国，让中国更好地了解世界、走向世界。要加大走出去的力度，充分利用国际博物馆间的合作机制开展更多的赴外展览活动，把中华文化的精华呈现给世界。要配合重要的双边和多边国际活动，结合"文化周""文化年"等文化交流活动，精心设计交流项目，着力打造特色品牌，提升博物馆和馆藏文物的知名度。

三、明确认识博物馆在社会公共文化服务体系建设中的功能与定位

（一）博物馆的功能与历史地位

博物馆是人类永远的学校，是融传统文化和科技自然于一身的

百科全书。博物馆作为社会公益事业，它利用自身文物藏品的优势，在开展社会教育、普及科学知识方面发挥了重要的作用，对提高整个民族的科学文化水平和开展素质教育具有十分重要的意义。世界公认的博物馆定义中明确指出"博物馆是不以营利为目的的永久性机构"，这表明博物馆不是一个经营性单位，而是一个文化教育机构，同时它还担负着为国家和社会保护人类历史、文化遗产的重要使命。因此，博物馆作为社会公益事业是需要国家投入的，但面对商场经济的冲击，博物馆行业从自身生存、发展的角度出发，应在坚持社会公益事业性质不变的前提下，找到一条适合自身特点及发展趋势的产业化经营道路，在这一过程中，与其他产业根本不同的是，博物馆的主办者不能从博物馆收益中分配利益，其收益应作为发展公益事业的资金再利用。

（二）博物馆在塑造城市文化形象中的地位与作用

博物馆在现代城市中具有鲜明的地方文化特色，负有塑造城市精神形象的责任，在提升社会文明水平、树立社会共同的道德准则和行为规范方面发挥着重要的作用。通过不同地区间文化的交流与影响，展现北京文化的包容性、开放性、多元性与融合性，又通过某种渠道传播到全国各地，影响着其他地区观念的转变。对于以上方面，博物馆应充分揭示它、利用它、展示它，宣传引导人们在行为意识、思想观念上发生潜移默化的改变与升华，在提高市民综合素质和公德水平的基础上，最终达到塑造并代表城市文化形象、影响城市的发展方向、体现最新人文科学理念、引导社会价值取向的目的。通过城市文化形象的改变，对于改善投资环境、吸引外资、提升我市文化产业的竞争力、开发旅游市场必将产生巨大的推动作用。

（三）博物馆在社会教育中的重要作用

教育与服务，是博物馆的主要社会功能。由于博物馆在教育方面表现出巨大的灵活性，在很多国家人们都把它视为自己的"终身学校""生动的百科全书"。北京作为祖国的首都，不仅具有悠久的革命传统，更是一座闻名中外的历史文化古城，拥有十分丰富的文物古迹、历史名胜，这些都是对社会公众进行历史文化知识传播及爱国主义教育的丰富资源。博物馆通过丰富多彩的展览及活动，在提供社会服务的同时，宣传博物馆的宗旨，传播科学文化知识，为提高全体公民的文化素质、为首都的精神文明教育、为丰富人民群众的业余文化生活发挥了积极作用。

（四）博物馆自身文化特质的社会影响力

博物馆在加强文物的收藏护与研究展示的同时，更要树立"以人为本"的理念，维护人民群众基本的文化权益，才能使博物馆更好地发挥重现历史、展示文明、传播知识、教化心灵的作用，从而使观众乐于走进博物馆，并在此基础上树立自身特质鲜明的"博物馆文化"。"博物馆文化"是博物馆精神家园的守望，是博物馆运营谋略的集成，它以历史的见证、现实的镜鉴而启迪社会的未来，以经典的收藏、稀珍的展示而持续文脉的传承，以诚信的坚守、心灵的净化而崇尚安宁与祥和，以思想的放飞、创意的绵延而创新观念、推动践行。

（五）博物馆公共文化服务属性的拓展

伴随着现代科技的日新月异，未来博物馆的重要社会价值将在于文化信息的产生、利用与传播。新型博物馆的收藏、教育和研究、展示工作将在高度社会化合作的层面上与全社会实现连动，成为综合性的信息生成、编辑、管理、传播中心。在"推动社会发展"的宗旨下，博物馆收藏与展示将被整合在一个体系内，通过数字科技手段扩展实物藏品的展示利用方式；社会教育将突破知识普及和素质教育的范畴，致力于贯穿人的终生；研究将在挖掘本馆藏品资源的基础上，加强与其他各类机构的合作与协同，凝聚各相关学科的研究力量，形成跨学科专业、跨文化背景的综合研究中心。数字科技将深刻地改变博物馆与公众和社会整体结构的衔接方式，一个新型博物馆将是融合学院、博物馆、图书馆、数据库、购物中心、游乐园、剧院等等特性于一身的综合体。

四、明确认识北京博物馆事业现状与存在问题

（一）北京地区博物馆的基本情况

近年来，在北京市委、市政府的高度重视和支持下，伴随着社

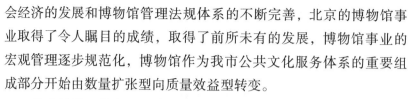

会经济的发展和博物馆管理法规体系的不断完善，北京的博物馆事业取得了令人瞩目的成绩，取得了前所未有的发展，博物馆事业的宏观管理逐步规范化，博物馆作为我市公共文化服务体系的重要组成部分开始由数量扩张型向质量效益型转变。

截止目前，北京地区共有注册博物馆 174 家，其中正常开放的博物馆为 161 家（因多种原因已停止对社会开放，待注销的有 13 家）。现正常开放的博物馆，从隶属关系看，中央属博物馆 53 家、市属博物馆 39 家、区县属博物馆 44 家、民办博物馆 25 家；按所在区县位置划分，东城区 35 家、西城区 28 家、朝阳区 29 家、海淀区 24 家、丰台区 7 家、石景山 3 家、通州区 4 家、门头沟区 2 家、房山区 5 家、顺义区 1 家、昌平区 7 家、密云县 1 家、怀柔区 3 家、平谷区 2 家、延庆县 7 家、大兴区 3 家；从博物馆展示内容看，社会历史类博物馆 55 家、自然科学类博物馆 39 家、文化艺术类博物馆 44 家、名人故居类博物馆 14 家、综合类博物馆 9 家。博物馆共设有固定展陈近 220 项，每年举办的临展、巡展达 200 余项，年平均观众量约为 3500 万人次。

（二）博物馆事业发展面临的主要问题

十二五期间，北京地区博物馆的整体水平得到了进一步提升，积累了许多好的经验，但同时也应看到，博物馆事业的发展仍面临着诸多亟待研究与解决的难点问题，其主要表现为：博物馆行业主管部门宏观管理缺位，对宏观管理的总体思路及方式方法缺乏研究与实践，长期处于疲于应付各种问题难题的被动局面；缺乏对博物馆基础理论及发展战略的研究，无法应对事业快速发展、新情况新问题层出不穷的局面，致使工作缺乏系统的理论指导与战略高度的全局性；符合北京实际、地方特色鲜明的博物馆法律法规、规章制度、工作标准、行业规范尚未健全，业务工作缺乏标准化规范化；作为公益事业，现行博物馆行政管理体制、财政管理体制与博物馆发展的现状与需求不相适应；博物馆人事管理制度及运行机制体制僵化，缺乏有效的用人机制、激励机制与奖励政策，多劳不多得，在很大程度上限制了文博工作者积极性、主动性、创造性的发挥；博物馆免费开放后活力不足，缺乏有效的事业发展保障机制与工作评价评估体系；博物馆所提供的社会服务、文化产品与公众文化需求不相适应，不能满足社会公众的精神文化需求；博物馆与旅游市场、文化市场、文化产业的发展相脱节，市场观念淡薄，漠视自身资源的延伸开发，没有与藏品、展览等有关的衍生服务项目；馆藏文物的利用与保护间的关系不够协调，过分注重文物的保护，很多精品资源无法实现共享和有效利用，致使馆藏文物利用率不高；部分博物馆的文物保管设备设施与技术水平不高，安防技防设施不到位，致使馆藏文物存在不同程度的安全隐患；博物馆对展览陈列项目的主题及文化内涵的研究不够深入，展示理念及手段陈旧，科技含量不高，缺乏吸引观众的精品展览；博物馆的科研工作无法适应事业发展及业务工作的需要，科研人员不足；博物馆社会服务水平及服务态度欠佳，缺乏有效的公共文化服务手段；行业企业博物馆往往缺乏长远的发展规划与明确的目标，缺乏稳定性，民办博物馆普遍缺乏造血能力，办馆资金不足影响自身可持续发展；博物馆各业务领域的领军人物、业务骨干，以及复合型经营管理人才极度缺乏，现有的工资待遇水平无法留住人才，更无法吸引高端人才加入。

五、十三五期间发展博物馆事业的指导原则与工作设想

未来五年，首都经济社会发展将保持总体平稳，稳中有进。面对新形势与发展机遇，伴随着文化体制改革、事业单位体制改革的深入推进，京津冀协同发展规划的出台，非首都核心功能的逐步疏解，以及建设国际一流和谐宜居之都战略目标的确立等有利条件，未来五年首都的博物馆事业必将获得更为广阔的发展空前。

（一）十三五期间博物馆工作的指导思想与基本原则

1. 坚持公益属性

博物馆承担着传承保护人类文化遗产并对社会公众提供教育服务的双重责任，政府在博物馆发展中应发挥主导作用，应始终坚持博物馆的公益性地位，并随社会经济的发展进一步加大对博物馆的投入，公平对待国有和民办博物馆，发挥博物馆的公共文化服务和社会教育功能，使其创造更大的社会价值，保障社会公众基本文化权益，拓宽社会公众参与渠道，共享文化发展成果。

2. 坚持以人为本

把以人为本作为博物馆事业加速发展的基本理念，树立博物馆

文化资源属于人民、博物馆文化发展依靠人民、博物馆文化成果惠及人民的理念，把人才队伍建设作为博物馆事业科学发展的关键环节。鼓励公众参与博物馆事业，维护博物馆文化资源共享的公平，建设中华民族共有精神家园。

3. 坚持质量优先

树立以提高质量为核心的博物馆发展观，注重博物馆内涵发展。建立以提高博物馆质量为导向的管理制度和工作机制，把博物馆资源配置和博物馆工作重点集中到强化博物馆功能和职能发挥、提高办馆质量和水平上来，鼓励博物馆办出特色、办出品牌。

4. 坚持服务至上

把充分发挥博物馆的社会作用作为博物馆发展的根本任务，强化藏品保护研究和博物馆学术研究，创新展示教育传播的内容、形式、手段，切实提高博物馆公共文化服务水平，更好地满足人民群众的精神文化需求。

5. 坚持改革创新

解放思想、大胆创新，把深化改革作为推动博物馆发展的根本动力。坚决破除束缚博物馆发展的思想观念和制度障碍，创新博物馆管理体制、运行机制，构建与社会主义市场经济体制相适应、有利于博物馆科学发展的体制机制，建设现代博物馆制度，激发博物馆的活力。

（二）十三五期间博物馆发展的总体思路

未来五年，我市将认真学习、深刻理会、贯彻落实习近平总书记"历史文化是城市的灵魂，要像爱惜自己的生命一样保护好城市历史文化遗产"，"让收藏在博物馆里的文物、陈列在广阔大地上的遗产、书写在古籍里的文字都活起来"，"全面贯彻'保护为主、抢救第一、合理利用、加强管理'的工作方针，切实加大文物保护力度，推进文物合理适度利用，使文物保护成果更多惠及人民群众"等关于文博事业发展的重要指示精神，遵照《博物馆条例》及国家、北京市的总体工作部署，以改革创新为动力，着力解决博物馆行业主管部门宏观管理缺位，博物馆人事管理制度及运行机制体制僵化，博物馆免费开放后活力不足、多劳不多得、留不住人才，博物馆工作与公众文化需求不相适应，博物馆与市场、文化产业发展相脱节，如何让博物馆里收藏的文物活起来、助力留住乡愁、实现中国梦伟

大构想等一系列博物馆事业发展所面临的难点问题，积极开创北京地区博物馆建设事业的新局面。在改善博物馆基础设施条件、加强馆藏文物管理、丰富展览陈列的同时，注重完善博物馆的社会教育功能与公共服务功能，推动构建现代公共文化服务体系，促进基本公共文化服务标准化、均等化。积极探索现代博物馆管理体制机制，深化文化事业改革，引入竞争机制，明确功能定位，建立法人治理结构，推动博物馆组建理事会，完善绩效考核机制与社会评价评估体系。扩大文化资助和文化采购，推动公共文化服务社会化，鼓励社会力量、社会资本参与公共文化服务体系建设。积极争取国家和北京市在博物馆事业发展方面的政策、人才和资金方面的支持，探索有北京特色的博物馆管理模式，增强改革意识、服务意识和精品意识。促进博物馆与社会的互动与交流，加强博物馆之间的合作。创新博物馆的发展思路，探索符合国情、市情的博物馆发展途径，使北京地区博物馆的整体建设实现又好又快地发展。

（三）十三五期间博物馆工作设想

1. 全面贯彻《博物馆条例》，健全地方特色博物馆法规体系与工作规范

在学习贯彻《博物馆条例》的基础上，结合北京实际，加强博物馆法规建设的基础研究，统筹规划、确立框架，以期形成科学合理、全面覆盖、协调配套、实施有力的具有地方特色的法规体系，健全博物馆宏观管理、注册登记、变更注销，规范藏品保护、陈列展览、社会服务、专业队伍，以及建筑、设施、环境、安全等方面的部门规章。

博物馆各项业务工作标准化、规范化是提升博物馆公共服务职能的重要途径和手段，要建立重点突出、科学规范、面向应用、便于操作的博物馆行业技术标准、管理标准、工作标准和基础标准或技术规范体系框架，推动博物馆各项工作再上新水平。

2. 完善宏观管理工作思路，扶植不同类别博物馆发展

完善博物馆行业宏观管理思路，更新管理理念，创新管理机制，推动博物馆体系结构战略性的调整，充分发挥政策指导和资源配置的作用，改善宏观调控手段和方法，促进博物馆的类型、层次结构与经济社会文化发展相协调，空间区域分布更加合理，真正实现博物馆从规模扩张型型向质量效益型的转变。

健全政事分开、权责明确、统筹协调、规范有序的博物馆管理体制，明确政府管理权限、职责和各级各类博物馆办馆权利、责任，构建政府、博物馆、社会之间的新型关系。探索建立符合博物馆发展规律的管理制度和配套政策，综合应用立法、财政、规划、信息服务、政策指导和必要的行政措施，完善博物馆目标管理和绩效管理机制，规范博物馆行为。

加强对博物馆的资金扶持和业务指导，设立博物馆事业发展专项资金，采取政府购买公共服务的方式，用于全市注册博物馆的展览陈列、文物保护修复、人材队伍培养、社会宣传及文创产品开发，建立项目库及项目申报审批制度，通过专家评审方式确定项目。以市区属博物馆为基础，充分调动在京中央各委办局所属博物馆的积极性，使辖区内博物馆形成合力。建立博物馆社会评估评价体系，引入社会评价机制，形成全社会参与博物馆发展的氛围。与区县文物主管部门沟通协作，逐步明确区县文委对于本区域内博物馆属地管理的主体责任，明确北京市文物局的行业指导与监管责任，最终形成市区两级分层次管理博物馆的机制；结合我市实际情况疏理博物馆相关业务审批，行业监督和管理权限，压缩行政审批事项，下放行政审批权力，缩短审批时限，完善标准规范制定，明确主体责任，加强执法检查与监督处罚；与相关部门密切配合，构建博物馆安全、藏品安全的检查、巡查联动机制，提高博物馆的安全性。

引导博物馆合理定位，强化各具特色的办馆理念，研究实践央属博物馆、市属博物馆、局属博物馆、区县博物馆等不同隶属关系博物馆的宏观管理方式；研究行业博物馆、院校博物馆、军队博物馆的特点及专项扶植措施，制定促进民办博物馆发展的优惠扶持政策，鼓励、引导社会资金以多种方式进入博物馆领域；着力推进社区乡村博物馆建设，让博物馆在在改善社会及乡村文明环境、留住乡愁中发挥重要作用。

3. 完善博物馆公共文化服务体系建设与体制机制创新

强调现有博物馆质量的提升，既支持国家级大馆的建设，也强调专题类中小博物馆的建设与提升，同时积极引导和鼓励发展艺术、自然、民族民俗、生态、工业遗产等多种类型的专题博物馆。结合第一次全国可移动文物普查工作成果，鼓励中央及北京市重点单位建立博物馆；推进博物馆评估定级及分级管理体制，完善监测评估体系以及科学规范的评估制度。发挥省级博物馆和国家一级博物馆的区域辐射作用，开展国有博物馆联合办馆、委托管理等试验，推进对中小型博物馆的连锁和代管，构建博物馆协作网，并积极鼓励行业、企业等社会力量参与国有博物馆办馆，扶持薄弱博物馆发展，提高办馆水平。

积极推进中国人民革命军事博物馆、中国美术馆新馆、北京美术馆、徐悲鸿纪念馆、北京大葆台西汉墓博物馆及老舍纪念馆新建或改建项目，启动北京四合院博物馆建设项目，通过宏观调控构建布局合理、门类齐全、内涵丰富的首都特色博物馆群落体系，为首都文化中心建设增加实力。

积极推进现有博物馆的提升改造，完成首都博物馆基本陈列改陈工作，全面丰富陈列内容、创新展陈形式；以筹办2022年北京冬奥会为契机，开放北京奥运博物馆；配合北京城市副中心建设，完善运河文化博物馆、通州区博物馆新馆等区域文化设施的建设；以西周燕都遗址博物馆、大葆台西汉墓博物馆、辽金城垣博物馆、白塔寺等博物馆为依托，形成反映北京不同历史时期特色文化的研究展示中心，配合京津冀一体化战略研究博物馆文化合作项目。推进"博物馆展品及藏品技术保护监测系统""北京地区博物馆公共服务平台"及"北京地区博物馆数字移动平台"等基础设施建设，推进高新科技成果在博物馆工作之运用。

继续推进博物馆免费开放工作，逐步将国有博物馆以及符合条件的民办博物馆纳入的免费开放范围，确立博物馆免费开放经费保障机制；健全博物馆免费开放的部门协作机制、管理制度和服务规范，提高教育、服务水平，开展博物馆免费开放绩效的评估和考核。改革博物馆发展体制机制，以深化博物馆免费开放为契机，完善博物馆管理体制，创新博物馆激励保障机制，营造博物馆可持续发展的社会环境。

完善博物馆法人治理结构，各类博物馆应依法制定章程，依照章程规定管理博物馆。加强博物馆管理机制体制创新研究，以及如何在现行领导体制下推进博物馆理事会制度建设的研究，探索建立博物馆理事会或董事会，吸纳有代表性的社会人士、专业人士、基层群众参与管理，健全社会支持和监督博物馆发展的长效机制。

创新体制机制，建立现代博物馆制度，进一步扩大博物馆在办馆模式、资源配置、人事管理、项目设定、社会参与、社会服务等方面的办馆自主权。探索博物馆与社会密切合作共建的模式，推进博物馆与教育部门、科研院所、社会团体的资源共享，形成协调合作的有效机制。

4. 切实增强博物馆的社会教育功能及公共服务功能

完善博物馆的社会教育功能，通过展览、文化活动负起继承、传播先进思想、文化的历史任务，促进社会各界对博物馆建设的关心与支持，激发博物馆可持续发展的活力，增强博物馆文化的辐射力，加快博物馆融入公众生活的步伐为弘扬社会主义核心价值观服务。深入挖掘和阐释中华传统文化"讲仁爱、重民本、守诚信、崇正义、尚和合、求大同"的时代价值，使优秀传统文化成为涵养社会主义核心价值观的重要源泉。把博物馆的文物文化资源、展览陈列资源与当前中小学生教育课程相结合，与学生素质教育要求相结合，通过与教育界的沟通交流，有针对性地按照学校教学需要策划展览、举办活动。在展览形式方面可以引入"体验式"的活项目，让学生能够身临其境地走进历史、贴近文物、感悟文化。深化与教育机构合作，开展博物馆教育示范点建设，建立长期有效的馆校联系制度，将博物馆教育纳入中小学历史、艺术、科学、自然、思想道德等课程和教学计划，创造与教学内容结合互补的教育活动项目品牌，鼓励博物馆以各种形式参与社区文化建设。

完善博物馆的公共服务功能，通过提升公共服务基础设施、完善观众服务项目与功能，以及公共文化服务的质量与水平，从展陈改进、观众引导、内容讲解、资料查询等方面，提供高水平高质量的服务，努力实现博物馆服务的优质化、便利化，最大限度地延伸博物馆的公共服务功能。博物馆应根据自身的条件开展特色服务，有条件的博物馆应逐步设立晚场或"博物馆之夜"活动项目，以适应不同观众群体的参观需求；博物馆内应提供 IC 卡服务、医疗救护、银行服务、纪念品销售等基础性公共服务，为专业人士提供图书资料档案的查询服务，以及文物标本实物的体验研究，提供开展学术研究的平台；举办包括研讨会、工作室、录像电影电视活动厅、冬夏令营、有奖征文、知识竞赛等在内的各种丰富多彩的活动，开展餐饮、书店、茶楼、阅览室等各种有偿服务；根据展示内容的特点，结合中小学教学大纲设计出面向各门课程的参观教学和实训活动，将教育课堂引入博物馆，并将教学内容制作成电影、电视、动漫等形象化的文化产品。博物馆还可以充分利用其藏品库房等硬件设施的优势，面向文物收藏单位或个人的收藏品开展文物代存、代贮、代保管业务，实现藏品保管的社会化服务。努力将博物馆建成集参观、餐饮、购物、休闲娱乐为一体的综合文化活动场所，满足游客多方位需求，

5. 丰富博物馆展览陈列，提高馆藏文物利用率，让文物"活起来"

推进博物馆陈列展览精品工程，通过固定陈列、临时展览、巡回展览、联合办展、举办外展等多种形式，面向社会推出精品展览项目。试行策展人制度，建立展览项目库，逐步形成博物馆特色展览体系，同时通过展览陈列提高馆藏文物利用率。要增强展陈内容的整体性、生动性，通过介绍文物发现、发掘的过程，文物的历史背景，与文物有关的文化内容等多方面的信息，让静止的展品活起来，让高深的专业知识生动化、形象化，提高观赏兴趣。行政管理部门应发挥主导作用，打破地域、行政级别的限制，充分整合馆藏文物资源，支持博物馆通过联展、借展、巡展等方式扩大馆际合作，促进文物资源利用，形成博物馆馆藏资源共享平台，解决基层中小博物馆藏品匮乏、缺少展品的问题。继续推广大联合、大策划、大制作的展览模式，打造北京地区博物馆"展览季"文化品牌。探索政府财政资金投入与通过市场化运作筹措资金并举的办展模式，拉动社会资金依托市场运作举办收费特展，提升博物馆的经济效益。同时，针对目前我国博物馆的展陈普遍面积有限、大量馆藏文物不能上展的现实，博物馆应充分利用信息数字技术、网络新媒体等现代高新科技成果，创新文物展示的形式与手段，创新文博数字化产品的传输方式，建立即时共享、互动参与的平台，拉近文物与社会公众的距离，积极打造网上展览、网上博物馆、网上文物知识课堂，全方位扩大文物的展示渠道。通过数字化的传播方式，有助于加深现代人尤其是年轻人对历史文物的了解和认知，把馆藏文物变成面对公众的文化共享。

在提高馆藏品利用率的同时，深入贯彻落实习总书记让文物"活起来"的指示精神，利用举办陈列展览及文化活动、博物馆资源配合学校教育课程"活化历史"、围绕馆藏文物开展科学研究及学术交流、开发文博创意产品及文化衍生产品、采用高新科技开发文物藏品数字资源等方式，积极实践让博物馆馆藏文物"活起来"的可能途径。

6. 加强博物馆馆藏品的保护管理及研究工作

加强博物馆馆藏品的管理，完善登记、建档和安全管理，全面

完成博物馆藏品登记、建档等基础工作，建立博物馆藏品数据信息库。推进藏品信息资源共享、利用，分期发布馆藏珍贵文物目录。建立健全博物馆馆藏品管理制度。强化预防性保护理念，促进博物馆藏品保存条件的改善。创新保管资源共享机制，推进对区域基层博物馆馆藏珍贵文物等重要藏品集中保管，带动基层博物馆有效预防藏品自然损毁的潜在风险和损失。

完善充实博物馆馆藏品体系，加大投入，制定明确的文物征集政策和具有前瞻性的藏品征集规划，完善征集程序与审批制度，不断增加藏品数量提高质量。加强近现代文物、民族民俗文物及当代实物资料的征集工作，加强非物质文化遗产实物载体和信息载体的收集，加强自然历史标本、科技发展物证的收藏。创新馆际藏品资源交流共享激励机制，通过依法调拨、交换、借用等方式，对博物馆藏品资源进行有效整合，提高保护利用效率。

落实中央及北京市有关要求，如期完成北京市第一次全国可移动文物普查工作，基于普查成果建立普查文物网上资源库及"社会服务系统"，将已登录的文物向公众信息查询及相关展示。建立北京市馆藏文物数据信息管理中心，实现藏品数据与区县文物数据信息中心、国家文物数据信息中心的对接联网；推进北京可移动文物保护研究展示中心建设实现可移动文物档案数据材料的存储查阅功能、高等级文物分类保护的库房功能、展览展示中心功能、馆藏文物研究功能、文物修复保养技术中心功能融于一体。

加强对博物馆馆藏文物的深入研究，发掘文物藏品背后蕴藏的丰富文化内涵，重新认识博物馆文物藏品的文化价值、历史价值、艺术价值、科学价值，清晰、形象地反映出人类进步、社会发展的历史轨迹，并在不同的层次和不同角度启迪人们吸收文物的精神和文化内涵。

7. 开拓旅游文化市场，发展文化创意产业

依托文物藏品、陈列展示等博物馆元素与资源优势，开发形成品种齐全、特色鲜明、设计独特、富有竞争力的文化创意产品体系，同时形成高、中、低不同档次的合理配置。文化创意产品是博物馆连接公众的最好纽带，要深入发掘博物馆文物藏品的文化内涵，创意并设计开发一批具有中国传统文化特色、京味文化特点的博物馆文化衍生品，加强独具北京文化内涵的博物馆产品开发与营销。充分运用国家扶持文化创意产业优惠政策，鼓励社会力量与博物馆合

作。开展博物馆文化产品交流、交易和评优活动，鼓励在条件成熟的地区建设博物馆文化产品交易中心，以增强博物馆文化产品在文化产业和消费体系中的竞争力。发挥行业主管部门在文化创意产业开发中的作用，探索建立"北京市博物馆行业创意研发中心""北京市博物馆行业知识产权交易中心""北京市博物馆行业产品制作基地和产品集散中心"的运作模式。

推进博物馆开放与特色旅游的结合，适应文化休闲经济的需要，使博物馆成为所在区域重要的旅游资源，形成区域博物馆合力，推出博物馆专线游项目，打造博物馆旅游品牌。充分发掘中华民族传统节日的文化内涵，继续倡导北京地区博物馆在春节、清明、端午、中秋等中华民族传统节日期间推出相应的展览陈列和旅游文化活动，丰富传统节日的文化生活，打造节日旅游文化品牌，吸引更多观众利用节假日及旅游渡假机会走进博物馆。

8. 围绕博物馆业务工作开展科学研究及学术交流，培养博物馆专业人才队伍

加强博物馆基础理论、发展规划、管理制度的研究，博物馆的科研工作是一切业务活动的基础，随着时代的发展及不断提高的社会需求，博物馆的科学研究工作也将更加重要、更加迫切。博物馆应当通过科研工作树立自身的学术形象，深入开展博物馆学基础研究，强化博物馆藏品保护、文物鉴定、展览陈列、形式设计、社会教育、社会服务、观众心理、活动策划、传播推广、文创开发、运营管理、国际交流、建筑安全、信息技术、高新科技成果应用等重点实践领域研究，以及博物馆业务相关历史文化的研究。着重开展针对博物馆展陈中硬件设备设施的可重复利用、节约成本问题的研究。加强博物馆展览陈列、基础工作数字化的研究，加强数字博物馆的建设，将高新科技成果充分利用于博物馆工作之中。提升博物馆的基础研究能力和水平，为博物馆事业创新发展提供有效支撑，以保持固有的学科地位及较高的文化档次。充分发挥北京市博物馆研究所的学术研究功能，对当前博物馆行业面临的战略性问题及各类博物馆在发展过程中遇到的具体问题进行研究，寻求应对措施。

发挥科技人才支撑作用，加强博物馆的基础研究，建设高素质人才队伍，增强博物馆事业发展的创新能力。通过研修培训、学术交流、项目资助等方式，以中青年为重点，培养博物馆业务骨干、学术带头人和经营管理人格，造就一批博物馆急需紧缺的专门人才

和学科专业领军人才。继续针对博物馆不同岗位、不同专业人员，开展保管、社教、展陈、宣传、文创、安全、管理等专业人员的培训工作，以期形成较为完善的博物馆培训内容体系。

9. 利用高新科技手段创新宣传模式

加强博物馆文化宣传，创新博物馆文化传播方式，充分运用信息、互联网、多媒体、新媒体等技术手段，通过数字博物馆、远程教育网络和文化信息资源共享工程，使博物馆文化成果惠及更多民众。创新国际博物馆日宣传活动，增强公众对博物馆的认知与互动。

积极实践"互联网＋中华文明"的构想，利用信息化手段和互联网技术把分散于全国各地的博物馆陈列展览及馆藏文物等资源，以生动的、智能的、交互的、现代化的手段集中展示出来，通过360全景、二维码扫描、智能导览、三维虚拟现实、3D场景再现、手机APP应用等新技术，增强观众互动，更加贴近群众、贴近实际、贴近生活，实现学术性、知识性、趣味性、观赏性、互动性、娱乐性、便捷性相统一，拓展文化遗产传承利用途径。

10. 大力发挥社团组织在博物馆事业发展中应有的作用

加强北京博物馆学会能力建设，完善运行机制，增强专业人员力量，切实履行博物馆行业协作协调自律职能。行业协会是对一个国家、地区乃至世界经济起着重要作用的权威性的社会中介机构，是成员企业的代言人和服务员，具有行业自律功能、行业代表功能、行业组织功能、行业协调功能、行业服务功能，并可受委托代行部分政府职能。应进一步发挥博物馆学会的行业功能，在办馆咨询、专业指导、人员培训、评估评价、活动组织等方面发挥其应有的作用，制定推行行业内部的自律准则，并将部分政府职能如展览备案、博物馆备案等事项的专家审核环节交由学会完成，以借助行业协会组织的力量，进行专业把关、资源统筹，推动博物馆行业的自觉、自律和自我管理，推动建立博物馆行业内部合作与竞争的良性发展格局。

11. 大力推进博物馆国际交流合作

积极参与全球性、区域性博物馆合作，实施文化"走出去"战略，全面加强对外交流合作，促进国内外博物馆之间互换展览、合作办展等科学有效的展览交流，策划一批富含传统文化、凝聚先民智慧、展现大国气象的精品文物展览"走出去"。加强市属博物馆的对外交流与合作，统筹利用文物资源，弘扬优秀传统文化，延续城市历史文脉，利用北京这张中华文明的"金名片"，扩大中华传统文化的对外影响力；丰富完善《北京市对外交流展览目录》内容，积极推介"文化走出去"项目，配合市政府友好城市项目，扩大与相关国际组织的合作，形成文物交流双边、多边合作机制，拓宽文物对外展示传播渠道。

结　语

北京地区的博物馆与北京的世界文化遗产地，文物保护单位共同构成人文北京的主要资源，在人文北京建设及对外文化交流活动中的桥梁作用日显重要。"十三五"时期北京文物博物馆事业发展的机遇与挑战并存，机遇大于挑战。我们要认真贯彻中央关于深化文化体制改革、加快公共文化服务体系建设的一系列决策部署，增强责任感和使命感，主动适应我国经济社会和文化发展需要，紧抓机遇，充分利用一切有利条件，积极应对挑战，配合首都四个"中心"和国际一流的和谐宜居之都的战略目标，借助京津冀协同发展之力，以高度的历史责任感和强烈的忧患意识，进一步明确博物馆事业的方向和目标，以提高质量为核心，继续夯实工作基础，加快发展步伐，推动博物馆事业在新的历史起点上科学发展；在继承和发扬优良传统的基础上，进一步解放思想，改革创新，激发内在活力，提高服务水平，最大限度地发挥博物馆的社会效益；紧紧围绕"建设社会主义先进文化之都"这个中心，深入推进社会主义核心价值体系建设，发挥全国文化中心的示范引领作用，致力于传承中华文明，传播科学知识，促进经济社会发展，提高人民生活品质，在十三五期间为中华民族伟大复兴、实现中国梦做出新的更大贡献。

李学军（北京市文物局博物馆处　副处长、副研究员）

浅谈"中华牌楼"展

◎ 李 莹

随着博物馆事业的不断发展，博物馆的教育职能也越来越受到社会公众的重视，逐渐成为人们休闲、娱乐、学习、旅游的文化场所。博物馆的展陈是实现其社会职能最主要的方式，集中反映了博物馆的性质和类型，通过展览以及实物向社会公众展示悠久的历史，传播传统文化，是博物馆同其他教育机构的主要区别。按照陈列时间的长短，博物馆的陈列展览可以分为基本陈列和临时展览两种。其中，临时展览作为基本陈列的延伸和补充，在加强馆际之间的交流与合作、满足观众更广泛的需求、促进博物馆的良性循环等方面都具有重要意义。

"中国古代建筑展"是古建馆的基本陈列之一，陈列面积约2700余平方米，从中国古代建筑的历史、技艺、类型和城市规划等方面，通过形象化的展示手段，反映了中国古代建筑的基本状貌。近些年，古建馆接待的观众也发生了变化，除了社区居民、学生以外，还有很多对古代建筑感兴趣的观众也纷纷来到这里参观。随着群众文化生活的日益提高，人们对博物馆提供的文化产品也有了更高的要求。他们不再满足于"中国古代建筑展"综述性的展示，而是希望能有针对某种建筑类型的专题性展示。为了更充分利用本馆文化资源优势，为观众提供更多文化产品，古建馆专门制定了"中华古建"系列展览计划，力图通过数年的努力，在"中国古代建筑展"的基础上，将不同古代建筑类型或建筑局部以临时展览的方式进行专题展示，以求达到延伸展览主题和宣传中华古代优秀建筑文化之目的。

2012年12月6日，古建馆制作推出了临时展览——"中华牌楼"展，开启了古建馆"中华古建"系列展览的第一页。此后，古建馆又陆续制作了"土木中华"展、"中华古桥"展、"中华古建彩画"展、"中华古塔"展、"中华民居——北京四合院"展等多项展览，这些展览均展示了中国古代建筑的独特魅力，不仅能够使参观者领略到各个历史时期不同的古代建筑类型，也能了解到"中华古建"系列展览的丰富内容。与此同时，系列展览除了在本馆展出之外，我们还先后在广东、韩国首尔、台南、德国柏林、澳大利亚堪培拉、福建晋江、云南丽江、西班牙马德里、法国等国家和地区进行巡回展览，并受到当地民众的广泛欢迎，这不但加深了地域间的文化交流，还在宣传中国传统建筑文化、弘扬中国悠久历史文明等方面发挥了重要作用。

"中华牌楼"展作为"中华古建"系列展览的开篇，担负着树立品牌效应的重任。虽然展览在规模、形式等方面不能等同于其他类型的临时展览，就其独特的视角、精练的内容而言，则吸引了更多观众的视角，获得了业内外的一致好评。"中华牌楼"展的制作推出，是古建馆制作系列展览的一次成功尝试，为今后系列展览的创作奠定了坚实的基础。

一、小牌楼展现大内涵

一座小小的牌楼，在一定程度上反映了中国古代建筑悠久的发展历史，展现了中国精湛的建造技艺。

从公众熟悉的建筑着手，通过展览引导观众深入了解建筑背后的历史文化，理解中国精湛的建筑技艺，传播中国优秀的传统文化，是制作"中华古建"系列展览的主要目的。中国古代建筑历史悠久，遴选哪一种建筑类型作为"中华古建"系列展览的开篇，令人颇费心思，经过大家反复探讨、不断权衡，我们最终确定将中华牌楼作为系列展览的第一篇章，理由如下。

（一）中华牌楼在中国有着悠久的发展历史

中华牌楼是中国传统建筑的代表类型之一，具有十分悠久的历史渊源，其发展历史在一定程度上反应了中国古代建筑的历史变迁。

牌楼起源于汉代坊墙上的坊门，人们在坊门上书写坊的名称作为里坊的标识。宋代之后，随着中国里坊制度的瓦解，坊门的原有功能消失，坊门以脱离坊墙的形式独立存在，成为象征性的门，这就是我们现在所说的牌楼。牌楼在南宋时候已经出现，至明代成为常制。相对于其他类型的中国古代建筑，牌楼的作用十分广泛，具有标识、表彰、纪念、装饰等作用，因此，对于牌楼的建造从它产生之初一直到现在仍然源源不断。

（二）中华牌楼是中国传统建筑中重要的建筑类型

中华牌楼是中国古代建筑中独特的建筑类型，"似门非门，非门亦门"，它集中涵盖了中国古代建筑的代表性元素，比如，其建筑形式包含了柱子、梁枋、斗拱、屋顶、彩画和瓦顶等，各部分构件既独立又相互呼应，整体突出表现着中国传统建筑的技术与艺术的巧妙结合，堪称建筑精华。

（三）中华牌楼同中国传统文化联系紧密

随着中国古代建筑技术和艺术的不断发展，牌楼的形制也日趋成熟，建筑结构不断完善，其在社会生活各领域中的使用愈加广泛，所积淀的内涵也越来越丰富，涵盖了中国社会政治制度、道德理念、思想观念、宗教信仰、为人处事、民风习俗等各个方面，成为古老而灿烂的中国文化的宝贵实物载体。

（四）中华牌楼逐渐成为中国民族的象征

由于牌楼具有建筑美学的一般特性，在建筑领域逐渐演成形象化的标识，具有强烈的民族感染力和凝聚力。在中国乃至世界范围内，中华牌楼的身影到处可见，它代表着中华民族，是中华文化的象征，在当今社会，牌楼的建造也是最多的古代建筑类型之一。

中华牌楼广泛的社会地位、深厚的历史发展以及文化内涵，为公众熟知，易于激发观众的参观兴趣，这是牌楼作为"中华古建"系列展览第一篇的重要原因，也是"中华牌楼"展着重展示的内容。展览自开展以来受到观众的普遍欢迎，牌楼在观众心中有了全新的认识，取得了良好的社会效益。2013 年，在北京市文物局的指导下，"中华牌楼"展作为北京市政府文化输出展览项目，于 10 月底赴韩国首尔展出，为促进中韩文化的交流做出了成绩。时隔三年之后的 2015 年，古建馆在筹备"土木中华"展览巡展到法国利摩日艺术博物馆时，法方特别要求将"中华牌楼"展中的官式牌楼模型巡展到法国。巡展期间，我们的展品——典雅、美观、高大的官式牌楼模型被展示在利摩日市政厅的大厅之内长达半年之久。牌楼强烈地吸引了利摩日本市的市民及外来游客前往参观，这在当地引发了不小的轰动。尤其周末及节假日期间，人们在中华牌楼前载歌载舞、合影留念，一派欢快的过节气象。

唯美的中华牌楼，从国内到国外，从亚洲到欧洲，尽管时间在变迁，展览内容也不尽相同，但它所代表的中华文明却是亘古不变的。

二、展览主次分明，重点突出，通俗易懂

在观众的普遍认知中，中国古代建筑是专业性较强的知识体系，为了增强观众的参观兴趣，"中华牌楼"展的内容设计，在体现展览主题的前提下，力求做到简单精练，主次分明，有展示重点，避免平庸，确保展览让人一看就懂。

由于场地等原因的限制，"中华牌楼"展的展线仅有40余延米。如何利用简短的展线吸引观众，将中华牌楼所承载的丰富文化内涵全方位、有侧重地展示给广大观众，引导观众深切体会中国传统的建筑文化，是策展人员面临的难题。

牌楼作为中国古代独特的建筑类型，建筑技术、艺术在这里得到了全面反映，诸如雕刻、彩绘、诗词、书法等，其艺术形式得到充分发挥，同社会文化生活联系十分密切。为了提高观众的参观兴趣，吸引更多的观众前来参观，我们在展览内容设计中，特意回避了专业性较强的建筑知识，从人们熟悉的社会生活着眼，尽可能地将中华牌楼相关的文化信息通俗地展示给广大观众。

在内容设计中，我们将"中华牌楼"展分为追源溯流、丰富内涵以及文化象征三个篇章。第一篇章主要通过牌楼的起源、材质、结构、分类等内容，向观众展示了牌楼的基本知识，这一部分相对于其他两部分，专业性较强，在内容编排时，展览深入浅出地将中华牌楼的基础知识进行简单介绍，为观众后续参观展览奠定了基础。第二篇章分为坊门遗迹、尊荣彰显、缅怀旌表、天人沟通、贞节守德、名胜标识、历史纪念等七部分，涉及了人们社会文化生活中的方方面面，展现了中华牌楼深厚的文化底蕴，此部分在整个展览中所占比例最大，选用图片最多，图片质量最精美，是展览着重表现的内容。第三篇章为观众展现了中华牌楼在世界各地的风采，着重引导观众领会牌楼所代表的民族凝聚力。

实物展品在陈列展览中占有重要地位，是承载着丰富信息的实物例证，具有形象的说服力和强烈的感染力。为了让观众有更直观

地理解，不同材质的牌楼模型、电子显示屏以及互动模型，拉近了观众与博物馆之间的距离。在展览中，最引人注目的就是按照1：8比例制作的大型官式木牌楼。此模型完全按照中国传统建筑技艺制作，有些构件更是人工雕凿而成。仅牌楼楼顶的组装，就耗费了将近一个月的时间。搭建好的牌楼模型，矗立在展厅正中，吸引了许多观众近距离观察牌楼，体会牌楼的建筑美，此模型也成为展览的点睛之笔。

如何将中国古代建筑这门专业性较强的学科通俗地向观众展示出来，引导观众主动了解中国优秀的传统建筑文化，一直是我们不断研究和探索的课题。"中华牌楼"展作为专题展览，其目的是引导观众欣赏牌楼的多姿风采、剖析深邃的文化底蕴，解读深刻的人文内涵，进而加深对中国历史、社会以及民俗民风的了解，体味中华文化的博大精深。在此项展览内容设计中，设计人员对牌楼建筑知识内容进行科学普及，对文化内涵进行大篇幅展示，从而提高了观众参观的兴趣。

三、展厅因地制宜，展览环境别具一格

"中华牌楼"展作为古建馆的临时展览在古建筑展厅中展出，在设计展线时，我们因地制宜，通过细致的构思和设计，将古建筑与展览协调一体，同时，我们还为观众营造了一个"抬头看古建，低头看展览"的独特的展示形式。

古建馆是一座依托于明清先农坛古建筑群为展厅的博物馆，具服殿展厅是有着近600年历史的古建筑。作为砖木结构的单体建筑，具服殿台基为砖石结构，建筑主体为木结构，木梁柱是整个建筑空间的主角，结构固定且不能随意改变。空间有限，注重保护，是"中华牌楼"展形式设计面临的主要问题。

为了给观众创造更舒适的参观环境，保证观众顺畅的参观线路，避免古建筑梁柱遮挡观众视线，展线设计采用通透原则，围绕梁柱进行线性布线、散点式布局，前者可以保持展览连贯性，后者可以让观众了解重点展示内容，避免梁柱影响观众参观。出于人身安全、古建保护、展线限制、临展性质等原因，很多大型高科技的展示手段在具服殿展厅中均不适用，我们尽量选择小型、易操作的多媒体展示手段，以求为观众展示更多的展览内容。

在古建筑展厅中布展，我们的设计理念是：不能仅限于把古建筑当作展厅，而是要把古建筑本身当作最直观的展品。在"中华牌楼"展中，策展人员注重向观众展示古建内部特有的空间氛围，将具服殿的梁架、彩画、窗棂等建筑内容体现出来，努力为观众展示出古建筑的本来面貌。

另外，在展览主体色彩设计上，我们也强调要和古建筑彩画颜色保持协调一致，避免颜色过多，给观众造成眼花缭乱的感觉。同时，中国古代建筑的门窗种类多样，装饰题材丰富，在设计展览时，尽量减少人工光源，充分利用自然光源。自然光透过门窗在展厅内投下古建筑特有的光影，为观众参观增添了历史特有的古老韵味，这种美好的参观享受是其他现代化展厅所不能也不具备条件达到的。

四、多种方式丰富展览内容，形成特色

在"中华牌楼"展的制作过程中，展览中增加了多媒体展示、互动展品，增强了展览的趣味性；同时，我们还制作了展览图录等创意产品，"让观众将展览带回家"。

随着社会的不断进步，很多观众受过良好的教育以及有着丰富的人生阅历，他们不愿只是被动地聆听高高在上的宣讲或者平淡的展示，而是希望参与、提问、扮演，所以，博物馆必须为他们提供常规参观以外更加丰富多彩的活动形式和内容。

中国传统建筑是以木结构框架为主的建筑体系，其木构建筑技术精巧绝伦。在"中华牌楼"展制作过程中，我们在有限的展厅内开辟出活动空间，为观众准备了官式牌楼互动模型。观众在参观之余，还可以在讲解人员的指导下，参与古建筑模型组装，感受中国传统的木构建筑技术，领略中国古代房屋不用钉子建造的奥秘。

除此之外，多媒体交互展示还可以弥补展线的不足，满足一些观众对展览更深层次的要求；展览图册打破了博物馆展览时间的限制，观众可以将展览带回家中细细品味。自"中华牌楼"展开始，围绕展览主题，制作不同形式的文化创意产品，如展览图录、明信片、钥匙扣等，也成为"中华古建"系列展览的特色之一。

2013年至今，以"中华牌楼"展为代表的"中华古建"系列展览已经初具规模，系列展览以精练的展览内容、精简的展示手段、精美的展品更详细地展示了中国古代建筑的历史、技术、艺术及文

化，成为古建馆的特色品牌项目。"中华古建"系列展览，通过不同类型的建筑历史、艺术以及技术的展示，诠释了中国辉煌的建筑文化，各个专题展览既是系列展览的组成部分，又能自成一体。

综上所述，博物馆是展览展示人类文明成果的重要载体，是社会进步的重要标志。虽然，古建馆作为中小型博物馆，在资源、人员等方面都不能和大型博物馆相比，但是，经过工作人员多年的探索，在 2012 年成功制作"中华牌楼"展之后，又相继创建了具有本馆特色的"中华古建"系列展览，在很长一段时期内保证了博物馆文化传播的持续性。实践证明，博物馆无论其规模之大小、无论其馆藏有多少，只要能够充分利用现有的文化资源，努力挖掘潜在的优势，就能够开拓出具有特色的发展之路。

李莹（北京古代建筑博物馆社教与信息部 副主任、副研究员）

博物馆类事业单位管理会计应用探索

◎ 董燕江

一、绪论

博物馆是为了满足社会精神文明建设和人们精神文化生活需求而创办的一类社会组织，作为非营利性事业单位的典型代表，博物馆类事业单位应该在发展过程中积极探索发展新途径，通过创新改革运行机制。管理会计是一种先进的管理理念，目前，我国关于企业管理会计应用探讨的文献很多，对于博物馆类事业单位管理会计的理论和实践研究却很少，因此，对博物馆类事业单位管理会计的实践应用进行深入探讨还是很有必要的。

二、管理会计在博物馆等事业单位的应用现状分析

事业单位的管理会计缺乏专业化的理论指导

管理会计是财务会计理论研究与实践应用发展到一定阶段后的产物，管理会计理念最初源于西方发达国家，后来逐渐传入我国，由于我国管理会计的理论研究起步较晚，目前并没有形成具有中国特色的事业单位管理会计应用体系。博物馆类事业单位的管理会计建设缺乏专业化的理论指导，这种现状在我国博物馆类事业单位中普遍存在，严重制约博物馆类事业单位的改革与发展。一方面，实践证明，管理会计在企业管理与发展过程中具有不可忽视的重要价值，企业领导的管理会计应用意识非常强，而我国博物馆类事业单位管理人员的管理会计应用意识相对较弱，会计工作人员没有充分学习理论知识和实践应用技巧的主动意识，这是我国博物馆类事业单位管理会计建设内在动力明显不足的主要原因之一；另一方面，

我国关于博物馆类事业单位管理会计理论研究文献很少，相关的实践应用型文献更是少之又少，博物馆类事业单位在管理会计建设过程中缺乏专业化的理论指导，这是我国事业单位所面临的困境之一。

事业单位管理会计制度较为传统

事业单位管理会计的本质性作用是通过系统化、专业化的财务会计管理为事业单位的战略性决策提供必要的财务信息依据，通过对现金流量的管理提升事业单位的内部管理水平。众所周知，事业单位管理会计体系的构建是一项系统工程，可行性较强、高绩效的管理会计制度是管理会计优势充分发挥的必要条件之一。目前，我国大部分博物馆类事业单位缺乏系统化、专业化的管理会计制度，很难确保管理会计战略目标的高效达成。在新时期的社会发展和经济建设形势下，进一步完善博物馆类事业单位的管理会计制度已经成为一项迫切的任务，要求管理人员必须深入认识管理会计理论知识，从各个方面入手，切实解决我国博物馆类事业单位管理会计制度中存在的一些不合理现象。

事业单位管理会计信息化建设明显不足

管理会计优势的发挥需要建立在真实、有效的财务信息基础上，高效流通的信息化环境是健全管理会计体系的必要条件之一，但目前我国大部分博物馆类事业单位的信息化建设明显不足。一方面，管理会计的一个重要职能是通过分析对比前期财务数据，通过差异分析归纳一般规律，从而为事业单位的战略性发展提供必要的财务信息依据，但目前我国大部分博物馆类事业单位缺乏这样的信息化处理平台，对前期财务数据的利用率相对较低；另一方面，公开透明的管理会计信息披露环境是确保管理会计先进性的重要保障，目前我国大部分博物馆类事业单位缺乏这样的财务信息化环境。另外，管理会计的一个重要职能是战略性规划事业单位的未来发展，但目前我国大部分博物馆类事业单位的管理会计体系并没有有效融入市场信息获取系统，在这样的现状下，市场等不可控因素的变化对博物馆类事业单位管理会计的影响很大。为了适应市场经济体制的发展，该现状急需得到改变。

管理会计在事业单位发展中的统筹作用没有充分发挥

管理会计的统筹作用主要是指通过对博物馆类事业单位前期财

务信息、资产现状、各部门的资产投入产出关系进行相关分析，为事业单位的战略性投资与发展提供信息依据，从而指导事业单位的正常运行。想要充分发挥管理会计的统筹性作用，必要具备一定的管理会计软实力，但目前我国大部分博物馆事业单位的管理会计软实力明显不足，直接导致管理会计的统筹作用无法充分发挥。一方面，我国大部分博物馆类事业单位没有注重管理会计的规划作用，没有通过管理会计优化事业单位资产利用现状的主动意识，这是导致管理会计的统筹管理作用无法充分发挥的重要因素之一；另一方面，在我国博物馆类事业单位中普遍缺乏高效顺畅的联络通道，财务部门与其他部门缺乏必要的沟通与协调，在这样的现状下，管理会计很难为各部门的发展提供更高效更优质的服务，管理的统筹管理优势很难充分发挥。

三、管理会计在博物馆等事业单位中的应用价值

提升事业单位内部管理水平

逐步建立完善的管理会计应用体系可以显著提升博物馆类事业单位的内部管理水平，在有效控制行政成本，确保国家资产的相对安全性、提供更加优质的社会性服务方面发挥着重要的作用。其一，完善的管理会计体系可以有效控制事业单位的行政成本。通过各部门的资产现状、现金流量分析，管理会计人员可以掌握各部门的基本财务信息，事业单位领导人员可以在此基础上调整各部门的建设资金投入，确保资产利用率最大化，因此，管理会计可以通过财务预算优势提升公共资产的利用率，从而显著降低行政成本，确保国家公共资产的相对安全性；其二，管理会计强调财务监管体系的完善，可以有效确保财务信息的公开透明化，对于博物馆类事业单位的廉政建设十分重要；其三，通过管理会计可以对博物馆类事业单位的门票收入、产品销售收入、捐赠收入进行合理的规划利用，从而强化博物馆的各项建设，这样才能满足我国精神文化建设的需求。

增强事业单位综合发展实力

逐步建立完善的管理会计应用体系可以显著增强事业单位的综合发展实力，在为事业单位领导人提供必要的战略性发展财务依据、

指导管理人员做出战略性决策方面发挥着重要的作用。加强博物馆类事业单位的建设是促进我国社会发展、满足人们精神文化需求的要求，建立和完善管理会计体系成为事业单位的重要内在需求，通过管理会计优势的发挥可以有效协调博物馆类事业单位与社会发展之间的关系，指导博物馆类事业单位领导人员做出适合发展需求的战略性决策，从而显著增强博物馆类事业单位的综合发展实力。

促进事业单位长期稳定发展

为了加强管理会计体系的应用，我国财政部推出了《财政部关于推进管理会计体系建设的指导意见》。《指导意见》中进一步明确了管理会计对于事业单位发展的重要意义，指出传统财务会计管理体系向管理会计体系转化是促进事业单位可持续性发展的重要举措之一。目前，我国博物馆类事业单位的管理会计建设的内在动力不足，严重制约着博物馆类事业单位的发展，这就要求博物馆类事业单位的管理人员与时俱进，顺应时代发展的需求，致力于建设完善的管理会计体系，从而促进博物馆类事业单位的可持续性发展。

四、加强管理会计在事业单位应用的探索

创设科学的管理会计环境

我国大部分事业单位的管理会计体系建设成效不明显的一个很重要的原因是缺乏专业化的理论和实践指导，为了加强管理会计在事业单位中的应用，在事业单位创设科学的管理会计环境的基础上，国家有关部门也要充分发挥宏观协调作用，为事业单位管理会计体系的构建出谋划策。首先，国家有关部门应该充分发挥宏观调控作用，加大事业单位管理会计应用探讨方面的研究性资金投入，致力于为我国博物馆类事业单位提供必要理论认识和实践应用方面的专业化指导；其次，在我国博物馆事业单位的管理会计体系建设过程中，管理人员要注重法律化、科学化环境的创设。管理会计在事业单位各部门的资金投入、资源分配方面发挥着重要作用，管理会计是很容易滋生腐败的一个管理环节，因此，在管理会计体系建设与完善过程中管理人员应该注重法律意识的培养，如果全体工作人员都能在法律法规的约束下高效完成各项工作，那管理会计体系才能

长期保持先进性；最后，管理会计是一种先进的管理理念，在管理体系的构建过程中，管理人员应该以理论研究为依据，结合事业单位自身的发展进行个性化改进，只有科学、专业的管理会计体系才能充分发挥管理优势，这点也是需要注意的。

建立先进的管理会计制度

在创设了科学的管理会计建设环境的基础上，博物馆类事业单位也应该致力于建立切实可行的管理会计制度，以下三个方面是需要重点关注的。首先，要建立刚性的责任分配制度。在管理会计工作过程中，事业单位领导要结合管理会计工作需求和员工的个人能力进行责任分配，严格确定管理会计部门总监、主管、审计人员、出纳的责任，在刚性的责任分配制度下确保各项管理会计工作高效完成。其次，要建立严格的管理会计监管体系。一方面要进一步完善管理会计信息化建设，这样监管人员可以利用信息化技术对管理会计进行实时动态管理，可以及时发现问题并从根源出发进行改进。最后，建立完善的管理会计日常登记和审核制度。管理会计的工作人员应该严格执行财务信息原始记录制度，工作完成之后按照要求严格填写财务日报表，这样才能确保财务信息真实有效，真实、有效的财务信息是管理会计优势发挥的重要前提之一。另外，在某一阶段的工作完成之后，管理会计主管要对阶段工作进行严格的审核，在此基础上管理会计总监要进行财务信息归纳总结，为事业单位领导的战略性决策提供必要的依据。

强化管理会计信息化建设

信息化财务管理是现代化财务管理工作的重要发展趋势，在我国全面促进管理体系建设的社会趋势下，强化博物馆类事业单位的管理会计信息化建设十分必要。首先，在博物馆类事业单位发展过程中，管理人员应该结合我国社会体制和事业单位编制制定出具有活力的信息化管理会计体系，在深入分析管理会计工作内容的基础上充分利用计算机信息技术优化管理流程。其次，信息化手段的创新是管理会计信息化建设的一个重要环节，在信息化建设过程中应该注重管理会计信息披露制度的完善，在公开透明的信息化管理会计环境中，各项管理会计事务能够更加高效地完成。最后，博物馆类事业单位应该注重信息化管理会计手段的改进。一方面，现阶段我国大部分企业已经具备了专业化的管理会计平台，管理会计信息化、电子化建设取得了阶段性的成果，我国各事业单位应该积极吸取企业管理会计建设的经验，在此基础创新管理会计手段。另外，信息化、数字化管理会计手段为财务云计算、大数据处理提供了必要的信息化环境，在事业单位的管理会计实践中管理人员应该充分利用各种新兴技术深入发掘财务信息的相关价值，通过大数据处理技术逐步实现"财务信息去燥"，这样才能给事业单位领导人员提供更加有效的财务信息，从而显著提升我国事业单位的管理会计水平。

充分发挥管理会计统筹作用

充分发挥管理会计的统筹管理作用无论对于博物馆类事业单位本身的发展还是我国社会经济建设都十分重要。首先，管理会计统筹作用体现在对事业单位资产分配、资源分配的指导作用，因此，我国博物馆类事业单位应该注重综合型财会管理人才的选拔和培养，高素质的专业化财会管理团队是确保管理会计体系充分发挥统筹管理作用的重要条件之一。其次，事业单位领导人员应该充分认识到管理会计体系的规划指导作用，要在全面分析财务现状的基础上优化资产分配，从而有效确保各部门的资金产业投入比保持在较高的水平。最后，管理会计部门应该充分发挥自身的客观能动性，创建高效的信息沟通途径，积极与事业单位其他各部门管理人员进行沟通与协调，充分发挥统筹管理作用，为事业单位领导提供更优质的服务。

五、结论

通过强化博物馆事业单位管理会计体系的建设，可以使事业单位的管理会计体系更加切实可行，对于现代化事业单位的改革与发展十分重要。在我国特有的经济体制影响下，博物馆类事业单位管理会计体系的建设是一项系统工程，管理人员应该将管理会计体系建设作为战略发展途径之一，在高效流通的信息化环境中充分发挥管理会计的统筹作用，切实提升博物馆类事业单位的内部管理水平，从而促进我国事业单位的可持续性发展。

董燕江（北京古代建筑博物馆计划财务部　中级会计师）

参考文献：

[1] 郭安明. 浅谈行政事业单位管理会计体系建设 [J]. 财经界（学术版），2015，02：197.

[2] 冯晴. 探析事业单位管理会计的应用 [J]. 行政事业资产与财务，2015，03：57—58.

[3] 胡稚琴. 事业单位管理会计应用探析 [J]. 经济研究导刊，2014，28：134—135.

博物馆学研究

223

博物馆陈列照明设计：
自然光——人工光

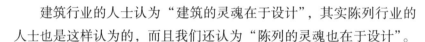

◎ 马怀伟

　　建筑行业的人士认为"建筑的灵魂在于设计"，其实陈列行业的人士也是这样认为的，而且我们还认为"陈列的灵魂也在于设计"。

　　设计是一切创造性工作的灵魂与开端，做任何事情、开发任何产品之前，缺少精心的设计是不可能收到好结果的。大到国家建设，小到一分硬币，在我们的日常生活中无处不蕴含着设计的元素。"改革开放"需要领导人的总体运筹与策划，"制作硬币"需要设计师精心的设计与制造，因此，想要把工作做到胸有成竹、有的放矢并且收到良好的结果，初始阶段就必须进行认真、系统的策划与设计。

　　在陈列设计工作中，经常出现设计观点不一致的现象，萝卜、白菜各有所爱，仁者见仁、智者见智，产生矛盾是很正常的现象，关键要看矛盾的双方是否可以构成对立的矛和盾。因为有些矛盾的焦点并不在一个层面上，经常在论证方案的时候，一个在谈设计，一个却在谈设想，从表面上看大家讨论的似乎是相同的问题，可实际上说的却是两码事，往往设计者还论不过设想者。因为设计是受空间尺度、经费预算、技术设备等条件制约的，设计者的观点必须在符合实际条件并具有可行性的前提下才可以讲出口的，要对所讲的内容负责任的，否则会被他人耻笑。而谈设想却可以不必受实际状况及可行性等问题的约束，想到什么就讲什么，不用担心出现问题时会被追究责任。所以，设计不同于设想，设计是一项非常认真、细致、严谨、负责任的工作，也是一份很不容易的工作，有丝毫的差错就有可能造成巨大的甚至是无法挽回的精神与经济上的损失。

　　博物馆的陈列照明，是陈列的系列设计中最后一个阶段，也是最为关键的一个环节。展厅内的光环境设计会直接影响到陈列的展出效果，同一个展览采用不同的照明方式，其结果是完全不同的。

如果说绘画是用笔画出来的，那么陈列就是用光照出来的，一个没有照明的空间是什么也看不到的空间，陈列展品再精美，在没有良好光照的条件下也是无法正常欣赏的，更谈不上陈列的艺术效果了。陈列的照明具备一种画龙点睛的作用，它像一个调色板，可以调和出各种不同的高级色调，又像一个五味瓶，可以调制出各种不同的高级品味。

在博物馆的照明设计规范中明确提出："博物馆的照明设计必须遵循有利于观赏展品和保护展品的原则，达到安全可靠、经济适用、技术先进、节约能源、维修方便的要求"[①]

博物馆的展品基本上可以分为两大类，一类为有机物展品，一类为无机物展品。有机物展品对光照比较敏感，容易受到强光的伤害，应当采取有效的技术与措施降低其照射强度，消除红外、紫外以及其他有害光线对文物展品造成的损害。无机物展品虽然不像有机物展品那样脆弱，但是长时间暴露在强光之下也会造成不同程度的损害，特别是质地不够坚实、容易风化的展品，突起的纹饰与带色的图案更容易受到强光辐射的损伤。因此，在博物馆的照明设计规范中，从文物展品对光照的敏感程度上做了进一步的分类，把对光特别敏感的文物展品、对光敏感的文物展品、对光不敏感的文物展品做了详细的划分，并且严格地规定了各类文物展品的照度标准值。有机物展品的照度值为 50（lx），无机物展品的照度值为 300（lx），这些数据为博物馆的陈列照明设计和文物展品的保护提供了统一的参考依据（见下表）。

博物馆建筑陈列室展品照明标准值：[②]

类　别	参考平面及其高度	照度标准值（lx）
对光特别敏感的展品：纺织品、织绣品、绘画、纸质物品、彩绘、陶（石）器、染色皮革、动物标本等	展品面	50
对光敏感的展品：油画、蛋清画、不杂色皮革、角制品、骨制品、象牙制品、竹木制品和漆器等	展品面	150

---

① 《博物馆照明设计规范》，中国标准出版社 2009 年版 第 1 页。
② 《博物馆照明设计规范》，中国标准出版社 2009 年版 第 5 页。

类　别	参考平面及其高度	照度标准值（lx）
对光不敏感的展品：金属制品、石质器物、陶瓷器、宝玉石器、矿岩标本、玻璃制品、搪瓷制品、珐琅器等	展品面	300

注：1. 陈列室一般照应应按展品照度值的 20%～30% 选取；

　　2. 陈列室一般照明 UGR 不宜大于 19；

　　3. 辨色要求一般的场所 Ra 不应低于 80，辨色要求高的场所，Ra 不应低于 90。

　　博物馆陈列从策划立项开始，经过陈列大纲编写——大纲论证——展品拣选——展品整理——概念设计——方案招、投标——方案深化设计（包括：实地测量、平面设计、立面设计、效果设计、版式设计、展品定位设计、多媒体设计、特殊展品设计等）——施工图设计（包括：结构图设计、剖面图设计、电路图设计等）——制作安装（包括：基础结构搭建、展具定制、陈列设备安装、现场清洁、陈列品布展、成品保护、照明调试等）——验收、开幕等一系列复杂、繁琐的设计与施工才能够完成，其中陈列照明是验收、开幕前的最后一个关键的环节，也是决定陈列成败的重要环节之一。

　　博物馆的陈列设计是依据陈列大纲的要求和展厅的具体情况，对陈列内容进行总体构思与设计，确定陈列的整体风格与主体色调，规划平面布局与立面结构，并运用各种艺术与科技手段把平面、立体、空间以及静态与动态的展品有机地组合在一起的综合性设计工作。陈列照明是引导观众视觉活动的重要因素，陈列的光环境是营造陈列空间效果必不可少的重要方法，博物馆的陈列照明是为了充分表达陈列主题而采取的多种艺术与技术手段中最为有效的方法之一。

　　为了营造高雅舒适的陈列环境，吸引观众的注意力，达到观赏文物展品的最佳效果，陈列照明需要设定光照强度、控制色温，减少光辐射对文物展品的损害。陈列照明应当充分展示陈列展品的造型、色彩和质感，让观众看得清楚，看得明白，看得舒服，给观众留下深刻、完美的印象，使文物展品更加突出、鲜亮，更具有说服力。

博物馆的陈列照明设计应当从技术和艺术以及观众的心理感受等几个方面来进行综合性设计，并力求把现代新技术、新观念、新成果更多地应用到博物馆陈列照明中去，以营造出高雅舒适、充满活力、赋有生命、感觉逼真、整体优化的陈列光环境。

我认为博物馆的陈列照明设计可以分为两大类，一类是自然光照明，一类是人工光照明。

一、自然光照明

自然光照明的优势在于节能、环保、廉价，亮度高，显色性好。20世纪80年代以前，中国的博物馆陈列照明由于各种条件和因素的限制，基本上都是利用自然光通过窗户进行陈列照明的，有些光线不足的地方用灯光补充，严格地说，基本上没有对陈列照明进行专门的设计，光线的调控一般都是采用透明、半透明或者不透明的窗帘、隔板来遮蔽或调节光线的照射强度，没有条件讲究照明的质量，更没有条件讲究陈列照明的艺术效果。目前，国内一些经济欠发达地区的博物馆和一些陈列条件较差的展馆，还依然使用这种简单而易行的照明方式，有的也配合使用灯光照明，但仅仅是作为辅助照明，照亮暗处的展品，弥补自然光照的不足，满足观众能够看清陈列展品的基本要求，这与现代意义的博物馆陈列照明还存在着相当大的差距。

博物馆照明规范中规定的陈列照度范围是 50（lx）～300（lx），而自然光的照度可以达到 100000（lx）左右，即使按 300（lx）的最高照度值计算，也超出了规定照度值的 300 多倍。这样强的光线，无疑会对文物展品造成严重的伤害，因此，必须要采取有效的措施降低自然光的照射强度，消除自然光线中的有害成分对陈列展品所造成的不良影响与伤害。

阳光直接射入陈列展室，会引起观众的视觉不适，促使室内温度升高、滋生微生物，使光影反差强烈、光斑生硬，很容易产生眩光效应。直射光中的红外、紫外及其他有害光线会使文物展品受到极大的损害，利用百叶窗、格栅、窗帘、隔板或其他遮挡物进行适当的遮蔽就可以简单、有效地阻止直射光进入展厅损害文物。

由于自然光线的均匀度与稳定性难以控制，给自然光照明的普及和利用造成很大的困难。有的人也试图利用各种装置、结构、设备以及新技术来达到控制自然光线的目的，但是，至今为止还没有找到一种理想的解决办法，还需要照明专家继续探索和发明新的解决方案。已经有人试图利用各种先进技术把自然光导入室内，但是这项工作对材料、设备、工艺技术的要求过于复杂和繁琐，无法广泛应用。希望能在不远的将来，博物馆陈列能够放心地用上节能、环保、廉价、无害的自然光。在目前的博物馆陈列展厅中经常见到的情况是利用展板把自然光遮蔽起来，改用人工光进行陈列照明的现象，偶尔也会有人尝试在某个局部利用自然光进行照明，但效果并不理想。

由于自然光是从展柜外向展柜内进行照射的（裸展除外），柜外的亮度肯定高于柜内的亮度，这样的情况很容易产生眩光现象，观众看到的几乎都是柜外和自己的影像（所谓镜面效果），想看清楚柜内的展品不是一件容易的事情。想要消除眩光达到正常观看展品的目的，柜内亮度必须超过柜外亮度的时候才有可能达到较好的观赏效果，否则就会造成光线的污染，影响观众的观赏质量。

自然光线的变化是无法控制的，早上—中午—晚上，一天的光照强度和入射角度都是不一样的。春—夏—秋—冬，季节的变化，光照强度和入射角度也是不同的。阴—晴—雾—人为遮挡，光照强度和入射角度也会随着时间的变化而改变。每年、每月、每天当中，自然光的照射强度和入射角度是一个很难确定的数值，要想使它恒定在一个理想的状态，就要对自然光线进行实时监控、适时调整，这是一项非常复杂而庞大的系统工程，不是我们陈列专业人员能够解决的问题，只能留给照明技术专家去研究解决，我们只能期待早日应用他们的研究成果，为博物馆的陈列照明提出一种更新、更好的解决方案。

二、人工光照明

人工光照明的最大优势在于光线可以人为控制，通过对灯具的类型、款式、颜色，光源的位置、角度、远近和光线的冷暖、强弱、聚散，光斑的大小、形状、深浅以及调控方式的选择与设计，达到突出陈列主题、突出重点展品和满足文物保护的特殊要求。

人工光照明的可控性，为博物馆的陈列照明达到理想的陈列效果提供了必要的技术支持和保障，使陈列照明不仅起到照亮展品的作用，而且还能够像画笔一样自如地描绘出理想的陈列效果。然而，在我们今天所能见到的博物馆陈列展览中，很少能够见到通过专业的照明设计而营造出来的、理想的陈列光环境，大部分陈列展览的照明，还停留在采用通体均匀照射的简单方式。虽然陈列照明也在不断地吸收和更新着高新的技术与设备，但是陈列照明的效果却没有发生明显的改变，反而造成照明成本的不断增加，这种现象从一个侧面表明，陈列照明并不是一个单凭技术就能够解决的问题。我认为，解决好陈列照明的关键问题在于陈列照明的设计意识，或者说是取决陈列照明艺术的问题。由于陈列照明设计者在博物馆陈列工作中只注意陈列照明的技术性，缺乏对陈列艺术性以及魂的理解和追求，造成了博物馆陈列的光环境平平淡淡，毫无特色，缺乏生气，削弱了陈列展览应有的艺术魅力和感染力。

一般人都会认为，陈列照明是一项纯技术工作，应该由灯光师全权负责。其实不然，在博物馆的陈列照明设计中，灯光师只能提供技术与设备的支持，不能要求他们对陈列照明的最终效果负责，因为照明师没有系统地学习过陈列艺术设计的课程。俗话说隔行如隔山，所以灯光师离开陈列设计师的指导是不可能做好陈列照明工作的。因为谁都知道，在博物馆陈列设计与制作中，艺术比技术的因素更为重要，照明技术是为陈列艺术效果服务的。

我认为博物馆陈列是艺术与技术结合的产物，离开任何一方面的支持都是无法完成博物馆陈列设计要求的，特别是陈列照明的环节，艺术与技术的结合更为紧密。我在这里不想深入讨论照明技术与艺术问题，只想按照陈列照明工作的先后顺序，从以下几个方面对人工光线下的陈列照明做一简单的梳理。

（一）灯具的选择

做好人工光线下的陈列照明，首先应该考虑的是灯具的类型、款式与颜色。照明灯具的品种与款式五花八门，丰富多样，选择合适的灯具，可以为陈列展览增光添彩，选择不当反而会影响陈列的整体效果，灯具的材质、大小、造型、颜色、数量以及安装方式等都会对陈列效果产生很大的影响。目前市面上可供选择的灯具大体上有白炽灯、卤素灯、日光灯、光纤灯、LED灯等几种类型。白炽灯为暖光，颜色偏黄，光线柔和、亲切，但是灯具的温度较高，不适宜在封闭空间内使用；卤素灯为白光，照射亮度高，光线强硬、直白，灯具温度较高，不适宜在封闭空间内使用；日光灯为冷光，颜色偏蓝，光线均匀、平常，灯具温度较低，可以在封闭空间内使用；光纤灯照射灵活，易于调整，光线洁净，不含有害光线，灯具温度极低，适宜在封闭空间内使用；LED灯有暖光和冷光之分，节能、环保、耗电量低，不含有害光线，灯具温度较低，适宜在各种空间内使用。其中LED灯所具备的特点，非常适合博物馆陈列的使用要求，唯一不足的是在显色性方面还需继续完善，是一种很有发展潜力的理想灯具。

（二）光源的定位

灯光安装的位置、入射的角度、距离的远近对陈列展品的照明效果都会产生很大的影响，我们所常见到的照明方式基本上都是顶光直射，效果不佳，缺乏美感，特别是展柜内的照明更是如此。有点儿经验的人都知道，光线入射角度为45度左右时，是表现展品的最佳角度，可是不知为什么，在实际工作中却很少这样使用。有时候可能是因为陈列空间窄小的缘故，但也不是没有解决问题的办法，比如用左边的灯照右边的展品，用右边的灯照左边的展品就可以解决这一难题，这只不过是一个简单的、改变一下思维方式的问题，正确的思维方式决定正确的行为方式，可在实际工作中却很少见到有人使用过这种方法。陈列空间小的如此，陈列空间大的也是如此，如此说明不是空间大小的问题，而是一个意识的问题，希望今后能够引起同行们对此问题的充分注意。

在陈列照明设计的灯位图上，灯具与展品的位置是一一对应的，目的是为了方便统计灯具的种类和数量以及电路的长度和用电量，并没有明确规定灯具的具体安装位置和入射角度，所以陈列照明需要在实际施工中根据实际情况做出具体的实施方案。灯具的具体安装位置、入射角度、照射的距离与灯光的亮度，都应该参照陈列照明设计方案中所要达到的环境氛围和艺术效果进行具体的整合。

（三）光线的调配

陈列照明光线的冷暖、强弱与聚散，是关系到陈列照明效果的关键问题，光线的冷与暖决定着陈列的整体色调和氛围。暖光、强光、散射光给人一种温和、饱满、成熟之感，适合在历史展、成就展一类的陈列中使用；冷光、暗光、聚光则给人一种严肃、灵动、清新之感，适合在艺术展、教育展一类的陈列中使用。人对光线的敏感度是很高的，并具有向光的习性，哪里有光，就会有人向那里聚集。因此，重要的展品最好比一般展品的照射亮度高一些，或者采用聚光灯进行照射，从而达到突出展品和吸引观众的目的。

陈列环境的亮度会直接影响到观众的参观情绪，亮度高时，会使人的情绪兴奋，亮度低时会使人的情绪低落，调整好光线的亮度并使其具有与陈列内容相符合的内在关系，使观众在不知不觉中被引导，使观众保持一个应有的参观状态，把观众的注意力集中到陈列的内容与展品上。

射灯的光线相对于泛光灯的光线来说更容易吸引观众的注意力，射灯的光线有很强的造型能力，被照射的物体明暗对比强烈、线条清晰、立体感强、光影变化丰富；泛光灯的光线具有清洗墙面的功能，适合于大面积的展品及背景的照射，被照射的物体表面均匀、柔和、干净，并且不用考虑光影对展品的影响。在陈列照明的设计与施工中，应该根据实际情况对这两种光线进行适当、合理的组合与搭配。

（四）光斑的控制

光斑与阴影的大小、形状、深浅与灯光的安装位置、入射的角度和距离的远近等因素有关，距离的远近决定着光斑的大小、角度的大小决定着光斑的形状，光斑与阴影的产生是不可避免的，在相对的空间内去除光斑与阴影的影响也是可以做到的（例如无影灯的原理），关键的问题是我们如何看待和利用光斑。去除光斑与阴影的影响，使画面均匀、漂亮，让观众身处在一个没有光斑与阴影影响的光环境中参观学习，是展览陈列照明设计中经常使用的方法之一，在这种光环境下陈列的展品，虽然能够让观众看得清楚、真切，但是照明的效果显得有些呆板，缺少变化，缺少艺术感。掌握光斑与阴影的变化规律，利用并控制好光线投射后所形成的光斑与阴影，使其成为陈列的一种特殊的表现语言，营造出一个独具特色、艺术气氛浓厚、个性化强列的陈列照明环境。

灯光照明技术的进步，为陈列照明方式提供了更多的便利，有些高级的专业灯具配有特殊的镜头和装置，可以投射出各种形状的几何图形和动态图像，大大地丰富了展览陈列的表现形式和陈列语言，使陈列效果焕然一新。增强了陈列的技术含量，提高了陈列的观赏性、艺术性与趣味性，同时也为展览陈列的个性化发展提供了坚实有力的支持和帮助。

（五）调控方式

陈列展品的质地不同，照明的方式、方法也有所同。无机类展品对光线的要求并不太高，而有机类展品对光线的要求就特别讲究。例如：纸制品、纺织品、竹、木、牙、角等展品。特别是古旧书画、丝毛绣品、色彩牢固性差和容易退色的展品，对照明的方式、方法、照度及照射时间的长度，都有强制性的、具体的规范性要求。

照明的调控方式是解决照度及照射时长的有效方法之一，在展品前方安装感应控制的装置，对灯光进行调控，有人时亮起，无人时关闭。在博物馆的照明设计规范中，把对光特别敏感的展品的照度规定为 50（lx），这一标准对于视力较弱的人来说想要看清楚展品是很不容易的事情，提高照度又会对文物展品造成一定的损害，这是一对很棘手的矛盾。利用感应控制装置减少展品的光照时间，是行之有效的方法之一，如果每日按 8 小时计算，每日允许 400（lx）的总照度。如果能够把有效的照射时间控制在一半以内，展品的照度值便可以提高一倍，可以保证每日 400（lx）的总照度值不变，这样即可以满足照明设计规范的要求又能保证观众的参观质量。另外让观众尽可能地近距离观看展品也是一种解决照度不足的有效方法，但是需要承担文物展品安全的风险，需要提前做好防护的措施。

常见的照明控制方式有手动控制和自动控制。手动控制，经济实惠，只需一个开关或一个按键就可以完成。自动控制分声控、光控与电脑程序控制：声控，适合在人少的环境下使用；光控，适用范围广泛；电脑程序控制，可以根据具体情况选择适当的照明控制模式。

以上几个方面的论述，是我多年来对博物馆照明设计的一些体会和想法，讲出来与大家相互交流、共同分享，共同提高，共同进步。有不妥之处，请同行们提出批评指正。

三、结语

博物馆的陈列照明设计是技术与艺术高度融合的一项工作，同时也是一项复杂的系统工程。无论是靠单纯的技术或者单纯的艺术都不可能完成照明设计与施工的全部过程，必须要从技术与艺术以及观众的参观心态等多方面进行综合考虑，并力求把现代新技术、新观念更多地应用到博物馆陈列照明设计与施工中去，以营造出充满生机活力、形象逼真、环境高雅、整体协调、变换无穷的陈列光环境，以满足严格的、博物馆陈列展览和文物保护的双重要求，为博物馆陈列照明设计水平的进一步提高贡献我们的力量。

马怀伟（首都博物馆　文博馆员）

参考文献:

（美）埃甘、（美）欧尔焦伊著，袁樵译《建筑照明》，中国建筑出版社 2006 年 1 月第一版。

中小博物馆志愿者工作开展的现状与分析
——以北京古代建筑博物馆为例

◎ 周海荣

北京古代建筑博物馆文丛

第三辑 2016年

234

随着社会的发展，文化事业呈现一片繁荣景象，各种门类的博物馆在引领文化、构建和谐社会中起到重要的作用，受到全社会的关注和重视，越来越多的人走进博物馆。根据国家文物局博物馆年检备案情况，截至2014年底全国博物馆总数达到了4510家，每年举办的展览2.2万个，全年接待观众数量超过6亿人次，为社会和社会发展服务已经成为了博物馆的首要任务。

北京目前在册的有175家博物馆，在全国位居首位，是全球拥有博物馆数量第二多的城市，仅次于英国伦敦。北京的博物馆的规模和馆藏文物也是首屈一指的，有很多大型博物馆都在北京，如故宫博物院、国家博物馆、首都博物馆、中国军事革命博物馆、中国革命抗日战争纪念馆等等，同时还有许多私人博物馆也办得极具特色。近年来，在中华民族伟大复兴的"中国梦"目标的指引下，博物馆免费开放的力度越来越大，走进博物馆、参观博物馆已经成为大众日常文化生活的重要内容之一，在博物馆中用智慧的眼光审视、了解历史，获取知识。如何将博物馆内蕴涵的深厚文化内涵传达给观众，就需要专业的社教讲解人员与观众面对面的交流与传递。为了满足观众的更多需求，更多的志愿者参与到博物馆事业中，他们热衷中国传统文化、热心公益事业，他们不求回报，自愿帮助他人，致力于文化教育事业的传播。

志愿者是指"不以金钱或其他任何形式之酬劳为前提，自主自愿为某项社会工作付出劳动的个人"。博物馆志愿者是社会志愿者的组成部分，非营利的博物馆是志愿者实现公益性理想的最好平台，而为实现公益性理想的志愿者也正是非营利性的博物馆所需要的社会力量，他们以自愿提供无偿服务的形式参与博物馆公益性事业，利用自身的兴趣和特长服务大众，以传播和传承文明为己任，充分发挥了自身价值。他们来自社会，回馈社会，他们的身影频繁地出现在各个博物馆内，有困难找志愿者，有时间做志愿者已经成为他们的一种生活方式。下面仅以北京古代建筑博物馆的志愿者工作开展情况为例，就志愿者工作的现状、作用、问题做简要分析。

一、北京古代建筑博物馆开展志愿者工作的情况

北京古代建筑博物馆坐落在北京先农坛内，是中国第一座收藏、研究和展示中国古代建筑技术、艺术及其发展历史的专题性博物馆，博物馆有基本陈列《中国古代建筑展》和《先农坛历史文化展》以及《中华民居——北京四合院》专题展。北京先农坛为全国重点文物保护单位，始建于明永乐十八年（1420 年），是明清两代皇帝每年祭祀先农和举行亲耕耤田典礼的地方，由太岁殿院落、神厨院落、神仓院落、先农神坛、具服殿、观耕台、庆成宫等古建筑群组成。近年来，古建馆展出了以《土木中华》为主题的系列展览，各种建筑类型的展览受到观众的喜爱，来馆观看展览的人越来越多，这些内涵丰富、专业性强的展览如果仅从展板信息中获取知识是不够的，需要专业讲解人员深入浅出的介绍，才能使展览鲜活地展现在观众面前，传播优秀的传统历史文化，而古建馆作为中小型博物馆，受编制限制，讲解人员有限，并且每人都兼具其他工作，不能保证每个时段都在展厅为观众进行讲解。为了满足学生团体和社会观众的讲解需求，我馆开展了志愿讲解服务工作。

开展志愿者工作是通过以下几个方面进行的。

（一）招募

首先，依托"志愿北京"的服务平台发布招募信息。"志愿北京"是北京志愿者协会成立的网上平台，北京志愿者协会以弘扬志愿精神，传播志愿理念，倡导良好社会风气、健全社会服务体系、促进社会和谐建设为宗旨，推进社会主义和谐社会首善之区建设为目标。单位可以通过"志愿北京"网上平台发布团体项目，个人也可以通过"志愿北京"平台寻求适合自己的志愿项目。博物馆需要更多的社会人士参与进来，招募信息的发布是必要的，我们通过"志愿北京"平台发布招募志愿者信息，同时还利用我馆的网站、微

信及媒体对外公布信息。大部分的志愿者都是通过志愿北京平台招录来的，志愿北京平台操作简单、方便，报名的志愿者采取实名制，其他方式报名的志愿者也都要求在这个平台上登记和申报项目，这样有助于记录工时和便于管理。另外，我们针对古建馆的特点设置了博物馆志愿者的录入条件，即"招收 18～60 岁的群众，只要热爱古代建筑文化，热心公益事业，积极传播中国传统文化"。条件门槛不高，只有仅仅几项条件，是不想将热衷于公益事业的群众挡在门外，能够报名参与志愿活动的都是富有爱心和善良的群众，只要有爱心，我们就提供机会。

其次，填表并确认服务时间。我们要求志愿者填写一份个人联系表，并勾选服务时间，作为档案留存。最终，我们招收了 25 名志愿者，年龄最小的 18 岁，年龄最大的 56 岁，文化程度有高中生、本科学历、研究生和博士，其中工作日服务的有 14 人，周六日服务的有 11 人，考虑到责任到人，每位志愿者负责一个时段，经过合理的排班，我们实行定岗制，这样就能保证每天都会有 1～2 人在馆内的展厅值班，提供讲解服务。定岗制的优点是，将讲解工作分配到每位志愿者，增强了志愿者的责任感。

志愿者在博物馆提供社会服务，代表着博物馆的形象。在上岗前我们为志愿者制作和设计古建馆的胸牌，要求志愿者上岗必须佩戴胸牌，胸牌是志愿者身份的象征。

（二）培训

北京古代建筑博物馆是一座收藏、研究、展示古代建筑文化的专题性博物馆，具有较强的专业性，这就决定了志愿者上岗前的业务培训是必要的。博物馆志愿者的业务培训要有针对性，考虑到博物馆的实际工作需要，我们将馆内分为三个区域：一是太岁殿院内的中国古代建筑展，二是神厨院落的先农坛历史文化展，三是室外的游览区域，我们着重针对中国古代建筑展开始进行培训。文博知识是一项日积月累的过程，需要慢慢填充，不能急于求成。

我们提供最基础的讲解词，建立了一个微信群，将电子版的文件和扫描书籍供大家下载传阅，各种古建筑方面的知识每月进行一次培训，前期可以随时来馆学习。经过一个多月的练习，大部分志愿满怀热情开始上岗服务了，前期也遇到很多问题，由于古代建筑发展源远流长，研究和学习的内容很广，仅仅几次培训是不够的，

努力调动志愿者的学习积极性，互相补充不足，互相进步。之前发现的讲解语速过快，容易忘词，调理不清，等等，经过不断的改正和慢慢的积累，志愿者们经过三个多月的坚持和努力，目前大部分志愿者可以讲述中国古代建筑展了，包括《中国古代建筑发展历程》《中国古代建筑营造技艺》《匠人营国－中国古代城市》《中国古代建筑类型欣赏》和临时展览《北京四合院》四个展厅的内容，讲解时长两个多小时。

我们也进行了总结和思考，除了了解讲解知识，讲解的站姿、手势、语言和眼神等交流，慢慢寻找经验，让观众逐渐熟悉讲解员的思路。不同观众有不同的需求，如果见到一位急匆匆观展的游客，滔滔不绝地给他讲解，会使得对方感到焦急而又不便推辞志愿者的善意，往往很难达到效果。要因人施讲，善于观察，用不同的方式和内容与观众交流，拉近距离。成人的接受能力和学生的接受能力相差很大，适合成年人未必适合孩子，讲解工作不是硬生生的演讲，是要与观众互动，使用最简单的语言将文物的历史和价值讲授出来，让观众在最短的时间内获得较多的知识和信息，讲解是需要志愿者投入热情，对观众有责任感，要逐步对文物和历史及价值深入了解，志愿者也需要终身学习，因为讲解工作并不简单。

允许志愿者有个性化讲解，我们提供的讲解词是最基础的，需要志愿者通过学习不断补充，志愿者的讲解是一种亲和力的，是与观众面对面的交流，像朋友似的谈论。志愿者从事不同的行业也从另一个侧面反映出对展览的理解和诠释，要允许志愿者有自己的风格。

（三）管理制度

博物馆要有完善的管理制度，从设立项目就要规范志愿者相关制度，管理志愿者全部依赖制度。志愿者参与博物馆的志愿服务，不计报酬、不求回报，我们规定志愿者每周至少服务两个小时，根据自己方便的时间进行排班，严格执行考勤制度，如果需要请假要提前通知，以便我们安排临时志愿者补充，每月初我们在志愿北京网站录入志愿者的工时，工时记录是志愿者服务的证明，这项工作一定要认真对待。

（四）提供学习和交流的机会

了解志愿者的需求。志愿者多从事各种行业，来博物馆服务多

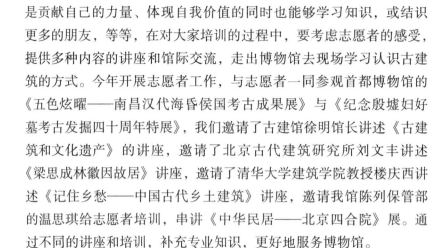
是贡献自己的力量、体现自我价值的同时也能够学习知识，或结识更多的朋友，等等，在对大家培训的过程中，要考虑志愿者的感受，提供多种内容的讲座和馆际交流，走出博物馆去现场学习认识古建筑的方式。今年开展志愿者工作，与志愿者一同参观首都博物馆的《五色炫曜——南昌汉代海昏侯国考古成果展》与《纪念殷墟妇好墓考古发掘四十周年特展》，我们邀请了古建馆徐明馆长讲述《古建筑和文化遗产》的讲座，邀请了北京古代建筑研究所刘文丰讲述《梁思成林徽因故居》讲座，邀请了清华大学建筑学院教授楼庆西讲述《记住乡愁——中国古代乡土建筑》讲座，邀请我馆陈列保管部的温思琪给志愿者培训，串讲《中华民居——北京四合院》展。通过不同的讲座和培训，补充专业知识，更好地服务博物馆。

（五）鼓舞和坚持

建立起一支良好的志愿者队伍，需要不断地完善和继续，博物馆要在组织管理方面下大功夫，否则，志愿者工作很难持续，这需要我们为志愿者们提供完善的服务，如何服务好志愿者也是一项值得深思的工作。对于他们不图回报、乐于奉献的精神，我们更应该真心地对待他们，在工作中遇到的困难和业务上的问题尽可能地帮助他们，只有真心换真心，工作才能顺利。博物馆除了在制度上保证志愿者应有的权益，还应给予志愿者人性的关怀，志愿者不图物质回报，但他们很在乎精神层面的满足，给予志愿者应有的尊重，就是对他们工作的肯定。博物馆工作者应从思想上重视志愿者的工作，为他们创造更多的学习机会，尊重志愿者的辛勤劳动，及时肯定他们的工作，让更多的志愿者走进博物馆，服务博物馆。

在给予志愿者们更多鼓励的同时，我们也看到了自己的成长和变化，例如，服务项目在设立之初要申报目标，设置综合评价机制，服务计时，需要管理团队通过志愿北京的平台记录时长，对将来评星级志愿者是非常重要的。在管理过程中将好的经验总结起来，完善日后更好的管理。

二、博物馆志愿者的作用

（一）为社会和社会发展服务

博物馆是公益性文化机构，为社会和社会发展服务是博物馆的出发点和宗旨，博物馆志愿者是社会发展到一定程度的产物，他们为社会服务，为人类奉献，实现自我的社会价值，博物馆为志愿者提供了平台。志愿活动是公益性的，是社会所需要的。

（二）补充专职人员力量的不足

弥补了专业人员的不足，提升了博物馆的服务品质，扩大了服务层面，把博物馆理念、文物知识、历史文化进行广泛的社会传播，从而吸引更多社会力量参与到博物馆事业中来。目前，大部分博物馆因编制限制，讲解力量薄弱，不能够确保每个时段都有专职讲解员提供讲解服务，就需要依托博物馆志愿者。随着人们博物馆的认识增多，参观的观众越来越多，只有依靠社会力量，才能使志愿者来源于社会，回报社会。充足的社会力量参与博物馆的建设和发展，使博物馆能够节省更多的人力物力，更有可能投入更多的精力强化管理工作，开展业务研究，服务于社会。

北京古代建筑博物馆一个季度服务时长反馈表

周期	2016 年 4—6 月
总服务时长/小时	748
志愿者注册总人数/人	25
实际在岗人数/人	25
人均服务时长	30

（三）教育作用

社会群体的力量之庞大是我们难以想象的，志愿者们不仅是博物馆文化的接受者，还是博物馆的传授者，通过了解馆藏文物和文化，深入学习和了解博物馆的知识点，真心地对待每一位参观博物馆的观众，耐心友善地讲述博物馆的藏品和历史。在这过程中，我们不仅要传递传统文化，讲授专业知识，还要进行德育教育。博物馆是一个环境相对特殊的地方，是我们终身学习的地方，因此要特别讲究礼仪，做一个有素质的参观者，博物馆不适合大声喧哗，需要精心地感受展品带来的震撼感，因此，需要保持安静，以免影响他人。

展品、展柜不能乱摸，很多展品都是很珍贵的，满足了好奇心而破坏了展品这种做法对展馆是一种伤害。再有就是在展厅内禁止使用闪光灯拍照，有些藏品会因为强光的照射下加速老化，甚至成为永久性的损坏。通过志愿者的温婉的语言与耐心的讲解，拉近观众的距离，将礼仪带给观众。

（四）博物馆宣传作用

扩大宣传教育工作，促进讲解工作的开展，志愿者参与博物馆的讲解、宣传等工作，最直接的是服务参观观众，为社会公众提供展厅内展品的历史和作用的讲解工作，提供更加细致的服务。志愿者是带有热情和积极性的，他们更具有耐心和爱心，也将不同的讲解风格带给各层次的观众，将寓教于乐和丰富多彩的知识传授给大家。不同行业的志愿者们充分发挥他们的特长，带来各自行业的信息而提供创意和发展建议，对于中小型博物馆的发展非常有帮助。博物馆的固定展陈很多年才更换，观众往往参观一次就不再来了，没有面对面的讲解很难了解文物的价值和内涵，志愿者的加入，对博物馆的藏品非常了解，在讲解过程有耐心、有亲和力，使观众不仅增长了知识，还会更加喜欢这座博物馆。

博物馆志愿者从社会发展方面来说，能够缩短与观众的距离，给观众一种亲切感，提升博物馆的亲和力，他们认为志愿者的服务就是博物馆的另一种实力，志愿者也代表了博物馆的形象，观众会因为志愿者的无偿劳动而产生敬佩心理，同时为志愿者提供了动力，促使博物馆的工作人员能够提高工作热情，也会给他们带来压力，促使进步。

三、开展志愿工作遇到的困难

（一）资金的不足

志愿服务无报酬，志愿工作有成本，我们在工作日提供志愿者午餐、提供休息室、提供饮用水等，包括聘请专家教授进行讲座培训和馆际交流，参观和学习其他博物馆的先进经验，这些支出是需要馆内自营经费提供的，我们也没有将志愿者的交通费计划在内，因为一部分支出也是很大的，虽然说志愿者是不需要报酬的，但实际上运作也是需要成本的。

（二）服务形式单一，服务时间过于集中

志愿者服务范围很宽，涵盖方方面面，但是目前博物馆志愿者的服务范围却很小，服务形式单一，常见的志愿服务范围只有业务工作领域的讲解志愿者，急需丰富扩宽博物馆志愿者的服务形式，整体提升博物馆的服务能力。

北京古代建筑博物馆的 25 名志愿者，大多数是在职人员，在职人员的机动性差，容易出现服务时间扎堆的问题，工作日的服务时间相对较少。

（三）重服务，轻培训，重使用，轻激励

管理的专业化不够规范，重视志愿者的服务和使用，但是忽略了志愿者的培训，没有培训工作，如何要求志愿者提供服务呢？另外，我们常说赞美身边的每一个人，尤其是对志愿者的奉献精神，我们没有肯定和激励，他们就会慢慢失去热情。没有一个良好的团队，如何为社会服务呢？我们应该深入的思考，在心与心的交流上要付出更多。

四、志愿者工作未来的计划

对于志愿者的工作还有更高的设想，目前，很多人还不能走进博物馆，志愿者会发挥关键的作用。他们来自群众，回馈社会，我们将博物馆的展览内容送入社区、走进学校、走进特殊群体，依靠社会力量完成我们不能完成的；这几年，家长对孩子的教育非常重视，希望在玩的过程中寓教于乐，能够到博物馆接受熏陶和学习，我们可以以志愿家庭参与项目，家长陪着孩子共同参与志愿活动，既教育了孩子，也培养了亲子关系，带动市民来加入了解文化公益活动。未来的发展是多种形式的，设想也是多样的，需要更多的志愿者参与到博物馆的行列，北京市博物馆学会崔学谙秘书长说过文化的终极目标是在人世间普及爱和善良。这句话是博物馆志愿者工作的感悟，北京古代建筑博物馆的全体同仁更希望将古建筑文化发扬光大，更多的志愿者乐于此项事业。

周海荣（北京古代建筑博物馆社教与信息部　文博馆员）

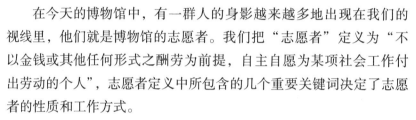

博物馆志愿者工作的探索与思考

——以北京古代建筑博物馆为例

◎ 郭 爽

在今天的博物馆中，有一群人的身影越来越多地出现在我们的视线里，他们就是博物馆的志愿者。我们把"志愿者"定义为"不以金钱或其他任何形式之酬劳为前提，自主自愿为某项社会工作付出劳动的个人"，志愿者定义中所包含的几个重要关键词决定了志愿者的性质和工作方式。

首先，志愿者是以个人为基本单位的，其"个人属性"不容忽略。每一个个人成为志愿者的理由不尽相同，风格特点也不相同，性格脾气亦不相同，所以最终表现出来的行为也就有所不同了。这些不同决定了志愿者的招募、培训和管理模式必须以理解志愿者的个人属性为前提，虽然强调整体的统一性和团队性，但仍有必要保持以个人为前提，这样在大趋势和谐统一的情况下，因人而异，并突出志愿者的"个人性"，既是推动博物馆志愿者工作发展的真正动力，也是推动博物馆发展的一种动力。

其次，志愿者所从事的是"社会工作"。"社会"和"工作"的隐喻即志愿者其实并非无目标、无约束的群体，其目标是明确的，即为社会服务，这种正向的无偿服务也是具有约束性的，其约束性体现在具有契约内涵的行为即"工作"上。然而志愿者工作另外一个关键词"自主自愿"又是其工作本身的一大特性，"自主自愿"是契约存在的前提，是个人在心理层面、精神层面和物质层面上做足充分准备之后，能够成为志愿者的必要条件，也是志愿者的核心精神。

最后，志愿者的"自主自愿"与普通自然人在平时的日常工作过程中的"自主自愿"最为显著的区别，即"不以金钱或其他任何形式之酬劳为前提"，这个前提的存在属于"志愿者伦理"的范畴。而我们正确理解的"不以金钱或其他任何形式之酬劳为前提"的概念不等同于"没有金钱或其他任何形式之酬劳"，实际工作中在志者的组织形式、管理等方面经常会遇到与这个"前提"相关最亟需解决也是最复杂的问题。将这四个关键的词句联系起来，我们很容易得到这样的结论：志愿者实际上是"自愿的个人，出于善的目的，以一己之能，为社会而服务"。个人的力量虽然看似微小，但其中蕴涵着唤起公民意识的作用却是绝对不能被忽略的。实际上，在博物馆中，博物馆的工作人员通过各种阐释手段，将物化的美和智慧传递给每一个在博物馆中的参观者或不在博物馆现场的社会人。博物馆的社会性通过阐释的过程而达成，而阐释者所付出的劳动无疑是种"社会工作"。在这里我们找到志愿者与博物馆的一个重要的共同点，即他们所从事的都是"社会工作"，区别在于，一个是"自主自愿"的个人，另一个是公民监督下的社会机构。

那么，在给志愿者加上"博物馆"这个定语之后，我们再看看博物馆的定义——《国际博物馆协会章程》（版）对博物馆的定义是："博物馆是为社会及其发展服务、向公众开放的、非营利的永久机构，它为教育、研究、欣赏之目的征集、保护、研究、传播展示人类及人类环境的物质和非物质遗产。"我国《博物馆管理办法》规定："博物馆是指收藏、保护、研究、展示人类活动和自然环境的见证物，经过文物行政部门审核，相关行政部门批准许可取得法人资格，向公众开放的非营利性社会服务机构。"综上所述，我们可以看到，志愿者与博物馆的定义都离不开"非营利""公益性"和"服务社会"。由此可得知，非营利的博物馆是志愿者实现公益性理想的最好平台，而为实现公益性理想的志愿者也正是非营利性的博物馆所需要的社会力量，由此也就产生了博物馆志愿者。

然而，时至今日，志愿者工作除有些经济发达地区的发展较快外，其他大多数博物馆还处于服务单一或空白状态，这种现状呈现如下几个特点：一是博物馆志愿服务工作处于起步阶段，二是博物馆志愿者人员构成较单一，三是博物馆为志愿者提供的服务岗位较单一，大多为讲解岗位，四是缺乏相关的志愿者服务管理制度，五是博物馆工作人对志愿者工作认识不够深刻全面。当博物馆志愿者在公众服务领域发挥着重要的作用的同时，社会也在不断发展和进步，博物馆意识逐渐深入人心，一部分固定的参观者、爱好者已经成为博物馆潜在的志愿服务人群。志愿服务的口碑效应，给博物馆带来良好的传播效果。那么对中小型博物馆而言，由于多种原因，市民普遍对小型博物馆及其志愿者服务的了解、接触较少，所以中小型博物馆，尤其是专题性中小型博物馆在招募志愿者和志愿者服务过程中存在着一定的局限性。笔者在工作实践中对中小型博物馆志愿者队伍的建设和发展，进行了一些探索和思考。

一、北京古代建筑博物馆志愿者招募分析

北京古代建筑博物馆坐落在北京先农坛内，是中国第一座收藏、研究和展示中国古代建筑技术、艺术及其发展历史的专题性博物馆，博物馆有基本陈列《中国古代建筑展》和《先农坛历史文化展》以及《中华民居——北京四合院》专题展。北京先农坛为全国重点文物保护单位，始建于明永乐十八年（1420年），是明清两代皇帝祭祀先农和举行亲耕耤田典礼的地方，由太岁殿、神厨、神仓、先农神坛、具服殿、观耕台、庆成宫等古建筑群组成，保存完好的先农坛古建筑群落与北京古代建筑博物馆的展示内容相得益彰。近年来古建馆在博物馆展览工作方面突飞猛进，大力发展博物馆展览相关工作，其中在博物馆志愿者服务工作方面做了一些尝试，正逐步向社会化、专业化、多样化发展，古建馆在志愿者工作上，本着实行常态化的招募、培训和考核制度，除常年在志愿北京网站进行招募外，还会通过网络、媒体、对外公开报名电话以及馆内网站发布招募信息，面向社会公开招募志愿者，面试合格后进行集中培训，培训内容包括志愿者精神、服务宗旨、应具备的素质、服务过程中要注意的事项、博物馆概况、基本陈列介绍以及与博物馆业务相关的内容等。对北京古代建筑博物馆2016年上半年面向社会招募志愿者的情况进行抽样调查，在调查过程中将原始报名及考核成绩表制作成数据表，利用百分率、算术平均、方差分析等进行宏观剖析（见表1）。

表1 北京古代建筑博物馆招募志愿者统计

报名方式	网络报名	自主报名	总计
样本数/人	13	12	25

（一）招募志愿者特征

北京古代建筑博物馆招募志愿者特征如下（见表2）：

- 性别特征：北京古代建筑博物馆的志愿者中，男性志愿者11人，占被调查志愿者总数的44%，女性志愿者14人，占56%，女性多于男性。

- 年龄特征：招募的 25 名志愿者中，60 后的志愿者 4 名，占总数的 16%；70 后的志愿者 8 人，占总数的 32%；80 后的志愿者 8 人，占总数的 32%；90 后的志愿者 5 人，占总数的 20%。调查中发现，我馆志愿者年龄分布较为平均，各个年龄阶段的都有，其中 70 后和 80 后的志愿者占到了主导位置，也是志愿者中的中坚力量。
- 文化程度：本科学历共 16 人，占 64%，其中除了本科外的志愿者还包含了硕士研究生和博士研究生，以及不乏清华北大优秀高校的人才，古建馆所调查的志愿者全部为受过良好教育者。
- 职业特征：12% 为在校学生，88% 为在职人员，他们是北京古代建筑博物馆志愿者的主要群体。
- 提供服务时间：星期二至星期五为 14 人，占总人数的 56%，能够周末提供服务的为 11 人，占 44%。虽然周末服务人数所占比例较少，但周二到周五服务的人数平均到每天就不占优势了，仍旧是周末两天服务人员居多，因此周末时志愿者比较充裕。

表 2　北京古代建筑博物馆招募志愿者特征分析

基本资料	项目	样本数/人	%
性别	男	11	44
	女	14	56
年龄	60 后	4	16
	70 后	8	32
	80 后	8	32
文化程度	本科	16	64
	其他（硕博研究生）	9	36
职业	学生	3	12
	在职	22	88

（二）志愿者参与服务的形式

志愿讲解是博物馆志愿者服务的主要手段，绝大多数志愿者都选择此种服务方式。在招募的志愿者中，以双休日和节假日为主要服务时间，工作日服务的志愿者数量相对较少。大部分才上岗的志愿者只能讲解一个展厅，或是展厅中的几个重要的点，对全部的展览并不了解，常对参观者的专业性问题回答不上来。为尽快提高志愿者的讲解水平，博物馆组织志愿者定期培训学习、分组交流，与其他博物馆进行互访。三个月左右的时间，大部分的志愿者可以通讲感兴趣的展厅。对于不同水平的志愿者，讲解风格也根据个人习惯来发挥，如对重要文物可以延伸讲解，讲述文物背后的故事，但博物馆的相关知识和历史是所有志愿者都需要了解并对观众介绍的。

除了志愿讲解的服务形式以外，社会教育活动已经成为博物馆服务的另一个重要方面，志愿者一方面积极参与博物馆各类社会教育活动，另一方面在社会教育活动中服务观众，发挥了重要作用。如在"祭先农，植五谷"先农文化周活动中，古建馆的志愿者除了参与到活动本身中去，还在馆内引导观众入场，以及在展厅中对于先农坛的历史文化和中国古代建筑的知识进行传播和解答。

（三）志愿者服务存在的问题

从北京古代建筑博物馆开展志愿者工作以来，虽然在志愿讲解和社会教育活动中发挥了很大的作用，但由于现实的社会环境和社会条件等因素，中小型博物馆的志愿者工作还未能走上良性循环的轨道，主要问题有以下几方面。

1. 结构单一，流动量大

虽然博物馆通过各种途径招募很多志愿者，但在实际服务过程中能坚持下来的志愿者仍旧是少数，不断招募，不断流失，难以形成良性循环。报名时非常踊跃，但最终能通过考核坚持到馆，定期进行服务的志愿者只有报名人数的三分之二。从调查中可以看出，北京古代建筑博物馆的志愿者大多数是在职人员，在职人员的机动性差，容易出现服务时间扎堆的问题，工作日的服务时间相对少。

2. 管理制度不完善，志愿力量待凝聚

北京古代建筑博物馆除周末服务的志愿者都有一个小组长以外，

其余工作日服务的人员均要凭借自觉服务意识来馆服务。对中小型博物馆整体而言，志愿者多为社会教育部门人员兼管，管理者往往人手不够，且志愿者工作繁杂琐碎，志愿者分配没有专人专项进行管理，负责人员难以全身心投入志愿者这一项工作中，这使志愿者管理较松散，志愿力量有待凝聚。

3. 服务形式单一，服务质量有待提高

部分志愿者顺利通过试讲考核之后，就忽略了对相关知识的学习与积累，服务水平与质量无明显进步，基本处于原地踏步状态。目前服务上岗的志愿者只有很少一部分能够全部展厅通讲，而绝大部分的志愿者只能够讲解一个展厅或部分展厅中的重要内容，长此以往，势必会影响服务质量，降低参观者的参观热情。

（四）中小型博物馆志愿者工作的思考和建议

以上是今后的工作中需要关注与探讨的重点。针对这些问题，进行了一系列思考并提出以下建议。

1. 完善注册志愿者的常态化管理

博物馆志愿者注册机制是今后志愿者工作常态化管理的趋势，对于志愿者身份的认证，在注册机制中也应该明确表现。在工作中要求志愿者佩戴工作牌，并将其信息登记在册，列入北京古代建筑博物馆志愿者信息册。调查发现我馆认证过的志愿者在工作态度和个人意愿上比没有认证过的明显高出很多，这说明志愿者身份认证环节能激发志愿者的使命感和团队精神，能为志愿者团队树立统一形象，降低志愿服务中的沟通成本，还可以促使志愿者自觉地将个人行为与组织行为相协调，更认同志愿者团队的核心价值观。同时，我们要求我馆志愿者统一在志愿北京网站上注册，由博物馆工作人员负责对志愿北京上北京古代建筑博物馆志愿者项目进行管理，每月更新志愿者服务时长，定期检查志愿者服务状态，对表现突出的志愿者进行年终表彰。由此，志愿北京网站作为本馆志愿者工作的信息库兼具了志愿者电子档案、服务时数统计和绩效评估的功能（表3），充分发挥出志愿者注册机制的基础平台作用。

表3　北京古代建筑博物馆一个季度服务时长反馈表

周期	2016 年 4 – 6 月
总服务时长/小时	748
志愿者注册总人数/人	25
实际在岗人数/人	25
人均服务时长	30

2. 提升专业化水平

博物馆志愿者向专业化的转变，需要从组织学习、举办志愿者大赛、结合志愿者自身优势进行专业定位等方面着手改善。对那些抱着试试看心理的志愿者，增加他们对博物馆和文物的兴趣，真正融入到文博事业这个大家庭，这也是博物馆意识的体现。

3. 抓住团体、留住个人

整个志愿者团队要抓住核心人物，就必须建立良性体系，挑选出若干名管理者和核心人物，对于个人报名志愿者，今后的工作中需要尝试组合式分工合作，将志愿者以服务时间分成若干小组，挑选组长，分配好自己组的人员和具体服务时间，定岗定编，以便个人提前安排好计划，投入到志愿服务中来，让志愿者充分参与博物馆的服务和管理。

4. 完善管理制度

制定志愿规则、志愿服务日程表、志愿者服务签到表和接待服务人数统计表，志愿者需要根据日程表上的规定时间到馆服务，如果不能够来需要提前来电话或者在微信群中联系负责人，进行协调换班，或是通过其他的志愿服务时间来弥补。当然，不能够强求志愿者服务，这就需要提高志愿者服务的兴趣，可以结合社会教育的相关活动，搭配适合的志愿者类型进行志愿活动。在活动中表现优异的志愿者应及时表扬，年中及年底也要对优秀的志愿者进行表彰和相关的物质奖励，不断提高志愿者的成就感，同时扩大宣传，把那些真正热爱博物馆事业、具有奉献精神的人纳入到博物馆志愿者的行列中。

5. 注意自身文明规范

文明要从自身做起，从点滴做起，自觉塑造良好形象，宣传博物馆参观礼仪。结合现今社会中的不文明现象，志愿者首先注意规范自身文明行为，起到模范带头作用，同时还要规范展厅内的不文明行为，如抽烟、喧哗、躺在休息椅上睡觉等。当然这是一个长期的过程，需要单位与单位之间、部门与部门之间相互配合。在这样一个尽情施展才华的平台中，志愿者除了需要满腔的热情之外，还必须具备默默奉献的精神与坚持长期服务的毅力。相信不久的将来，博物馆志愿者的管理和业务水平会得到极大的提高，志愿者们将在社会主义精神文明建设中，越来越凸显出他们不凡的作用。

博物馆志愿者是博物馆发展的重要推动力，是博物馆和社会的重要桥梁和纽带。他们不仅为博物馆提供了人力、财力等显性资源，更为重要的是加强了博物馆宣传教育这一隐形途径。博物馆志愿者们不仅是无偿地服务于博馆物馆，而且他们自身也能通过服务获得知识，展示自己，实现自己的人生理想，既传承了中华民族的传统美德，又体现了社会主义道德的基本要求。那么中小型博物馆在这一领域的发展也是未来的趋势，只是在探索的道路中寻求自身特点和自身诉求，把二者通过志愿者工作和谐地结合在一起，以展现给大众更好的精神面貌和服务质量。

郭爽（北京古代建筑博物馆社教与信息部　文博馆员）

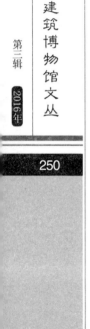

VR 技术服务博物馆展览展示

◎ 闫　涛

　　VR 这一不算最新的概念，却成为了近几年来最火热的科技概念之一，VR 技术的应用也成为了众多商家的开发和建设的重点。近来，大家所熟悉的各个领域都开始出现 VR 的影子，可以说 VR 已经开始真真正正地走进了大家的生活。博物馆对 VR 技术的认识，始终是走在前面的，从 VR 产生之后，到出现可以实际应用的开发时，博物馆便逐步引入了 VR 技术来服务展览展示，可以说，对于博物馆 VR 不是陌生的概念。但对以 VR 技术的应用，绝大多数博物馆还是停留在过去的技术层面，仍没有跟着这波 VR 热迅速融入自身的建设。VR 技术的应用很大程度上限制于其硬件的发展和普及，其最大的特点既沉浸式感受体验，也是完全要依靠硬件设备来实现的，这就意味着在其发展的一定阶段是难以大规模应用的。随着近几年来 VR 技术的突飞猛进，也是在更多人认识到其特有优势的基础上，得到了大力的投入和建设，出现了从使用方式和成本上更容易接受的硬件设备，从而使其具备了应用普及的基础。在这个前提下，博物馆也敏锐的发现了这种趋势，在原有 VR 技术应用的基础上与时俱进，引入了最新的 VR 体验模式，取得了良好的效果。

一、VR 的概念

　　VR（Virtual Reality，即虚拟现实，简称 VR），是由美国 VPL 公司创建人拉尼尔在 20 世纪 80 年代初提出的概念，可以解释为：综合利用计算机图形系统和各种现实及控制等接口设备，在计算机上生成的、可交互的三维环境中提供沉浸感觉的技术。其中，计算机生成的、可交互的三维环境称为虚拟环境。虚拟现实技术是一种可以创建和体验虚拟世界的计算机仿真系统的技术，它利用计算机生成一种模拟环境，利用多源信息融合的交互式三维动态视景和实体行为的系统仿真使用户沉浸到该环境中。

虚拟现实中的"现实"是泛指在物理意义上或功能意义上存在于世界上的任何事物或环境，它可以是实际上可实现的，也可以是实际上难以实现的或根本无法实现的，而"虚拟"是指用计算机生成的意思。因此，虚拟现实是指用计算机生成的一种特殊环境，人可以通过使用各种特殊装置将自己"投射"到这个环境中，并操作、控制环境，实现特殊的目的，即人是这种环境的主宰。

理想的虚拟现实技术应该具有一切人所具有的感知功能，由于相关技术，特别是传感技术的限制，目前虚拟现实技术所具有的感知功能仅限于视觉、听觉、力觉、触觉、运动等几种。

浸没感（Immersion）又称临场感，指用户感到作为主角存在于模拟环境中的真实程度。理想的模拟环境应该使用户难以分辨真假，使用户全身心地投入到计算机创建的三维虚拟环境中，该环境中的一切看上去是真的，听上去是真的，动起来是真的，甚至闻起来、尝起来等一切感觉都是真的，如同在现实世界中的感觉一样。

交互性（Interactivity）指用户对模拟环境内物体的可操作程度和从环境得到反馈的自然程度（包括实时性）。例如，用户可以用手去直接抓取模拟环境中虚拟的物体，这时手有握着东西的感觉，并可以感觉物体的重量，视野中被抓的物体也能立刻随着手的移动而移动。

构想性（Imagination）强调虚拟现实技术应具有广阔的可想象空间，可拓宽人类认知范围，不仅可再现真实存在的环境，也可以随意构想客观不存在的甚至是不可能发生的环境。

由于浸没感、交互性和构想性三个特性的英文单词的第一个字母均为I，所以这三个特性又通常被统称为3I特性。

二、VR、AR、MR 技术间的比较

现阶段已经出现的 VR 及类似技术主要有 VR、AR、MR。

AR：增强现实技术（Augmented Reality，简称 AR），是一种实时地计算摄影机影像的位置及角度并加上相应图像、视频、3D 模型的技术，这种技术的目标是在屏幕上把虚拟世界套在现实世界并进行互动，这种技术于 1990 年提出。随着随身电子产品 CPU 运算能力的提升，预期增强现实的用途将会越来越广。增强现实技术，它是一种将真实世界信息和虚拟世界信息"无缝"集成的新技术，是把

原本在现实世界的一定时间空间范围内很难体验到的实体信息（视觉信息、声音、味道、触觉等），通过电脑等科学技术，模拟仿真后再叠加，将虚拟的信息应用到真实世界，被人类感官所感知，从而达到超越现实的感官体验。真实的环境和虚拟的物体实时地叠加到了同一个画面或空间同时存在。增强现实技术，不仅展现了真实世界的信息，而且将虚拟的信息同时显示出来，两种信息相互补充、叠加。在视觉化的增强现实中，用户利用头盔显示器，把真实世界与电脑图形多重合成在一起，便可以看到真实的世界围绕着它。增强现实技术包含了多媒体、三维建模、实时视频显示及控制、多传感器融合、实时跟踪及注册、场景融合等新技术与新手段。增强现实提供了在一般情况下，不同于人类可以感知的信息。

MR：介导现实（Mediated Reality），由"智能硬件之父"多伦多大学教授 SteveMann 提出的介导现实，全称 Mediated Reality（简称 MR）。VR 是纯虚拟数字画面，包括 AR 在内的 Mixed Reality 是虚拟数字画面＋裸眼现实，而 MR 是数字化现实＋虚拟数字画面。

MR 与 AR 更为接近，都是一半现实一半虚拟影像，但传统 AR 技术运用棱镜光学原理折射现实影像，视角不如 VR 视角大，清晰度也会受到影响。MR 技术结合了 VR 与 AR 的优势，能够更好地将 AR 技术体现出来，同时，VR 的大视角结合到 MR 设备中，可以弥补 AR 的视角不足。AR 和 VR 技术都是 MR 的子集合，一副 MR 的眼镜可以做 AR 和 VR 的事情，AR 的眼镜可以做 VR 的事情，而 VR 就是 VR。

三者之间的区别，简单来说就是 VR 和 AR/MR 之间的区别在于 VR 看到的事物都是虚假的，它通过头戴装置和耳机隔绝我们视觉/听觉和现实世界的联系，并通过 3D 全景图像和控制设备模拟出一个可交互且逼真的沉浸式虚拟环境；AR 和 VR/MR 之间的区别在于 AR 产品呈现的图像都是 2D 且无法进行自然交互的，而 VR、MR 都会呈现出立体的图像，交互也十分的自然。至于 MR 则更像是 VR 和 AR 的组合，可以在现实的场景中显示立体感十足的虚拟图像，并且还能通过双手和虚拟图像进行交互。

相对来说，VR 技术的应用时下最为火热和成熟，虽然高端技术设备的开发还是处于起步阶段，但是已经开始有推向市场应用的了，而低端设备加工和价格都非常亲民，所以已经开始在各个领域大规模应用开来。众多的领域和技术力量都意识到了 VR 的价值，从而大规模地投入建设，各种产品也已经被市场所接受，取得了良好的效果。AR 技术在之前的谷歌眼镜之后，鲜有有影响力的新产品产生，其高昂的价格和技术特点也阻碍了其迅速被广大的消费者接受，影响了其市场化程度和效果。而 MR 技术还不成熟，其作为增强型的 AR 技术，特点鲜明，应用前景非常广阔，可以说是未来技术。

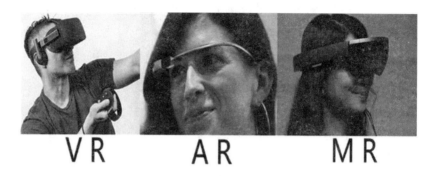

三、传统博物馆虚拟漫游系统

VR 技术在博物馆中的应用时间还是比较早了，当这种技术出现后，博物馆首先看到其应用价值而引入建设和发展，但限于其技术的发展情况，主要是围绕着虚拟漫游来展开。

虚拟漫游是由一系列的场景链接在一起组成的虚拟现实，这儿的虚拟漫游专指三维全景的虚拟现实。所谓的虚拟漫游，也就是虚拟现实中的漫游，而三维全景虚拟漫游，就是用三维全景来实现的虚拟现实漫游。虚拟漫游分为真实建筑场景的虚拟漫游和虚拟建筑场景的虚拟漫游。真实场景的虚拟漫游的最大特点是被漫游的对象是已客观真实存在着的，只不过漫游形式是异地虚拟的而已，同时漫游对象制作是基于对象的真实数据。虚拟漫游又分为真实名胜景观的虚拟观光旅游和真实地形地景虚拟漫游，其中前者可以使游客足不出户地游历世界各地名胜和风光。异地漫游的对象，除久负盛名的名胜和宏伟建筑群等景物景点以外，还包括被进行虚拟漫游式检查的管道纵横的复杂车间和厂房。因此，虚拟的漫游对象制作时，对真实数据的测量精确度要求很高，而后者广义地说和真实景点虚拟观光漫游一样，都属于基于真实数据的而且已经存在着的真实场景虚拟漫游，只不过两者获取真实景物数据的方式和传感器不大相同而已。

虚拟建筑是指客观上并不存在是完全虚构的，或者虽有设计数据但尚未建造的建筑物。虚拟建筑场景漫游是一种应用越来越广泛、前景十分看好的技术领域。在建筑设计、城乡规划、室内装潢等建筑行业，在虚拟战争演练场和作战指挥模拟训练方面，在游戏设计与娱乐行业，乃至在促进未来新艺术形式诞生等方面，它都大有用武之地，而且代表着这些行业的新技术和新水平。

北京古代建筑博物馆已经在线上和展厅中应用了虚拟漫游项目，构筑虚拟博物馆，打破了实体博物馆局限性，扩展了博物馆的延伸空间，最大限度地拓展了博物馆功能，满足社会大众的多层次多方位的需求，更好地体现博物馆展示、教育和研究的功能，更好服务于社会和大众。

北京古代建筑博物馆用到的虚拟漫游技术属于真实建筑场景的虚拟漫游，所有的影像都基于博物馆的实景存在，透过这套系统观众即使身未到博物馆，但犹如身临其境一般，效果非常好，是对博物馆展示的有力辅助。通过这套系统，可以实现不同的效果。首先这套系统是一套最直观地导览系统，通过它可以非常便捷、非常直观的看到博物馆的开放场景和展览展厅风貌。不同于简单的导览图，这套系统的自由度和可操作性要好很多，观众可以自由地规划自己的行程，可以带着重点兴趣点去参观，使得参观的效果更加突出。

其次，这套系统是建筑群落保护的手段之一，是对现有建筑群落的影像资料留存和保护。因为是实景所以非常真实，又是可操作的系统，这不同于简单的照片资料和视频资料，对于建筑的记录和保护是互动形式的，是一份重要的资料留存。

第三，是数字博物馆建设的一个重要方面，人们可以通过这套系统来浏览北京古代建筑博物馆风貌，浏览《中国古代建筑展》，可以说是虚拟博物馆，使得展览、展示脱离了空间和时间的限制，扩大了展览的影响范围和影响力，是博物馆的有力宣传。同时，采集与制作好的虚拟漫游数据，可以在网络、触摸屏等电子产品上进行社会开放功能，可以永久地保持《中国古代建筑展》实体展的数据信息，对日后研究、出版、多媒体发布等应用带来实质性的帮助与应用价值。

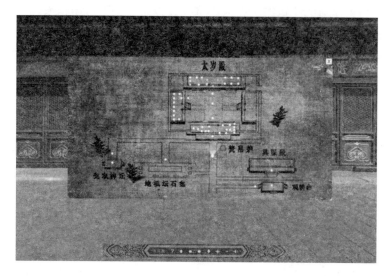

四、廉价 VR 眼镜盒子的普及

VR 穿戴设备特别是 VR 眼镜，近年来已经成为了 VR 技术的代名词，并且迅速点燃了广大消费者和厂商的热情，几乎是一拥而上的态势在开发和研究，这主要得益于近年来的廉价 VR 眼镜盒子的迅速市场化，为 VR 技术的普及提供了非常好的基础条件。

虚拟现实头戴显示器设备，即 VR 头显、VR 眼镜、眼镜 VR 等称呼，VR 头显是利用仿真技术与计算机图形学人机接口技术多媒体技术传感技术网络技术等多种技术集合的产品，是借助计算机及最新传感器技术创造的一种崭新的人机交互手段。VR 头显 VR 眼镜是一个跨时代的产品，不仅让每一个爱好者带着惊奇和欣喜去体验，更因为对它诞生与前景的未知而深深着迷。

VR 设备可分为三类：外接式头戴设备、一体式头戴设备、移动端头显设备。外接式头戴设备，用户体验较好，具备独立屏幕，产品结构复杂，技术含量较高，不过受着数据线的束缚，自己无法自由活动。一体式头戴设备，产品偏少，也叫 VR 一体机，无须借助任何输入输出设备就可以在虚拟的世界里尽情感受 3D 立体感带来的视觉冲击。移动端头显设备，结构简单、价格低廉，只要放入手机即可观看，使用方便。

这里要说的真正使得 VR 技术广泛应用开来的还是价格低廉的移动端头显设备——VR 眼镜盒子，通过手机作为屏幕载体来实现 VR 的效果，以结构简单、价格低廉、技术门槛低著称。

现在市场上可以买到的 VR 眼镜盒子，价格从几元钱到几百元不等，甚至可以自己动手制作，可以说价格非常的亲民，非常容易让人接受，与那些动辄比较昂贵的设备相比较优势巨大。VR 技术在现阶段还不是非常成熟，对 VR 显示设备来说，其实现的效果也是有一定的局限性的，所以廉价的 VR 眼镜盒子还是有其使用的局限性的，但却可以让更多的人来体验 VR 技术，感受其带来的震撼效果。很多优秀的科技成果无法转变成为市场应用，永远存在于报告中，被束之高阁的原因就是无法提供广大人民可以接受的设备价格。过于高昂的价格不但会将最广大的适用人群拒之门外，更会令本来很有前景的技术应用逐渐淡出人们的视线，更不用提广泛使用了。所以在新技术出现的初期，廉价设备的涌现是非常重要的推广手段，所做出的贡献也是巨大的。

伴随着近几年来 VR 的火爆行情，很多人都对其产生了浓厚的兴趣，也都渴望尝试下其有趣的效果。在没有体验前，可以说大家对其效果充满了想象和期待，所以人民渴望去体验和感受，但是不可能大家都到有相关设备的体验场所去感受 VR 的魅力，更多的是自行购买设备来满足自己的好奇心。所以，如果设备昂贵，体验代价巨大，而效果对没有体验的人来说无法预估，就会慢慢消磨掉大家的兴趣。廉价眼镜盒子的涌现，正好满足了现阶段人民的需求心理，VR 技术还没有完全成熟和普及，对很多人来说还是比较陌生的，或者略有耳闻而不知其详，所以花很少的钱，体验新奇的效果，大家还是非常容易接受的。而且，目前技术所能达到的效果还无法完全达到人们的要求，实际使用体验还远没有达到令人满意的地步，仅仅是带个大家一个初步的体验，让大家明白 VR 是怎么一回事。所以花很少的钱，体验过了，如果不能达到预期，也不可惜，对绝大多数消费者来说也是可以接受的事情。同时，其操作简便，屏幕依托使用者自己的手机，简单的操作就可以体验到多种不同的效果，也迅速得到了大家的认可。

五、现代博物馆对于 VR 技术的应用

随着 VR 技术的不断发展，博物馆对 VR 的应用也在不断发展和创新。博物馆以往对 VR 的应用主要集中在虚拟漫游上，虽然效果很好，但距离 VR 真正的震撼效果还是有很大差距的，可以说没有充分发挥出 VR 的真正作用，这也是受限于 VR 技术和设备的限制。

现在，以沉浸式体验著称的 VR 设备已经迅速成为了市场的宠儿，得到了大家认可，并且在效果和成本之间取得了良好的平衡行，具有很高的性价比，这就为其走进博物馆提供了良好的条件。现阶段博物馆对 VR 技术的应用还是在不断的探索当中，可以说已经走到了前面，敢于应用新的技术来为博物馆建设服务，为提升观众参观体验效果服务。

目前博物馆的 VR 新体验，主要为沉浸式全景观看体验。通过 VR 眼镜盒子，来提供某一场景的 360 度的观看体验，将很多无法全方位展示的场景或者展品，通过 VR 的手段展现给观众。博物馆是一个注重观众体验的场所，也是观众学习知识、感受未知文化的重

要途径，博物馆展览展现给观众的都是某一方面的重要知识，是平时在日常生活中很难接触到或者很难留意到的文化片段。通过有限的空间和有限的时间，获取大量的知识，本身就很有难度，而将这些知识通过有趣的手段让观众记住也不是件容易的事情，所以展览展示手段的丰富和创新是博物馆工作的重要环节，要能吸引观众，留得住观众，就要在创新上下功夫。

通过 VR 眼镜盒子提供沉浸式全景观看体验已经在一些博物馆当中应用开了，并且取得了良好的效果，而内容主要还是集中在场景的体验，少有展品的观看，因为观众来到博物馆更多的是看文物本身，渴望看到真实的物体，而不是虚拟的图像。但是，场景不同，博物馆不可能把文物发掘现场都搬来，只能做场景复原，而这些复原的场景也仅仅是局部，无法提供全方位的景象。VR 技术正好可以弥补这个缺憾，带来不一样的观展体验和感受，在博物馆这个最传统的地方体验最前沿的科技的力量。

首都博物馆于 2016 年上半年举办的《纪念殷墟妇好墓考古发掘四十周年特展》中，对于一个墓葬复原场景就应用了 VR 技术。围绕着复原模型设置了数个观众可以自由体验的眼镜盒子，受到了观众非常热情的追捧，想要体验一下往往要排队才行，可见观众的热情和 VR 的魅力。

通过VR来看展览对很多人来说是非常新鲜的体验，也是印象非常深刻的体验，对观众来说，VR的观展感受将会是他参观展览最有趣的感受之一。同时，对于博物馆来说，VR技术的应用也为其设计制作展览提供了一个新的亮点，带来了新的思路，也使其成为博物馆建设新的助力。

六、VR技术现阶段应用中的问题

VR技术目前的应用还不是很成熟，特别是现在最火热的沉浸式体验，依然存在着一些问题，留待技术的进步来不断改善。现阶段主要存在的问题是三个方面：使用体验、画面效果和内容提供。使用体验的问题主要是眩晕感，而内容提供的问题则是缺少高质量的体验视频。

（一）晕眩感太强

很多VR体验者表示，在使用VR产品一段时间后，会出现不同程度的不适，恶心，甚至呕吐，这成为了VR发展最大的一个绊脚石，解决晕眩问题成为VR的燃眉之急。VR晕眩原理其实非常简单，因为眼睛看到的（VR）画面与从耳朵接收到的（真实位置）信息不匹配，导致脑负担加大，从而产生晕眩感。

对于这个问题，主要可以从两个方面去解决。一方面，依靠使用者锻炼去适应。和3D晕眩症的道理有点类似，除了大量实焦画面

外，还有元素丰富的虚焦布景画面，画面里的元素过于丰富，像远处景深里虚焦树叶就是众多元素里的一部分。但观看的时候，观众必须舍弃虚焦画面里的这些元素，因为这些元素会让眼球重新聚焦，且屡屡聚焦失败，就容易产生3D晕眩症，这就类似在雪山上的人眼球长期搜查不到视觉焦点而造成的雪盲。简单来说就是画面太逼真了，让你有身临其境的感觉，身体认为你正在做剧烈的运动，或者处于画面中的状态，但实际上你是坐在座位上并没有运动，这是一种自我保护的本能，大多数人可以通过锻炼减轻晕眩，但是不可能让人真正去移动一段距离。

另一方面是降低延迟去减弱。VR硬件的延迟造成时间上的不同步，当人转动视角或是移动的时候，画面呈现的速度跟不上，在VR这样全视角的屏幕中，这样的延迟是造成晕眩的最大问题，目前看来，降低延迟是当下减弱VR眩晕的主要手段，也是改善眩晕最好的解决方法，所有需要的时间不断压缩能够来降低画面的延迟，从硬件上先解决造成晕眩的问题。

（二）画面效果对显示设备要求高

就现有的VR手机盒子而言，VR设备显示不清晰主要是两个原因：片源素质不好和手机屏幕的分辨率。如今大部分智能手机屏幕都已经达到了很高的分辨率，在日常的使用中效果已经非常不错了，但放在VR眼镜盒子里就会被放大很多倍。目前的盒子主要都是采用光学透镜放大屏幕上的内容，若手机屏幕的分辨率不够高，在放大的过程中像素点也会跟着一起放大，因此很容易让佩戴者在体验过程中感受到浓重的颗粒感。加上VR内容都是通过左右两个图像合成而来，这样就会造成单眼分辨率减半，也就是说实际2K分辨率的内容，在播放出来以后只达到了1K的效果，然而细算算画面像素损失是大于一半的。这种充满这颗粒感的显示效果对体验着是巨大的考验，很容易让其浅尝辄止，不会持续使用。

（三）缺乏高质量的内容提供

目前专业做VR内容的公司很少，在现阶段注重比拼硬件配置的时期，VR也不能避免，大多数的VR厂商都在硬件领域迅猛发展，而对于VR内容的开发则明显不足。由于内容制作周期相对较长，花费也不菲，因此对于开发者而言，更多地回去选择开发周期

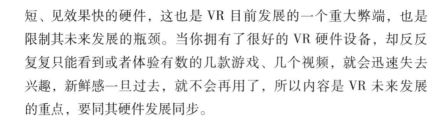

短、见效果快的硬件，这也是 VR 目前发展的一个重大弊端，也是限制其未来发展的瓶颈。当你拥有了很好的 VR 硬件设备，却反反复复只能看到或者体验有数的几款游戏、几个视频，就会迅速失去兴趣，新鲜感一旦过去，就不会再用了，所以内容是 VR 未来发展的重点，要同其硬件发展同步。

七、VR 是博物馆展示手段的发展趋势

VR 技术的应用对于博物馆来说是非常有意义的创新，是博物馆建设的重要一步，也是博物馆展览展示手段的重要转变。博物馆作为传统文化的传承者，作为广大人民群众的教育场所，需要在传统展示手段的基础上不断推陈出新，不断开阔思路，通过自身的建设来吸引观众。因此，最前沿的科学技术手段，时下最受关注的新鲜事物，都应该以不同的形式来引进到博物馆工作当中来，特别是引进博物馆的展览展示当中来。随着博物馆工作的开展和积累，越来越多的研究成果会产生，越来越多的文物和展品会被收集来。但博物馆的展示空间和展示时间都是有限的，无法做到内容的详尽，而观众也无法全面了解到博物馆的藏品，无法了解到更多文物背后的故事，这也是展览在带给观众文化享受的同时，展览制作者的遗憾。但 VR 技术为这些遗憾的弥补带来了希望，通过 VR 技术的应用，博物馆的展览展示手段变得更加的灵活，同时，展示的内容也变得更加丰富，很多传统手段难以展现的效果都可以很好地展现在观众面前，对观众而言既丰富了展览内容，也增加了观展乐趣。特别是接受新鲜事物迅速的青少年，VR 更是具有很大的吸引力，因为未来他们的生活中将会随处科技类似的技术。

当然，受限于现阶段 VR 技术的发展状况，博物馆中的 VR 应用也存在着很大的局限性，目前还不是展览的主要展示手段，更多的是充当锦上添花的作用，这种情况将会随着 VR 技术的不断成熟而改变。越来越丰富的内容和越来越好的体验感受，将会在未来的博物馆展览中为观众有效地呈现出来。VR 技术作为现阶段备受重视的体验式技术手段，在未来也将会不断发展和进步，也会随着科技水平的发展而进化，会衍变出更多、更好的技术形式，而这些技术也将会是博物馆展览的重要手段，成为博物馆建设和服务观众的重要方式。

闫涛（北京古代建筑博物馆社教与信息部　文博馆员）

浅谈古树复壮的现状、未来发展及社会意义

——以北京古代建筑博物馆为例

◎ 林永刚

古树一般指的是树龄在 100 年以上的树木，非常珍贵稀有，尤其是古建筑博物馆内的古树，树龄大多都在 300 年以上，它们见证了古建筑的历史沧桑和社会变迁，是珍贵的活文物。由于时间久远，这些古树大多都已衰弱甚至部分面临死亡，所以要对这些古树进行复壮。

北京古代建筑博物馆是明清两代皇帝祭祀先农及举行亲耕典礼的地方，建筑面积 7000 多平方米，有古树 155 棵（柏树、国槐），其中部分古树的树龄都在 300 年以上。为了保护这些古树，北京古代建筑博物馆从 2000 年后，用逐年递增的方式对古代建筑博物馆内的古树进行系统的养护及复壮工程（古树复壮在每年的春季或秋季进行），2016 年还将继续对部分古树进行复壮工程。古树复壮工程是一项长期而系统的工程，今后还要继续做下去，最终的目的是要改善古树的生长环境，延缓古树的寿命，改善古树的外观。

一、馆内古树的分布及状况

北京古代建筑博物馆共有 155 棵古树，其主要分布状况大致如下：入口（照壁）：29 棵；停车场：36 棵；太岁院落西配殿与神厨院落东神库之间：8 棵；神厨院落：1 棵；先农坛及地祇坛周围：49 棵；办公区域：9 棵；其他区域零散分布：23 棵。2004 年前，由于古树的树龄及自然（空气、土壤）、人为因素（活动或破坏）等影响，馆内大部分古树都存在病虫害、树冠枝叶稀疏、停止生长或逐渐枯萎等状况，所以从 2004 年到 2016 年 7 月通过古树复壮项目，对

这些古树进行地面打孔及向地下输送营养液、肥料、土壤调理剂及对古树树身进行修枝、整枝、修补树洞、病虫害防治、仿制树皮制作、树体输液等一系列措施，改善了古树的生存状况，使其寿命得到延缓，不少古树树冠长出新芽、结出新枝，萌发新芽，病虫害等方面已有所好转，美观效果得到改善，随着时间的不断推移，相信这批通过复壮项目的古树能够更好地生长。

二、古树长势的好坏影响着馆内的开放环境

北京古代建筑博物馆的露天环境约占整个面积的三分之二，所有的古树（155 棵）都在这个露天环境中，在这么一个大的开放环境中观众是主角，我们馆知名度的高低，主要靠观众的评价，我认为古树主要对我馆开放环境起到了两个方面的作用。

第一，古树为参观的观众提供服务。由于古树的年代久，不像一般的小树，理论上来说它的树冠比较大，树身比较高，枝叶比较多，由于年代久远，在 2004 年以前，我馆内很多古树的生长环境都已受到影响，有的甚至已经枯死，严重影响了观众的视觉景观。但在 2004 年开始经过一批有一批的古树复壮后，大部分古树都已经重新焕发了青春，枝叶已经逐渐恢复生机，视觉景观开始逐渐恢复。话说大树底下好乘凉，在炎热的夏季里当观众参观时累了，就能够坐在古树旁边的座椅上（比如说神厨院落里的国槐旁）休息，喝点水、吃点零食、伸伸懒腰等，孩子们可以绕着古树追跑嬉戏，学生们可以坐在古树边上写生。冬季在下雪的时候，可以在古树底下欣赏我们馆里的雪景，别有一番情趣。

第二，古树能够给观众带来一种宁静的感觉，使观众身处于大自然当中，由于古树有着一定的消音功能，据统计一般 40 米宽的树木带就能够降低 10 ~ 15 分贝的声音，降低嘈杂的声音，使到馆参观的观众能够全身心地参观而不受杂音打扰，从而让观众能够更好地感受到馆里的人文气息。

第三，古树是我馆的活文物，具有重要的历史意义、人文意义和研究意义，是自然景观之一，古树是馆里的门面，试想一下：如果我们馆的古树一棵棵都蔫蔫的、枯萎的，那么刚进馆参观的观众看了会是一种什么样的心情，他会怀着一种什么样的心情去参观我们馆，又怎么可能去了解它们的历史？古树复壮后，迎接观众的是

一件件带有人文情怀的活文物，有着特殊的文化价值，随着时间的推移，它们的文化价值会越来越高。

三、古树对馆内的自然环境起着积极作用

树是大自然对我们人类的恩惠，它是构成陆地生态系统的主要组成部分，更具有保护土壤、涵养水源、净化空气、调节噪声、吸附尘埃、制造氧气等功能。我们馆的树分布密度比较大，其中古树树龄都在百年以上，甚至不少都是明清时期的古树（树龄超过300年），虽然受到自然因素与人为因素的影响，其生长态势受到抑制，但通过这10来年的古树复壮使这些古树渐渐重现生机，对馆里的空气和土壤起到了很好的促进作用，改善了馆里及周边的自然环境，我认为其作用体现在以下两个方面。

第一，古树能够改善我馆的空气质量由于古树的树冠冠幅比较大，它们对我馆的环境有着积极的影响，比如说它们可以吸附大量尘埃，现在北京的汽车保有量已超负荷，汽车尾气中排放出大量的有害物质弥漫在空气中，古树的叶轴和页面可以将这些尘埃吸附，再经过园林绿化工人对叶轴和叶的擦拭或雨水的冲刷将有害物质去除，减少尘埃通过空气传播吸入到人体里去，减少了尘埃对馆内工作人员和来馆参观观众身体影响。还能够将空气中的二氧化碳转化成氧气，通过蒸腾作用调节空气湿度，使空气产生对流，形成以我们博物馆为范围的一个局部气候，清新纳凉的一个局部环境，使我们馆的自然环境与人文环境融为一体。

第二，古树能够保护馆里的土壤成分。古树的根茎比较大，能够锁住土壤中的水分，防止沙尘暴对土壤的侵袭（尤其是秋天）。北京古代建筑博物馆是明清时期皇帝亲耕的场所，所以保持馆内土壤的成分还是有着人文和现实意义的，由于好的保护措施，现在馆里观耕台附近的一亩三分地还能种出不少蔬菜等农产品作物，这其中树对土壤起到了一部分保护作用。把先农坛一亩三分地的土壤保护好，也就保留了这一亩三分地的历史和文化价值。

四、古树有助于提高馆里的知名度

在人类的历史上，树木尤其是古树被赋予生命的象征，又称

"生命之树"，说明了古树在人们心中的位置。现如今随着我国经济的不断发展，生活水平的不断提高，对居住、生活环境水平的要求也越来越高了，其中环保是一项很重要的指标，所以现在城市的各个角落都会看到绿化带或是树木。北京是一座绿色城市，绿色已成为我们出行、旅游、观光的一项重要考虑因素，我们馆是古代建筑博物馆，做好古树复壮有利于我馆提高知名度，其原因有以下三点：

第一，古树对我馆能够起到很好的宣传作用。我馆是古建筑博物馆，主要是古代建筑，比如拜殿、太岁殿等，古色古香是我们馆的一个特色，其中古树起了一个很重要的映衬作用。观众到馆里来参观，肯定要照相留念，有古树映衬和没有古树映衬所起到的拍摄效果是不一样的，比如说拍摄拜殿，如果没有东西配殿及太岁殿后面的古树来做景色映衬，拍摄出来的照片或影像就会失去光彩，如果古树经过复壮后长势良好那么拍摄出来的效果就会非常好，观众通过微信、视频等方式将照片或影像传到朋友圈或网络上，对我们馆知名度的提升和观众参观量的增加会起到很好的宣传作用。

第二，古树诉说着北京古代建筑博物馆的沧桑。随着时间的推移，物是人非，唯有馆内的古树仍然屹立不倒，它们是先农坛周边一代又一代居民脑海里中回忆，也是历史文化的传承。古树复壮也就是为了留住这份传承、这份念想，通过先农坛周边居民的口口相传让更多的人来参观先农文化，而古树的存活与否、长势好坏也是宣传我馆先农祭祀文化的一个重要因素。

第三，我们馆的古树自身也有它们的经济价值。在进行树复壮的过程中，肯定要修剪一些枝叶，其实古树上的这些枝叶也有纪念意义，远的不说，你比如说香山公园就利用红叶做成特色纪念品进行销售，我们也可以将这些即将处理掉的枝叶加工成一些象征我馆特色的纪念品，对前来参观观众进行销售或者赠送，这样可以丰富我们馆文博产品的多样性，多拓展一些销售渠道，通过古树身上的纪念品来增加对我们馆的宣传力度。

五、对未来古树复壮项目的一点思考

随着京津冀一体化的发展，疏解非首都功能的政策正在有条不紊地进行，北京要由政治、经济、文化中心逐渐向政治、文化中心转型，去掉"经济"两个字，所以大型国企、学校、党政机关都要

搬迁到三环以外甚至更远，它们搬迁后遗留下来的空地很大程度上能恢复原貌的要恢复原貌。北京古代建筑博物馆有一部分空地被育才学校占着，随着政策的不断深入，育才学校很有可能搬迁到其他地方去，搬迁后原地址会恢复原来先农坛的原貌，原址上的古树也会被保留下来，所以古树复壮工程是一项长远的项目，基于以上的情况，我对古树复壮今后的发展形势说一下我的看法。

第一，如果今后育才学校搬迁，腾出来的原址里预计有很大一部分空地都要进行绿化，空地中的古树要重新进行评估，如有必要再进行复壮。随着将来馆占地面积的不断扩大，这里不单单是一个博物馆了，同时也兼备了一个小型公园的功能，会成为一个综合性的休闲参观场所，一个公园博物馆，与天坛公园对称，所以景观是吸引观众的重要因素，而古树长势好坏也决定景观质量的好坏，景观好了，来参观休闲的观众就多了，从这点上看古树复壮可能还会继续做下去。

第二，古树复壮项目中间的过程将来会更注重质量和效益。现在古树复壮项目是启动项目时先由园林方面的专家开评审会，分析影响古树生长所存在的问题，怎样解决问题，要达到什么目标，评审完以后第三方机构（比如会计师事务所）根据评审结果来控制资金的调拨，但过程监控现在还没有，将来首都四环以里中央核心区一旦成立，古树复壮资金的调拨有可能归园林局监管。从近期北京市园林局开展的古树培训班这件事就可以看出，园林局要求凡是有古树的单位必须有专职的古树管理人员和技术人员，这些都使我想到有可能对先农坛周边的景色会有规范化的布局，而古树也会纳入到规范化管理中，这也就意味着复壮后的古树经过一段时间应该要有所预期（至少不能继续枯萎下去），所以园林方面的工作人员会不定期地检查复壮后古树的面貌，也可能会要求咱们馆里负责古树方面的工作人员定期填写古树复壮后的效果报告或上传古树照片给园林局，工作监管流程会越来越来越细化和规范化。

第三，对于已经坏死的古树，今后可能要进行移除。北京古代建筑博物馆里面有几棵古树已经坏死，为了遮掩枯死的古树不影响景观，在其身上种上了爬山虎，今后为了景观的一致性，可能不会再允许这样做，这就涉及到了古树移植，移除后原来古树的占地进行土壤评估后再从其他地方移植一棵古树（比如有些地方进行建设必须迁移的古树）。随着北京未来的古树管理布局的规划和古树移植技术的不断成熟，这些都有可能成为现实。

小　结

　　古树复壮工程是一项长期、系统的项目，在复壮过程中要严格按照工艺流程，认真仔细，不能有一点马虎，而且由于古树年代久远，长期受到自然环境和人为因素等破坏，根茎吸收养分的能力已大大遭到破坏。我馆 155 棵古树经过第一轮的全部复壮，其长势已经慢慢开始恢复，但由于在 2004 年之前对古树不太重视，对古树的管理也没有现在这么规范，要达到预期的效果还需要经过一段时间（可能是几个月甚至几年）再观察，不是说经过第一轮复壮就能解决问题，如果复壮后出现了新的问题，甚至要经过第二轮复壮，直到复壮后的古树达到预期的效果，这也是我们古建园林部所要做的工作。最终的目的是要让馆里这些古树全部恢复生机，我也相信这些古树能够为我馆带来经济效益和社会效益，改善我馆的自然环境，在写这篇文章的过程中，肯定会有不严谨或遗漏之处，望大家多多批评指正！

林永刚（北京古代建筑博物馆古建园林部　副主任）

关于博物馆制度化管理几个问题的思考

◎ 周晶晶

博物馆是文物和标本的主要收藏机构，也是文物和标本的宣传教育机构和科学研究机构，是中国社会主义科学文化事业的重要组成部分。随着社会的不断发展，博物馆的新职能、新形态、新方法、新情况不断呈现，加强博物馆管理日趋重要，特别是如何进一步强化博物馆内部的管理，从而使博物馆全部工作和各项活动井然有序地进行计划、组织、实施和检查，就显得非常重要和非常必要。

本文主要就博物馆制度化管理的几个问题进行一些粗浅的探讨和思考。

一、关于博物馆制度化管理的内在要求

二、关于博物馆制度化管理的整体布局

三、关于博物馆制度化管理的关键环节

四、关于博物馆制度化管理的注意事项

一、关于博物馆制度化管理的内在要求

"一切按制度办事"是制度化管理的根本宗旨，制度化管理是"低文本文化"向"高文本文化"过渡的具体表现。博物馆通过各种规章制度来规范大家的行为，使所有人员依据共同的契约即制度来处理各种事务，就会使博物馆的运行逐步趋于规范化和标准化。

其内在要求主要有以下几点。

（一）提高工作效率的要求

博物馆实行制度化管理，就意味着博物馆的各项工作要程序化、标准化、透明化，因此，实施制度化管理便于博物馆所有人员迅速掌握本岗位的工作技能，便于部门与部门之间、员工与员工之间、上级与下级之间的沟通，使大家最大程度地减少工作失误，最大程

度地提高工作效率。一个单位工作效率的高低，是评判工作效果能力的重要指标，提高工作效率就是要求正效率值不断增大。在制度化的管理中，由于各项工作更加程序化、标准化、透明化，大家的工作效率在不断提高，既有利于博物馆整体管理质量的提高，又有利于工作人员各司其职、各负其责，还有可能缩短工作时间，从而有更多的时间让职工自行支配，去从事学习、娱乐、旅游、社交和休息。而且，提高工作效率以后，还可以克服机构臃肿、人浮于事、浪费时间的现象。同时，实施制度化管理更加便于博物馆管理层对职工的工作进行监控和考核，从而促进职工不断改善和提高工作效率。

（二）吸引人才加盟的要求

随着社会经济的快速发展，人们对精神文化生活的追求越来越强烈，博物馆这一文化机构也逐渐展现在人们的视线中，它给人们文化生活带来的重要意义也逐渐被人们认可。国家富强与任何事业的发展都离不开优秀的人才，博物馆事业也同样如此。我国博物馆事业要想进一步发展，必然离不开人才的培养。时代的飞速发展要求博物馆要有高素质的人才，不仅包括高素质的专业人才在博物馆进行专业基础工作，还需要高素质的管理人才对博物馆进行现代化管理，在博物馆工作者由职能管理向服务性工作转换的同时，提高全体工作人员的素质是十分必要的，而博物馆实行制度化管理后，规范的制度本身就意味着需要有良好的信任作为支撑。在当今社会信任普遍处于低谷之时，具有良好信任支撑的博物馆在人才竞争中很容易获得优势；同时，规范的制度最大程度地体现了博物馆管理的公正性和公平性，人们大都愿意在公平、公正的环境下工作和参与竞争，由此可见，博物馆实行制度化管理后，规范、公平的激励制度是博物馆赢得人才争夺战最为有力的武器。

（三）防止产生腐败的要求

在当前中国所面临的各种问题中，范围最广泛、危害最严重、影响最恶劣、形势最紧迫的，无疑就是腐败问题。腐败产生的根源在于权力失去监控和约束，博物馆也同样，权力一旦失去监控和约束，就很容易产生或多或少的腐败现象。而在博物馆实行制度化管理之后，严格规范的制度就会使博物馆的各项工作程序化和透明化，任何时候任何人的工作都处于博物馆组织和制度的监视之下，就会进一步强化对权力的监控和约束，产生腐败的可能性就会减小；同时，制度中对腐败行为的严厉制裁措施，也使腐败的风险和成本增大，从这个意义上讲，制度化管理可以从源头上防止博物馆腐败行为的产生。

（四）减少决策失误的要求

决策是人们在政治、经济、技术和日常生活中普遍存在的一种行为，也是管理中经常发生的一种活动，它是为了实现特定的目标，根据客观的可能性，在占有一定信息和经验的基础上，借助一定的工具、技巧和方法，对影响目标实现的诸因素进行分析、计算和判断选优后，对未来行动所做出的决定。众所周知，决策是一个博弈过程，在许多决策中，由于一些官员决策的随意性，求成心切、头脑发热，想立竿见影、一鸣惊人，急于显示才干和能力，突出政绩，不深入调查研究，在情况不明、问题不清的情况下盲目决策，从而造成了决策的失误。制度化管理使博物馆的决策从根本上排斥一言堂，排斥没有科学依据的决策。因为任何决策必须要有科学依据，决策的结果必须要经得起实践的检验和考验，决策人必须要对决策结果承担责任，保障整个决策过程程序化、透明化，从而在最大程度上减少决策失误。

（五）强化应变能力的要求

我们知道，21世纪的科技发展与社会变革极为迅速，博物馆在公共领域地位非常重要，不仅因为其对研究、教育、社会凝聚力和其他政府目标具有重要意义，同时，很多博物馆还具备其他行业所没有的功能。博物馆把国内外参观者汇集一起，促成不同社会间的彼此联系。博物馆囊括了所在地、所属地区和国家乃至国际的藏品，为独特而多样的文化提供了存在的意义和环境，使之具有了延续性和观赏性，这就要求博物馆必须要具备灵活应变的能力。制度化管理使博物馆管理工作得以规范化和程序化，在博物馆内部形成快速反应机制，使博物馆能及时掌握形势的变化情况并及时调整对策，也使整个博物馆上上下下的应变能力得到进一步增强。

二、关于博物馆制度化管理的整体布局

（一）从领导班子抓起

俗话说"火车跑的快，全靠车头带"，所以说，抓博物馆制度化管理首先要从领导抓起，从领导班子的制度化抓起，也就是说博物馆的制度化管理，必须从领导集体的制度建设开始。博物馆的各项制度建设首先应建立领导班子必须遵守的规章、制度、办法，只有把这些规章制度建立起来，并且领导班子成员真正遵守，博物馆才能制定出思想政治工作、业务工作、行政管理工作的规章制度，而且领导班子成员带头遵守执行，不搞特殊化，给博物馆的其他成员也树立榜样，就可以使博物馆上上下下共同遵守这些规章制度，上行下效，充分调动起博物馆全体人员的积极性和创造性，从而逐步实现博物馆整体的制度化管理。反之，如果博物馆的领导成员不能严格遵守或执行单位的制度，却要求其下属去遵守，就容易引起下属的不满，产生逆反心理，从而导致工作积极性不高，主观能动性差，执行各项制度走过场，使各项规章制度形同虚设，各项工作成绩自然也就上不去。因此，博物馆领导班子带头遵守执行各种规章制度，是实现制度化管理的关键，也是各项工作全面上升的关键。

（二）从制定规章制度抓起

制度是规则，是需要大家共同遵守的，因此制度首先要让大家了解和认可，否则，就是一纸空文。有的单位制度制定的不少，可是大家却说不清楚，甚至有的制度制定时考虑不周全，在实际工作中无法执行；有的制度空洞无物，脱离实际情况；还有的制度自身相互矛盾，这样的制度是起不到一点作用的。要想使规章制度真正发挥作用，首先要让博物馆全体成员都认可规章制度的合理性、必要性，使这些制度深入人心。因此，博物馆制度化管理，一定要从制定规章制度抓起。具体讲，一个博物馆应该建有馆长责任制度、岗位责任制度、民主管理制度、考核激励制度、藏品征集制度、藏品保管制度以及陈列展览、宣传教育、科学研究、设备管理、财务管理、行政办公等方面的规章制度。制定这些规章制度时，要让博物馆全体成员充分参与和讨论，使制度的产生经过"协商—起草—修改—试行—再修改—颁布"的过程，只有经过这样过程的检验，才会制定出博物馆全体成员都接受的规章制度，这个制度才会有合理性和可操作性，博物馆的所有成员也心才会甘情愿地接受它的约束，收到制度化管理的成效。

（三）从建立考核机制抓起

在博物馆进行制度化管理的过程中，只有科学合理、符合实际的规章制度还不够，还必须建立与之配套的相应的考核制度。考核是检验规章制度落实情况、评价规章制度是否合理可行和便于操作的方法，同时考核工作也需要非常规范，也要建立规章制度，而且必须是更具操作性的规章制度。在考核的过程中绝不能走过场，流于形式，而是应该把考核一步步细化、一步步量化，并建立非常规范的档案材料，使各项规章制度的考核真正落到实处，不漏过任何一个管理和考核的对象。而且，博物馆上下都要认真遵守执行各种规章制度，每个人既是制度执行者，同时又是别人执行制度的监督者，使博物馆上下形成一个制度管理的立体网络。只有有了考核这个监督机制，各项规章制度才能真正落到实处，才能真正发挥制度管理的作用，才能确保各项工作的全面落实。

（四）从经常性思想政治工作抓起

博物馆要实现制度化管理，必须要有一整套强有力的思想政治工作做保证。在制度酝酿、协商、起草和讨论过程中，应注意充分听取、广泛收集博物馆广大职工的意见，集中大家的智慧，尊重他们的积极性、创造性，并把思想政治工作贯穿于各项工作的始终。博物馆实行严格的规章制度后，必然会使有的同志感到不适应，甚至牢骚满腹，这就需要博物馆领导班子实事求是、行之有效地抓好耐心细致的思想政治工作，通过强有力的思想政治工作，既坚持制度的标准不变，消除大家的疑虑，化解个别同志的不满，使他们从抵制执行制度到自觉地遵守规章制度，使问题得到圆满的解决，同时博物馆领导班子也应把思想政治工作制度化，使博物馆上下所有人员都把思想政治工作当作一项必须遵守执行的制度，同时也要把关心职工生活、活跃职工工作氛围当作活的思想政治来抓，使他们在工作之余能得到必要的心理慰藉，出现困难能得到及时有效的帮助，他们就会感到无时不在的关怀，从而积极工作和自觉执行各种规章制度。

三、关于博物馆制度化管理的关键环节

（一）可行性和操作性

博物馆在建立规章制度的时候，要充分考虑到博物馆的实际情况和传统，必须保证制度能获得大多数职工的认同和支持，便于制度的顺利推行与实施；另一方面，博物馆的制度并不是越多越好，也不是越严越好，关键在于制度是否可行，是否具有较好的操作性，在建立制度时，还必须注意制度的量与度的问题。有些制度如果暂时推行不了，可先缓一缓，待制度本身具备了可行性和操作性后再予以实施。

（二）严肃性和权威性

制度不是纸老虎稻草人，要坚决维护制度的严肃性和权威性。制度的生命力在于执行，否则，再好的制度也形同虚设。习近平总书记多次强调制度的严肃性和权威性："要落实党委的主体责任和纪委的监督责任，强化责任追究，不能让制度成为纸老虎、稻草人。"在十八届中央纪委三次全会上，习近平总书记的讲话铿锵有力："要坚持制度面前人人平等、执行制度没有例外，不留'暗门'，不开'天窗'，坚决维护制度的严肃性和权威性，坚决纠正有令不行、有禁不止的行为，使制度成为硬约束而不是橡皮筋。"同样，博物馆在实施制度化管理过程中，从一开始就要严格保证制度能够公正、公平、公开地实施，制度面前不能出现特殊化。在博物馆内部形成人人遵守制度、人人维护制度、人人监督制度实施的良好氛围，真正保证制度的严肃性和权威性不受侵害。

（三）创新性和灵活性

创新是博物馆发展的内在属性和必然要求，博物馆制度化管理必须要注重坚持创新性，坚持在实践中发展完善。要紧紧围绕博物馆工作大局，紧紧扣住博物馆工作和博物馆队伍建设的实际，紧紧抓住制约和影响博物馆发展繁荣的突出问题，深入调研、勇于探索、大胆创新，不断增强博物馆制度化管理的针对性、实效性和指导性；要坚持把满足社会公众对博物馆的需求作为博物馆制度化管理的基本出发点和落脚点，为博物馆制度建设提供保障。制度创新是博物馆增强核心竞争力的重要途径，也是激发员工创造性地开展工作的有效措施之一，因此，博物馆在建立制度时，要为制度的健全与完善及持续改进留有余地，为制度创新搭建好平台。在实施制度化管理的过程中，必须随着博物馆的发展和外部环境的变化，及时对一些制度内容进行修改和调整，使博物馆的制度符合博物馆的实际情况并满足博物馆发展和环境变化的需要，从而增强博物馆的创新能力、应变能力和持续发展能力。

（四）制度化和人性化

随着人文科学的发展，人类解放自身觉悟的增强，制度化终于寻找到了它的伴侣，这就是人性化，几乎所有管理者均对此有着充足的理性认识甚至惯性化的认识。充分地认识到职工的个性，培养职工对单位的忠诚度和终身归属感，成了许多管理者的核心工作内容。同时，作为人性化和制度化完美结合的结果，众多职工也将自己视为单位的有机构成分子。人性化和制度化的完美结合已成为大势所趋、不可逆转的主流管理制度，因此，博物馆的制度化管理必须与人性化管理交流融合在一起才能充分地发挥其作用。制度化管理使博物馆扮演着"黑脸包公"的角色，而恰到好处地渗透一些人性化管理可以使"黑脸包公的脸色"更加"柔和"，制度化管理的渗透又可使人性化管理难以解决的权力失控问题得以迎刃而解，等等。

四、关于博物馆制度化管理的注意事项

（一）需求与发展

博物馆制度化管理是博物馆管理的骨架部分，离开了制度就会成为一盘散沙，但制度又反映了博物馆的基本观念，反映了博物馆对职工的基本态度，因而制度又不是随心所欲不受任何制约的。制度必须从博物馆的根本性需求出发，是对博物馆根本性需求的维护，事关博物馆生存发展的各种问题，包括文物安全、藏品质量等，必须以制度加以明确规范。制度必须体现对职工有高度的约束和规范，但又充分地信任职工和尊重职工，这就要求制度的产生必须是立足于需要之上的，立足于需要之上的制度即使再严格也是必须被人接受的。

（二）利益与制约

博物馆的制度作为公正的体现不但要求其形式是公正的，更要求其内容是公正的，要使制度约束下的各直接参与者的利益得到平衡，体现权利与义务的对称。博物馆制度在其形式上是对职工利益的制约，既然是制约，对职工来说就有一定的心理承受限度，决定这种承受限度的是制度的公正、公平性，同时，制度制约下的每一名职工既是受约束者，又是监督者，如果制度的内容是不公正的，就不能得到全体职工的认可。

（三）规范和程序

博物馆的各项规章制度如果没有一个公正的出台程序就有可能陷入强权管理范畴，而强权发展到一定程度，往往会产生"指鹿为马"的结果。博物馆制度文化客观上排斥强权，主观上却又无时无刻不在倚重强权、彰显强权。有的时候，制度建设中渗入强权成分的情况屡见不鲜，试想，朝令夕改、出口成规的情况，在多少单位真正得到了彻底根除？而且管理越不规范，程序越不正规，这种情况就越严重，就越是与博物馆规范化建设背道而驰，因此，博物馆制度化管理必须要注重规范化和程序化。

（四）严格与平等

博物馆制度执行的最好效果就是在无歧视原则下产生的普遍的认同心理，这也正是制度执行中的难点问题。因为每个人所处的地位不同，制度的监督执行部门在博物馆中所处的地位不同，在执行制度时很难做到完全公正和无歧视性，往往会影响制度的效果，危及制度的最终目标，这就需要博物馆领导班子的积极参与和强有力的支持推动，定期组织制度落实督导检查，确保制度在不同层面上得到有效落实，确保制度面前人人严格，确保制度面前人人平等。

周晶晶（北京古代建筑博物馆办公室　档案馆员）